全国高等职业教育规划教材

数控机床编程

主　编　赵宏立

副主编　马　钢　徐　慧

参　编　王东升　韩迷慧

机械工业出版社

本书采用典型企业产品为载体，由浅入深地讲述了数控机床编程的技能和方法。以 FANUC 数控系统为主、华中数控系统为辅讲解了数控车床、数控铣床、加工中心的编程，内容简洁，在每个指令讲解后，均提供了若干企业产品加工实例和练习，并配有零件加工后的效果图。此外在附录中选取了职业技能鉴定中、高级操作工试题及答案，便于数控机床编程学习过程中练习，具有较强的针对性和实用性。

本书可作为高等职业院校机械、数控、电气自动化类及相关专业教材使用，也可供数控行业工程技术人员参考，同时还可作为各类数控技能竞赛和国家职业技能鉴定数控操作工的参考用书。

本书配套授课电子课件，需要的教师可登录机械工业出版社教材服务网 www.cmpedu.com免费注册后下载，或联系编辑索取（QQ：1239258369，电话：010-88379739）。

图书在版编目（CIP）数据

数控机床编程 / 赵宏立主编. —北京：机械工业出版社，2015.12
全国高等职业教育规划教材
ISBN 978-7-111-52278-2

Ⅰ. ①数… Ⅱ. ①赵… Ⅲ. ①数控机床—程序设计—高等职业教育—教材 Ⅳ. ①TG659

中国版本图书馆 CIP 数据核字（2015）第 283323 号

机械工业出版社（北京市百万庄大街 22 号 邮政编码 100037）
责任编辑：刘闻雨　　责任校对：张艳霞
责任印制：乔　宇

唐山丰电印务有限公司印刷

2016 年 2 月第 1 版 · 第 1 次印刷
184mm × 260mm · 11.5 印张 · 284 千字
0001—3000 册
标准书号：ISBN 978-7-111-52278-2
定价：29.90 元

凡购本书，如有缺页、倒页、脱页，由本社发行部调换

电话服务
服务咨询热线：（010）88379833
读者购书热线：（010）88379649

网络服务
机 工 官 网：www.cmpbook.com
机 工 官 博：weibo.com/cmp1952
教育服务网：www.cmpedu.com
金 书 网：www.golden-book.com

前　言

随着现代制造技术的发展和数控机床的日趋普及，对数控机床编程、操作的人才需求也大幅增长，本书力图把数控编程和企业加工实际应用紧密结合，满足数控机床编程与加工技术人员的学习使用。

本书采用传统授课方式，以典型产品为载体，使读者由浅入深地进行数控机床编程技能的训练。本书以 FANUC 数控系统为主、华中数控系统为辅讲解了数控车床、数控铣床及加工中心的编程，此外，还简要介绍了非圆二次曲线宏程序的编程和加工实例，内容简洁，在每个指令讲解之后，均提供了若干企业产品加工实例和详细的程序代码及注释，并附有零件加工后的效果图，提供的所有程序都可以直接在机器上调试使用。附录中选取了职业技能鉴定中、高级试题及答案，便于数控机床编程学习过程中练习，具有较强的针对性和实用性。

本书由赵宏立主编，马钢、徐慧为副主编。王东升、韩迷慧工程师参与了编写。韩海玲博士对本书提出了修正意见，全国技术能手李家峰、孙翀翔在本书编写过程中给予了指导和建议，在此一并表示感谢。

由于编者水平有限，时间仓促，书中的疏漏和错误之处在所难免，敬请广大读者批评指正。

编　者

目　录

第1章 数控机床编程基础

数控机床是采用数字化信号对机床复杂运动及加工过程进行控制的高自动化、高效率、高精度的机械装备。数控机床通过输入装置将用户编制的程序输入到数控系统存储器，由CPU进行编译、译码、运算，转换为电脉冲信号，输出到伺服装置进行伺服信号放大，再由伺服驱动装置驱动电动机的旋转，来完成机床刀具与工件之间的相对进给运动，形成复杂曲线车削、复杂型面铣削、钻削、镗削、铰削、螺纹切削、磨削、冲、电火花和折弯等生产加工。常见机床如下。

（1）数控车床（NC Lathe）。

（2）数控铣床（NC Milling Machine）。

（3）加工中心（Machine Center）。

（4）数控钻床（NC Drilling Machine）。

（5）数控镗床（NC Boring Machine）。

（6）数控齿轮加工机床（NC Gear Holing Machine）。

（7）数控平面磨床（NC Surface Grinding Machine）。

（8）数控外圆磨床（NC External Cylindrical Grinding Machine）。

（9）数控轮廓磨床（NC Contour Grinding Machine）。

（10）数控工具磨床（NC Tool Grinding Machine）。

（11）数控坐标磨床（NC Jig Grinding Machine）。

（12）数控电火花加工机床（NC Dies Inking Electric Discharge Machine）。

（13）数控线切割机床（NC Wire Electric Discharge Machine）。

（14）数控激光加工机床（NC Laser Beam Machine）。

（15）数控冲床（NC Punching Press）。

（16）数控超声波加工机床（NC Ultrasonic Machine）。

1.1 程序编制的基础知识

1.1.1 数控编程内容

数控机床所使用的程序是按一定的格式并以代码的形式编制的，一般称为“加工程序”，目前零件加工程序的编制主要采用以下两种方式。

1. 手工编程

手工编程是根据图纸尺寸利用数学的方法，进行刀具轨迹计算，人工编制程序指令。手工编程方法与步骤如图1-1所示。

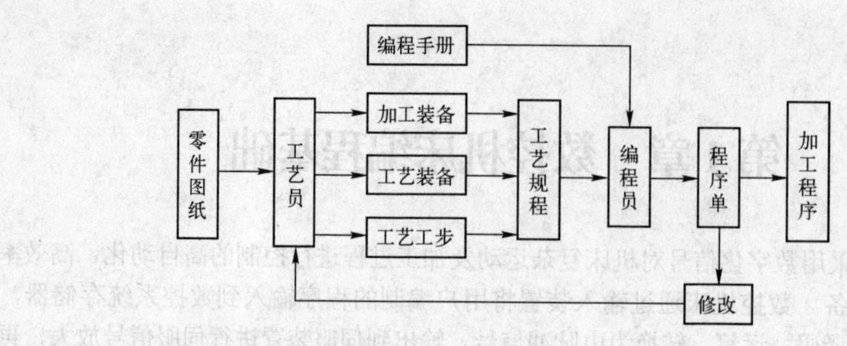

图 1-1　手工编程方法与步骤框图

2. 自动编程

利用计算机 CAD / CAM 软件（NX、MasterCAM、Cimatron、Pro/E、CAXA 等）技术进行复杂曲面零件造型设计、分析和加工仿真，并通过后置处理，自动生成加工指令，经过程序校验和修改后，形成加工程序。

3. 编程步骤及注意内容

数控机床零件加工的工作过程如图 1-2 所示。各步工作解释如下。

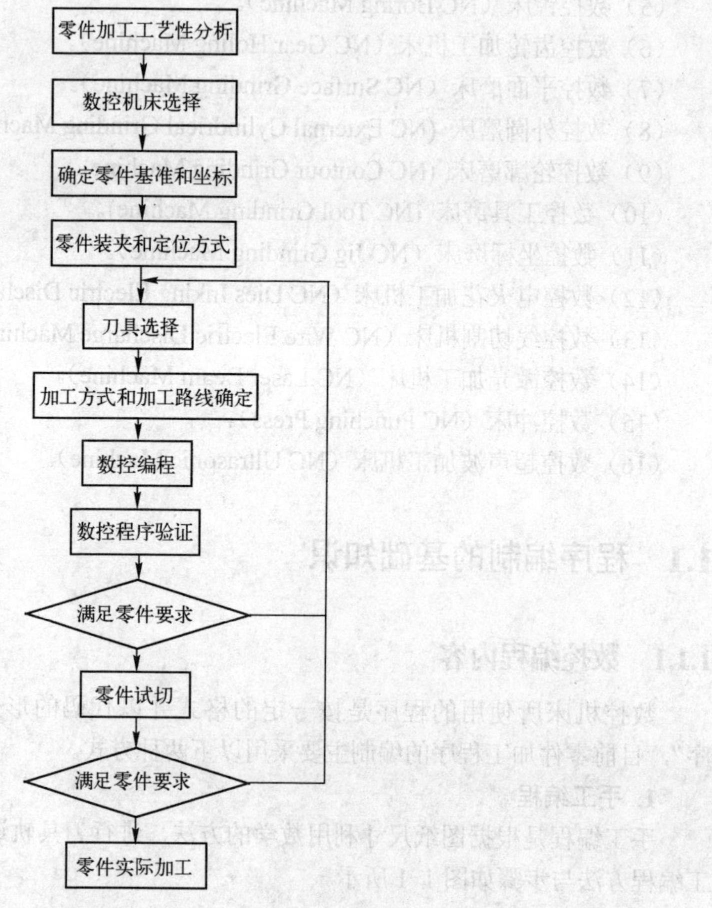

图 1-2　零件加工过程

1）零件加工工艺性分析。零件图纸是加工的原始资料，必须首先分析加工工件的几何信息和工艺信息，尺寸、形状、精度、材料、热处理等信息是否合理，各部分适合什么机床、夹具、刀具，明确大致的加工顺序和走刀路线等。

2）选择车间高效、经济的数控机床。

3）根据图样尺寸标注明确零件的设计基准、选择定位基准，建立工件坐标系。

4）确定零件的装夹和定位方式，根据车间的工艺装备选择合适的夹具、量具，明确装夹定位方式。

5）根据工件材料和加工部位选择大小合适的刀具、刀片、刀柄等辅助工具、确定切削参数。

6）确定加工方式和加工路线。根据尺寸精度和表面粗糙度的要求，确定合适的加工工艺方案，是粗车（铣）、半精车（铣）、精车（铣）、磨削还是钻、扩、粗铣、精镗，加工路线应尽可能短，确定对刀点、换刀点和起刀点。

7）数控编程。根据零件公差及尺寸进行刀具运动轨迹坐标值计算，选择合适的切削参数（背吃刀量 a_p、切削速度 v_c、进给量 f），按照数控系统编程说明书的功能指令代码及编程格式编写加工程序单。

8）把数控程序输入到数控装置中，进行空运动或模拟仿真校验，检查刀具运动轨迹是否正确。若不正确应重新修改刀具或运动轨迹的程序代码。

9）首件试切，检测零件的加工精度和误差，分析误差原因，重新修改工艺方案及程序代码，补偿及修正误差。

10）零件实际加工。根据生产纲领，完成零件加工。

1.1.2 程序代码与格式

1. 程序代码

国际上通用的有 ISO（国际标准化组织）和 EIA（美国电子工业协会）两种程序代码，代码中有数字码（0～9）、文字码（A～Z）和符号码。各国生产的数控系统的指令略有差异，可详见各数控系统编程说明书。

2. 程序结构

程序是由若干个程序段组成，程序段是用来表示完成一定动作的指令。用于区分每个程序段的号叫作顺序号；用于区分每个程序的名叫作程序号。数控程序结构与格式见表 1-1。

表 1-1 数控程序结构与格式

程　序	解　释
O1234	程序号
N10 G90 G54 G0 X0 Y0;	10 程序段，建立工件坐标系
N20 M03 S900;	20 程序段，主轴正转，每分钟 900 转
N30 G01 X10.0 Y18.0 F800.0;	30 程序段，直线插补
N40 G00 X80.0 Y50.0 ;	40 程序段，快速定位
……;	……
N50 G81 X100.0 Y100.0 Z50.0 R3.0 F50.0;	50 程序段，钻孔
N60 G00 X0 Y0;	60 程序段，快速返回
N70 M30;	70 程序段，程序结束

（1）程序号

表 1-1 程序中的“O1234”即为程序号。程序号是数控程序的名称，由英文字母 O 加 1～9999 范围内的阿拉伯数字构成，华中数控系统也可用“%”加阿拉伯数字作为开始程序号。在每个程序的开头必须指定程序号，用来识别存储的程序，方便检索和调用。

（2）程序段格式

从表 1-1 中可以看出程序是分行书写的，程序中的每一行，称为一个程序段。整个程序由多个程序段组成。每个程序段由若干条指令地址（也称为字，如上例中的 G01　X10.0）组成，常见程序中使用的地址码及其的功能见表 1-2。

表 1-2　数控程序地址码及其功能

功　能	字 地 址	功 能 说 明
程序号	O 或%	给程序指定程序号
顺序号	N	程序段的顺序号
准备功能	G	指定移动方式(直线、圆弧等)
尺寸字	X、Y、Z、U、V、W、A、B、C	坐标轴移动指令
	I、J、K	圆弧中心相对圆弧起点的坐标
	R	圆弧半径
进给功能	F	指定每分钟进给速度或每转进给速度
主轴速度功能	S	指定主轴速度
刀具功能	T	刀号
辅助功能	M	辅助功能指令，机床上的开/关控制
	B	指定工作台分度等
偏置号	D、H	刀具偏置号地址
暂停	P、X	暂停时间
程序号指定	P	子程序号
重复次数	L	子程序重复次数
参数	P、Q	固定循环程序起始和终止段顺序号

组成程序段的各类指令（代码）有：

① 程序段顺序号，由地址 N 和后面 1～9999 范围内的阿拉伯数字组成，写在段首，程序段顺序号只是为了程序的可读性好，除特殊情况由 P、Q 地址调用外，无实质含义，可省略也可不按顺序排列。

② G 准备功能指令，简称 G 代码，多数用字母 G 加两位数字构成。该类代码用以指定刀具进给运动方式。

③ X、Y、Z、A、B、C、I、J、K 等坐标指令。由坐标地址符及数字组成，例如：“X10.0　Y18.0”。其中字母表示坐标轴，字母后面的数值表示刀具在该坐标轴上移动（或转动）后的坐标值。

④ F 进给速度功能指令，用来给定切削时刀具的进给速度。例如：“F800”，表示进给

速度为 800mm/min。

⑤ S 主轴转速功能指令，用以指定主轴转速，其单位是“r/min”。例如：“S900”，表示主轴转速为 900r/min。

⑥ T 刀具功能指令，用字母 T 加两位数字组成，其中的数字表示刀具号，用以选择刀具。对每把刀具给定一个编号，在程序中指定不同编号，就选择了相应的刀具。例如：“T03”，表示选用 3 号刀具。

⑦ H（D）刀具补偿号地址，用字母 H 或 D 加两位数字组成，用于存放刀具长度或半径补偿值。

⑧ M 辅助功能指令，简称 M 代码，用字母 M 加两位数字表示，它是控制机床开关状态动作的指令。通常在一个程序段中仅能指定一个 M 代码。常用的 M 代码含义功能见表 1-3。

表 1-3　常用 M 代码及功能（部分）

代　码	功能说明	代　码	功能说明
M00	程序暂停	M06	换刀
M01	程序计划暂停	M08	切削液开
M02	程序结束	M09	切削液关
M03	主轴正转起动	M30	程序结束并返回
M04	主轴反转起动	M98	调用子程序
M05	主轴停止转动	M99	子程序结束

⑨“;”（分号）是程序段结束符号，表示一个程序段的结束。程序段结束符号位于一个程序段末尾，也有采用“LF”“CR”“*”等符号表示程序段结束。在用数控机床控制面板输入程序时，按下操作面板上的“EOB”（End Of Block）键或回车键，则该符号自动添加，同时程序换行。

（3）常用 M 代码说明

① M00 指令——程序暂停。M00 指令使正在运行的程序在本段无条件停止运行，不执行下段。它相当于控制面板上的程序暂停功能按键。当按下控制面板上的循环启动键后，可继续执行下一程序段。该指令常应用于自动加工过程中，停机进行零件尺寸测量，手动变速和手动换刀等。

② M01 指令——程序计划暂停。M01 与 M00 相似，不同的是若使该指令有效，则必须预先按下机床控制面板上的“选择停止”键。当程序运行到 M01 时，程序立即暂停；否则 M01 指令不起作用，程序继续执行。该指令常用于关键尺寸的抽样检查或临时停机。

③ M02 指令——程序结束。该指令表示加工程序全部结束。它能使主轴、进给、切削液都停止。

④ M03、M04、M05 指令，表示主轴正传、反转、停止。

⑤ M06 指令——自动换刀功能。该指令用于具有自动换刀装置的数控机床。M06 与刀具功能指令 T××联合使用，才可执行正确换刀。

⑥ M30 指令——程序结束并返回程序头。该指令是执行完程序段的所有指令后，使主轴、进给停止，切削液关闭，与 M02 功能相似，不同之处是该指令使程序段执行顺序指针返回到程序开头位置，以便继续执行同一程序，适合多件加工。

⑦ M98、M99 指令——子程序调用和返回指令。主程序中 M98 后面接调用的子程序号，M99 用于子程序中的最后一段，程序执行此指令时返回主程序，继续执行 M98 之后一段主程序。

1.2 数控编程基础知识

数控机床加工是控制刀具沿着构成工件外形的直线或圆弧进行移动，而完成这种刀具沿直线或圆弧运动的操作叫作**插补**。为切削工件，刀具和工件之间必须完成相对运动，刀具以指定的速度移动称为**进给**。

1.2.1 数控机床坐标系

数控机床的加工是完成刀具和工件之间的相对运动，刀具和工件的运动轨迹要借助于统一的方向和距离，这就离不开坐标系，这种规定了数控机床的坐标轴和运动方向的坐标系就称为**机床坐标系**。我国 2005 年新修订了《工业自动化系统与集成机床数值控制坐标系和运动命名》(GB/T19660—2005)，该标准等同于 ISO841:2001 标准，建立机床坐标系的目的是用来提供刀具（或加工空间里或图纸上的点）相对于固定的工件移动的坐标。具体如下：

1. 机床坐标系

机床坐标系采用右手笛卡尔直角坐标系，三个主要直线运动坐标轴为 *X*、*Y* 和 *Z* 轴，如图 1-3 所示。伸出右手大拇指、食指和中指，并互相垂直，拇指所指为 *X* 轴正方向，食指所指为 *Y* 轴正方向，中指所指为 *Z* 轴正方向。绕 *X*、*Y* 和 *Z* 轴回转的轴分别称为 *A*、*B* 和 *C* 轴，其旋转的正向按右手螺旋方向确定，即大拇指指向直线坐标轴正向，其余四指指向为旋转运动正向。*X*′、*Y*′、*Z*′、*A*′、*B*′、*C*′坐标轴是指工件相对于静止刀具的运动坐标系，与国标定义相反，所以加“′”。其他含义与 *X*、*Y*、*Z*、*A*、*B*、*C* 坐标轴相同。

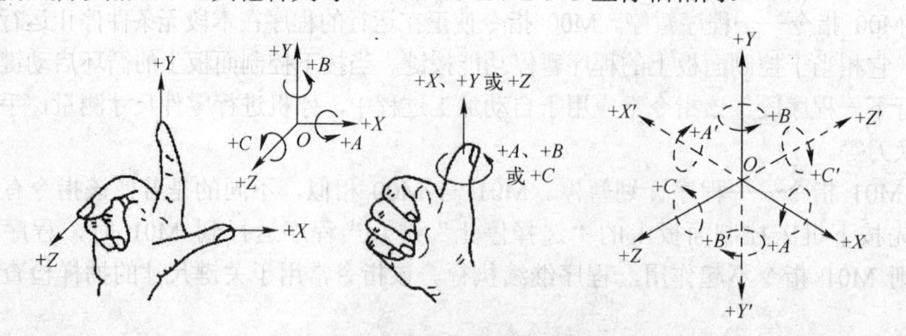

图 1-3 数控机床的坐标系统

2. 机床坐标轴的规定

机床坐标系的各直线坐标轴与机床导轨平行。判断机床坐标轴的顺序是首先确定 *Z* 轴，然后确定 *X* 轴，最后根据右手法则确定 *Y* 轴。

1）*Z* 轴。平行于机床的主要主轴。一般垂直于机床工作台工件装卡面的主轴为 *Z* 轴，从工件到刀架的方向定为+Z 轴方向。如车床，主轴带动工件旋转，所在轴线为 Z 轴，工件到刀架的方向为 Z 轴正向；对于镗铣类机床，主轴带动刀具回转，刀具向下切入工件的方向为 Z 轴负方向，退出工件的方向为 Z 轴的正方向。对于没有主轴的牛头刨床、龙门刨床、插床等，以垂直于工件装夹平面的坐标轴为 Z 轴。

2）X 轴。X 轴应是水平方向。平行于工件装夹平面。对于立式数控镗铣床，Z 轴为垂直，从机床的前面朝立柱看时，X 轴正方向应指向右方；对于卧式镗铣床，Z 轴为水平，朝 Z 轴负方向看时，X 轴正方向应指向右方。

3）Y 轴。Y 轴垂直于 X、Z 轴，根据已经定下的 X 轴和 Z 轴，按右手笛卡尔直角坐标法则确定 Y 轴及其正方向。

4）A、B、C 坐标轴。A、B、C 是分别绕 X、Y、Z 坐标轴线旋转的轴，正方向以该方向转动右螺旋纹时，螺纹分别朝 X、Y、Z 轴正方向前进来确定。

5）刀具移动。其移动的正方向和轴的正方向相同，正方向移动用+X、+Y、+Z、+A、+B……来指定。

6）工件移动。其移动的正方向和轴的正方向相反，工件正方向移动用+X'、+Y'、+Z'、+A'、+B'……来指定。即−X 轴方向等于工件移动的+X'方向。

3. 机械坐标系判别示例

1）图 1-4 为数控卧式车床结构图。由于加工工件是回转体，所以编程时只用到 X、Z 轴。正方向为工件指向刀架的方向。

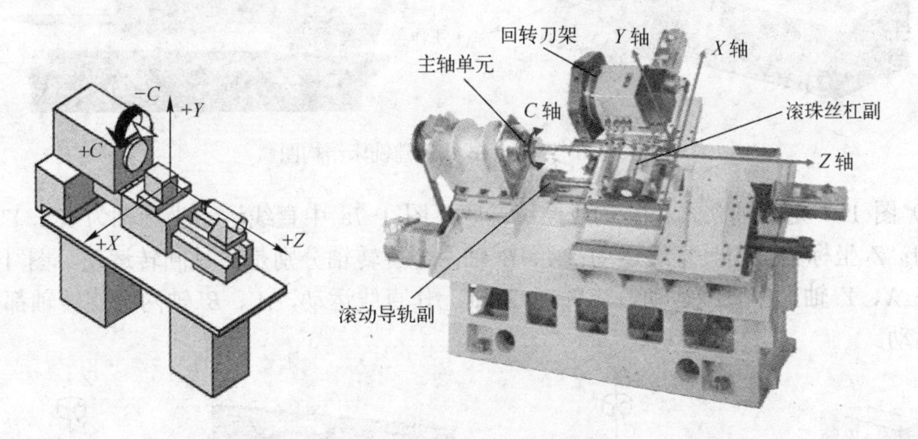

图 1-4　数控卧式车床结构图

2）图 1-5 是三轴立式数控铣床和卧式铣床结构图。对于立式铣床（图 1-5a），面向机床站在操作位置上，平伸出右手，手心朝上，让大拇指、食指、中指互相垂直，中指指向 Z 轴正向（工件到刀具的方向），此时，大拇指指向 X 轴正方向，食指指向 Y 轴正方向；对于卧式铣床（图 1-5b），站在机床工作台和主轴之间的操作位置上，面向工件，伸出右手（指尖朝上），让手背贴在上下竖直的工件面上，大拇指、食指、中指互相垂直，中指指向工件到刀具的方向，此时，大拇指指向 X 轴正向，食指指向 Y 轴正向，中指指向 Z 轴正向。

3）图 1-6 是四轴卧式数控镗铣床。刀具在 X、Y 轴上作直线运动，工件在 Z' 轴上作直线运动，旋转轴是 B 轴，一般工作台顺时针旋转为其正方向。由于在机床上是工件运动，用 B'轴表示。

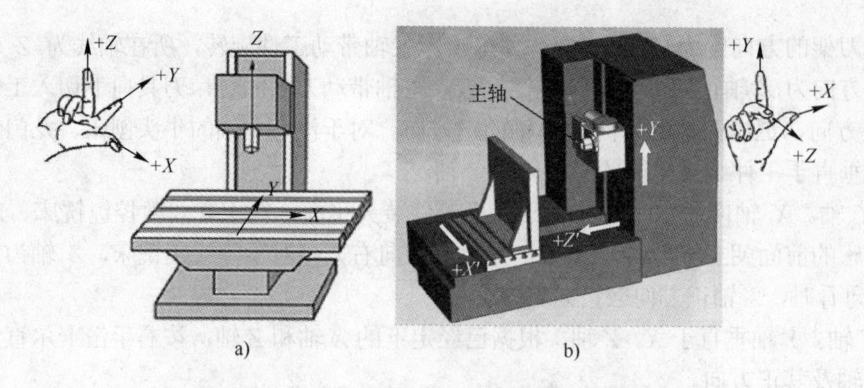

图 1-5　三轴立式数控铣床和卧式铣床结构图

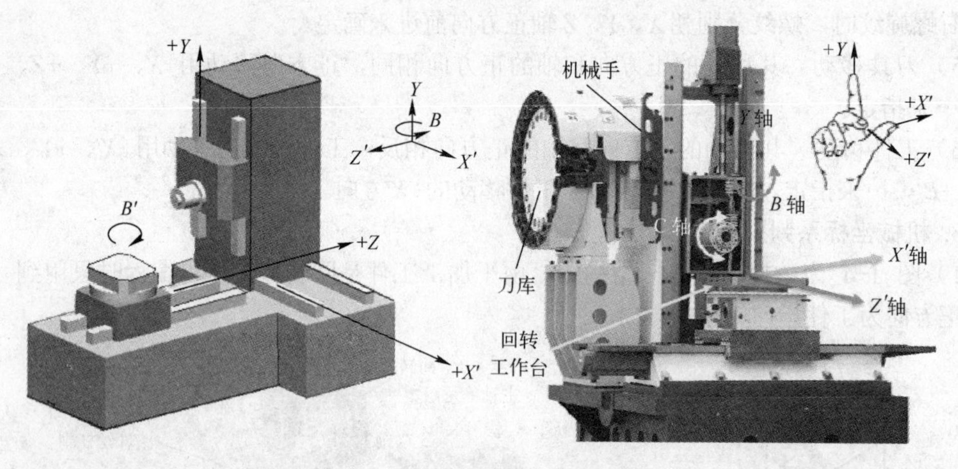

图 1-6　四轴卧式数控镗铣床结构图

4）图 1-7 是五轴立式和卧式数控镗铣床。图 1-7a 中直线运动坐标轴为 X'、Y'，是工件运动；Z 坐标轴是刀具直线运动；A、B 轴两个旋转轴分别是刀具回转运动。图 1-7b 中刀具在 X、Y 轴上作直线运动，工件在 Z' 轴上作直线运动，A'、B' 轴两个旋转轴都是工件回转运动。

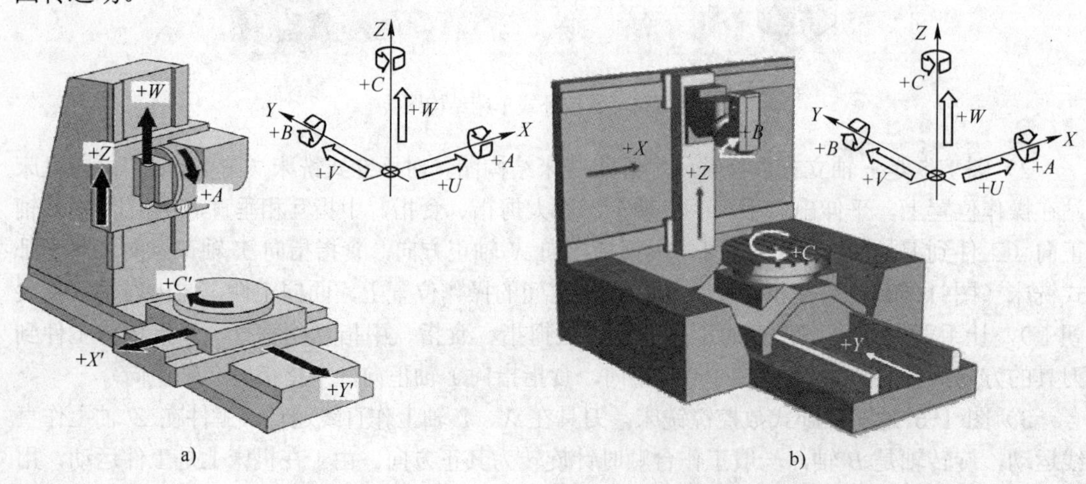

图 1-7　五轴立式和卧式数控镗铣床结构图

4. 机械零点与参考点

机床上固定的一个作为基准的特定点称为机械零点（也称为机床零点），即机床坐标系的原点，此点由机床制造厂规定，一般是不允许用户改变的。通常数控铣床的机械零点在 *X*、*Y*、*Z* 轴的正向极限位置，加工中心的机械零点在机床上的自动换刀的位置。

机床参考点是与机床零点之间有准确的相对位置的特定点。如果相对位置为零，则表示机床参考点与机床零点重合，回参考点就是回零点。但数控车床的参考点与机床零点之间有准确的位置关系，参考点一般位于刀架正方向移动的极限点位置，由行程开关和挡块来控制；数控车床的机床零点位置则由 *X*、*Z* 轴参数确定，并通过参考点反向寻找确立的，一般在卡盘后端面的中心位置。

通过回参考点操作就可确定刀具在机床坐标系中的坐标，从而建立起机床坐标系。在没有绝对编码器的机床上，接通机床电源后需要通过手动回机床零点操作（或称为返回参考点），然后才可以进行其他操作。在采用绝对编码器作为检测元件的机床上，由于能够记忆绝对原点位置，所以机床开机后即自动建立机床坐标系，不必进行回机床零点操作。

1.2.2 工件坐标系与程序原点

1. 工件坐标系的建立

通过回参考点操作可以确定刀具在机床坐标系中的准确位置关系，可工件放置到机床工作台上经找正、锁紧后，此时机床并不知道工件的安装位置，无法保证刀具和工件毛坯之间的准确坐标关系，则不能精确加工合格产品，甚至会发生撞刀等，为了让数控机床精确掌握刀具和工件毛坯之间的相对位置关系，则必须建立工件坐标系。工件坐标系是编程人员设定的，编程时使用的坐标尺寸字就是工件坐标系下的坐标值。工件坐标系的坐标轴与机床坐标系的坐标轴及方向一致。工件坐标系原点也称为程序原点，可以有一个或多个。为便于坐标尺寸计算，有利于保证加工精度，程序原点通常选定在零件的设计基准或定位基准上，尽量方便对刀找正。当采用零件设计基准作为程序原点不便于工件的找正时，也可以把程序原点设置在夹具上的某一点或其他方便工件定位找正的位置。如图 1-8 所示，数控铣床的程序原点通常建立在工件上表面中心或顶点位置，数控车床的程序原点通常建立在工件右端面中心位置。

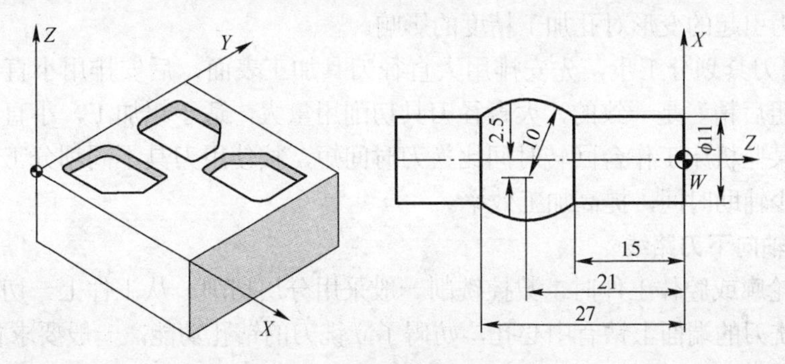

图 1-8 工件坐标系的建立

2. 对刀点与换刀点

编制一个工件的加工程序，基本上不使用机床坐标系，而主要使用工件坐标系。建立工件坐标系的过程实际上就是对刀操作的过程，对刀点就是通过对刀操作来确定刀具与工件相对位置的基准点。所谓对刀，就是使刀具的刀位点与对刀点重合。

刀具的刀位点是指刀具的定位基准点，如图 1-9 所示。对于立铣刀、铰刀和丝锥，刀位点是刀具轴线与底面中心的交点；对于球头铣刀，刀位点是球头顶点或球心；钻头的刀位点位于钻尖顶点；车刀、镗刀的刀位点位于刀尖处；切断刀和切槽刀有左右两个刀位点，编程和对刀时要选择一致。

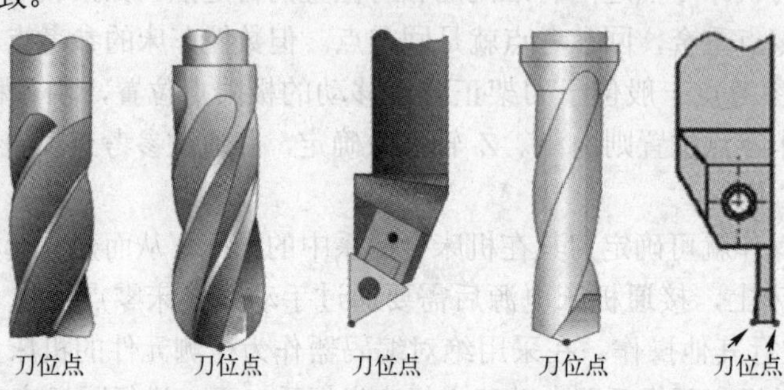

图 1-9 刀具的刀位点

换刀点是数控加工中心和数控车床编程时设置的安全换刀位置点，主要是为了避免自动换刀时碰伤工件、夹具或机床部件。由编程人员设定，一般设定在加工零件的轮廓外，有一定的安全距离，建议取整数坐标位置。

1.2.3 数控编程走刀工艺

1. 工步安排原则

在数控加工工序中，工步（加工）顺序的安排应遵循下列原则：

1）先粗后精。数控加工经常是将加工表面的粗、精加工安排在一个工序完成；若加工精度要求高时，可先全部粗加工完，然后再精加工。这样加工表面可得以短暂的时效和散热，减少变形等影响。

2）先面后孔。例如加工箱体类工件，为保证孔的加工精度，应先铣削工件上的平面，而后安排工件上孔的加工工步。因加工平面铣削力大，工件易产生变形，先铣面后加工孔，可以减少切削力引起的变形对孔加工精度的影响。

3）按所用刀具划分工步，先安排用大直径刀具加工表面，后安排用小直径刀具加工表面，这与“先粗后精”是一致的，大直径刀具切削用量大，适于粗加工，小直径刀具适于精加工。同时，某些机床工作台回转时间比换刀时间短，按使用刀具不同划分工步，可以减少换刀次数，减少辅助时间，提高加工效率。

2. 立铣刀轴向下刀路线

加工平面轮廓或腔体工件时，数控铣削一般采用分层切削，从工件上一切削层进入下一层时，因为立铣刀的端面上钻有中心孔，妨碍了立铣刀的钻孔功能，一般要求背吃刀量 a_p 不大于 0.5mm。刀具轨迹如图 1-10a 所示。当工件加工的边界开敞时，应从工件坯料的边界外下刀和进刀、退刀。当加工工件内廓形时，立铣刀需要考虑刀具如何切入工件（下刀方式）以及切入位置（下刀点），常用的下刀方式有如下三种：

1）在工件上预制孔，沿孔直线下刀。在工件上的刀具轴向下刀点位置，预制一个比刀具直径大的孔，立铣刀先下入孔内，然后径向切入工件。这也是最常用的方法。

2）按螺旋线的走刀路线切入工件，即螺旋下刀。刀具从工件的上一层的高度沿螺旋线切入到下一层位置，螺旋线半径尽量取大一些，这样切入的效果会更好。刀具轨迹如图 1-10b 所示。

3）按具有斜度的走刀路线切入工件，即倾斜线下刀。在工件的两个切削层之间，刀具从上一层的高度沿斜线切入工件，直到下一层位置。要控制好斜向下刀的角度 α 和深度 a_p，即每沿水平走一个刀径长，背吃刀量 a_p 应小于 0.5mm。刀具轨迹如图 1-10c 所示。

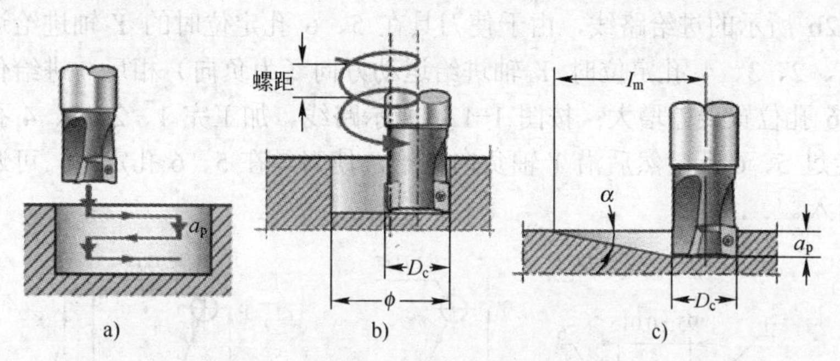

图 1-10　螺旋下刀方式与倾斜下刀方式

3. 立铣刀进刀和退刀（切入、切出工件）路线

1）设定进给量和退刀量。走刀路线中的进刀运动，开始时要加速，快接近工件时要减速，加速和减速过程中不应切削工件，而应在刀具达到匀速进给时再切削工件。为此，刀具进入切削前要安排进给量和退刀量，例如在已加工面上钻孔、镗孔时的安全平面，进给量取 1～3mm；在未加工面上钻孔、镗孔，进给量取 5～8mm 等。

2）沿工件加工表面切向直线进刀和退刀。铣削过程中，用立铣刀侧刃加工曲面时，如果刀具沿工件曲面法向切入，则刀具必须在切入点转向，此时进给运动有短暂停顿，使工件加工表面的切入点处会产生明显刀痕。所以精铣削轮廓表面时，应避免沿加工表面法向切入工件和法向切出工件，而应沿加工表面切向进刀和退刀。这样可以使进给运动连续，能保证加工表面光滑连接。刀具轨迹如图 1-11a 所示。

3）沿圆弧段进、退刀。为避免加工表面在刀具转向处留下刀痕的另一种进刀方法是，采用与工件轮廓曲面相切的四分之一圆的圆弧段进刀和退刀，可使进给运动连续。刀具轨迹如图 1-11b 所示。此时要求进、退刀的圆弧段的半径大于铣刀直径的两倍。

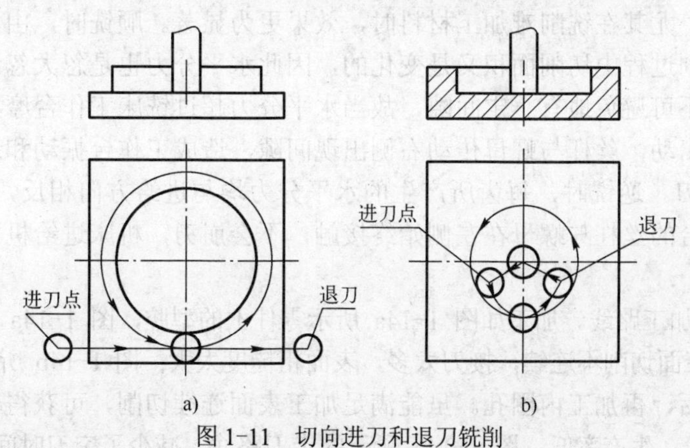

图 1-11　切向进刀和退刀铣削

a) 外圆弧面铣削　b) 内圆弧面铣削

4. 选择合理的走刀路线

数控加工过程中，刀具相对工件的运动轨迹和运动方向称为走刀路线。走刀路线的选择还应考虑下面几个因素：

1）对位置精度要求高的孔系加工，要注意安排孔的加工顺序。在刀具的定位时要避免将机床传动副的反向间隙带入到进给运动中，影响所加工孔的位置精度，如图 1-12 所示。按图 1-12b 所示的进给路线，由于使刀具在 5、6 孔定位时的 Y 轴进给运动方向（为正向）与在 1、2、3、4 孔定位时 Y 轴进给运动方向（为负向）相反，进给传动副的反向间隙会使 5、6 孔位置误差增大；按图 1-12c 所示路线，加工完 1、2、3、4 孔，先使刀具沿 Y 轴正向走过 5、6 孔，然后沿 Y 轴负向进给，使刀具在 5、6 孔定位，可避免将传动副的反向间隙引入。

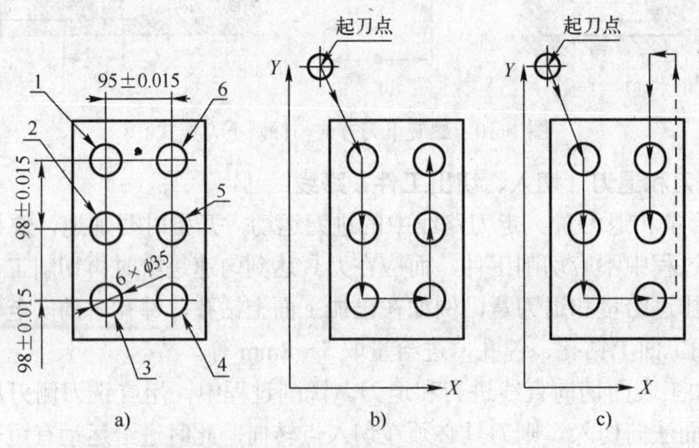

图 1-12　孔加工路线示意图

2）顺铣和逆铣的选择。当工件表面无硬皮，机床进给机构无间隙时，应选用顺铣。尤其是零件材料为铝镁合金、钛合金或耐热合金时，应尽量采用顺铣。当工件表面有硬皮，机床的进给机构有间隙时，应选用逆铣。

顺铣法切入时的切削厚度最大，然后逐渐减小到零，如图 1-13a 所示，因而避免了在已加工表面的冷硬层上滑走的过程。实践表明，顺铣法可以提高铣刀寿命 2～3 倍，工件的表面粗糙度较好，尤其在铣削难加工材料时，效果更为显著。顺铣时，由于水平分力与进给方向相同，铣削过程中切削面积又是变化的，因此水平分力也是忽大忽小的，由于进给丝杠和螺母之间不可避免地有一定间隙，故当水平分力超过铣床工作台摩擦力时，使工作台带动丝杠向左窜动，丝杆与螺母传动右侧出现间隙，造成工作台振动和进给不均匀，严重时会使铣刀崩刃。逆铣时，每齿所产生的水平分力均与进给方向相反，如图 1-13b 所示。使铣刀工作台的丝杠与螺母在左侧始终接触，不会崩刃，机床进给机构的间隙也不会引起振动和爬行。

3）寻求最短加工路线。加工如图 1-14a 所示零件上的型腔，图 1-14a 所示的走刀路线较短，但因加工表面切削不连续，接刀太多，表面粗糙度太大；图 1-14b 所示的走刀路线为先加工完外圈孔后，再加工内圈孔。虽能满足加工表面连续切削，可获得较好的表面粗糙度，但走刀路线长，生产率低；图 1-14c 所示的走刀路线，减少了空刀时间，可节省近 1/2 定位时间，提高了加工率。

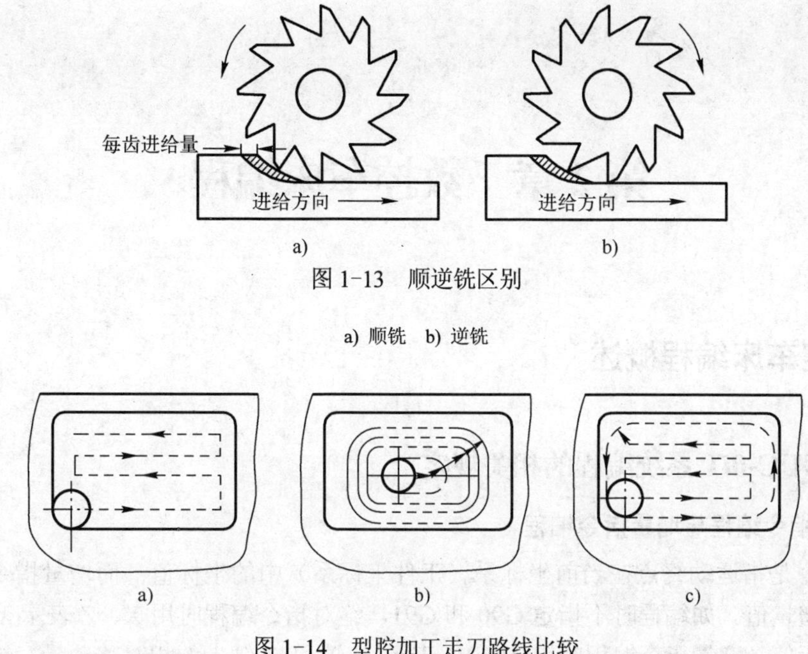

图 1-13　顺逆铣区别

a) 顺铣　b) 逆铣

图 1-14　型腔加工走刀路线比较

4）最终轮廓一次走刀完成。为保证工件轮廓表面加工后的粗糙度要求，最终轮廓应安排在最后一次走刀中连续加工出来。图 1-14 所示为 3 种不同走刀路线加工型腔，其中图 1-14a 中的走刀路线称为行切法；图 1-14b 中的走刀路线称为环切法；图 1-14c 中的走刀路线是先用行切法切除大部分余量，最后用环切法连续进给一刀，精切内轮廓表面。

习题

（1）名词解释：机床坐标系、工件坐标系、对刀点、刀位点、换刀点、程序原点、顺铣、逆铣、切削三要素。

（2）数控机床零件加工的工作过程包括哪些步骤？

（3）数控编程走刀工艺安排原则有哪些？

（4）数控机床编程的程序结构由哪几部分构成？

（5）数控立式车（铣）床和卧式车（铣）床坐标轴的区别是什么？

第2章　数控车床编程

2.1　数控车床编程概述

2.1.1　FANUC-0*i*T系统编程的相关规定

1. 绝对指令编程与增量指令编程

绝对指令是指运动终点在当前坐标系（工件坐标系）中的坐标值；而增量指令是指相对于前一点的增量值。如编程时不指定G90和G91，绝对指令编程时用X、Z表示*X*轴与*Z*轴的目标点坐标值；增量指令编程时用U、W表示*X*轴和*Z*轴上的相对移动量。绝对指令编程和增量指令编程可在零件加工程序中混用。

2. 直径编程

数控车削中*X*轴方向坐标无论是绝对指令编程还是增量指令编程，一般采用直径编程（数控铣床或加工中心无直径编程），但圆弧插补中的半径（R、I、K）用半径值表示。

3. 小数点编程

FANUC-0*i*T系统要求使用小数点编程。如写成X50.0或X50.。否则，如果写成X50，则数控系统认为是*X*方向50μm而不是*X*方向50.0mm。

4. M功能指令

辅助功能指令应用时，一个程序段只允许一个M指令，如果出现多个，以最后一个代码有效。

5. S功能指令

主轴速度功能指令——S功能指令，指定主轴转速，由地址S和后面的数字组成。速度单位有G96周速恒定控制（恒线速度m/min）和G97非周速恒定控制（恒转速r/min）两种编程方式。当采用G96编程时，根据公式

$$v_c = \frac{\pi d n}{1000} \qquad (2\text{-}1)$$

式中，v_c——切削速度（m/min）；

d——工件直径（mm）；

n——主轴转速（r/min）。

当*X*轴运动刀具接近原点时，主轴的速度会因为*d*变小而变得飞快，因此，必须应用G50指令来限制主轴的最高转速。如：

G50　S3500；（主轴的最高转速限制在 3500 r/min）

G96　S150；（主轴恒线速度 150m/min）

6. T 刀具功能指令

数控车床刀具功能指令有刀尖圆弧半径补偿和长度补偿功能，补偿地址及值的调用由换刀指令（T 后面加四位数字）直接给出。例如，T0101 表示选用 01 号刀及 01 号刀具长度补偿值和刀尖圆弧半径补偿值。T0100 表示取消刀具补偿。

7. 进给功能 F 指令

数控车床刀具进给时的进给量（进给速度）由地址 F 和后面的数字组成，单位由 G98（刀具每分钟的进给量 mm/min）和 G99（主轴每转一转刀具的进给量 mm/r）指令控制，编程时一般写在程序前面。

8. 准备功能 G 指令

准备功能 G 指令又称为 G 功能指令或 G 代码，是由地址字 G 和后面的两位数来表示的，见表 2-1。

表 2-1　G 功能指令代码

G 代码体系			组　别	功　能
A	B	C		
★G00 G01 G02 G03	★G00 G01 G02 G03	★G00 G01 G02 G03	01	定位（快速移动，非切削进给） 直线插补（切削进给） 顺时针（CW）圆弧插补或螺旋线插补 逆时针（CCW）圆弧插补或螺旋线插补
G04 G07.1 G08 G09 G10 G11	G04 G07.1 G08 G09 G10 G11	G04 G07.1 G08 G09 G10 G11	00	延迟（暂停） 圆柱插补 提前预读控制 准确停止 可编程数据输入 可编程数据输入取消
G12.1 ★G13.1	G12.1 ★G13.1	G12.1 ★G13.1	21	极坐标插补方式 极坐标插补方式取消
G17 ★G18 G19	G17 ★G18 G19	G17 ★G18 G19	16	X_PY_P 平面选择 Z_PX_P 平面选择 Y_PZ_P 平面选择
G20 G21	G20 G21	G70 G71	06	英制数据输入 米制数据输入
★G22 G23	★G22 G23	★G22 G23	09	存储行程检测功能 ON 存储行程检测功能 OFF
★G25 G26	★G25 G26	★G25 G26	08	主轴转速波动检测 OFF 主轴转速波动检测 ON
G27 G28 G30 G31	G27 G28 G30 G31	G27 G28 G30 G31	00	返回参考点检测 返回至参考点 返回到第 2、3、4 参考点 跳步功能
G32 G34 G36 G37 G39	G33 G34 G36 G37 G39	G33 G34 G36 G37 G39	01	螺纹切削 可变导程螺纹切削 自动刀具补偿 X 自动刀具补偿 Z 刀尖半径补偿：拐角圆弧插补
★G40 G41 G42	★G40 G41 G42	★G40 G41 G42	07	刀具半径补偿取消 刀尖半径左补偿 刀尖半径右补偿

（续）

G代码体系			组　别	功　能
A	B	C		
G50 G50.3	G92 G92.1	G92 G92.1	00	1.坐标系设定 2.最高主轴速度限定 工件坐标系预置
★G50.2 G51.2	★G50.2 G51.2	★G50.2 G51.2	20	多边形车削取消 多边形车削
G52 G53	G52 G53	G52 G53	00	局部坐标系设定 机床坐标系选择
★G54 G55 G56 G57 G58 G59	★G54 G55 G56 G57 G58 G59	★G54 G55 G56 G57 G58 G59	14	选择工件坐标系 1 选择工件坐标系 2 选择工件坐标系 3 选择工件坐标系 4 选择工件坐标系 5 选择工件坐标系 6
G61 G63 G64	G61 G63 G64	G61 G63 G64	15	准确停止方式 攻丝方式 切削方式
G65	G65	G65	00	宏程序调用
G66 ★G67	G66 ★G67	G66 ★G67	12	宏程序模态调用 宏程序模态调用取消
G70 G71 G72 G73 G74 G75 G76	G70 G71 G72 G73 G74 G75 G76	G72 G73 G74 G75 G76 G77 G78	00	精车循环 外圆或内孔粗车复合循环 端面粗车复合循环 固定形状闭环粗车复合循环 端面切槽（钻扩孔）循环 内外径切槽（钻削）循环 螺纹切削复合循环
★G80 G83 G84 G85 G87 G88 G89	★G80 G83 G84 G85 G87 G88 G89	★G80 G83 G84 G85 G87 G88 G89	10	钻孔固定循环取消 端面钻孔循环 端面攻丝循环 端面镗孔循环 侧面钻孔循环 侧面攻丝循环 侧面镗孔循环
G90 G92 G94	G77 G78 G79	G20 G21 G24	01	外圆或内孔车削循环 螺纹切削固定循环 端面车削固定循环
G96 ★G97	G96 ★G97	G96 ★G97	02	周速恒定控制 取消周速恒定控制
G98 ★G99	G94 ★G95	G94 ★G95	05	每分钟进给量 每转进给量
— —	★G90 G91	★G90 G91	03	绝对指令 增量指令
— —	G98 G99	G98 G99	11	固定循环返回初始平面 固定循环返回 R 平面

表注：① 带★指令为系统开机默认指令。

② G 代码指令具有 A、B、C 3 类 G 代码体系（见表 2-1）。究竟选择哪个代码体系，根据参数 GSC(No.3401#7)和参数 GSB(No.3401#6)的设定值而定。一般国产数控机床均采用 A 类体系。

③ G 代码分模态 G 代码和单步 G 代码两种。00 组的 G 代码属于单步 G 代码，又称为非模态代码或非续效指令，只限定在被指定的程序段中有效；其余组的 G 代码属于模态 G 代码，又称为续效指令。在下面的程序中具有续效性，直到被取消或被同组代码所取代为止。

④ 在同一程序段中可以指定多个不同组的 G 代码，但如果在同一程序段中指定了两个或两个以上属于同一组的 G 代码时，只有最后的 G 代码有效。

⑤ 若使用 G 代码体系 A，则其绝对/增量指令不是由 G 代码（G90/G91）来区分，而是由地址字（X/U、Z/W、C/H、Y/V）来区分。

2.1.2 切削用量的确定

1. 切削用量选择原则

合理选择切削用量，是指在保证工件加工质量和刀具寿命的前提下，能够充分发挥机床、刀具的切削性能，使生产率最高，生产成本最低。切削用量选择原则如下：

粗加工时，应尽量保证较高的金属切除率和必要的刀具寿命。选择切削用量时应首先选取尽可能大的背吃刀量；其次根据机床动力和刚性的限制条件，选取尽可能大的进给量，最后根据刀具寿命要求，确定合适的切削速度。增大背吃刀量可使走刀次数减少，增大进给量有利于断屑。

精加工时，对加工精度和表面粗糙度要求较高，加工余量不大且较均匀。选择精加工的切削用量时，应着重考虑如何保证加工质量，并在此基础上尽量提高生产率。因此，精车时应选用较小（但不能太小）的背吃刀量和进给量，并选用性能高的刀具材料和合理的几何参数，以尽可能提高切削速度。

2. 切削用量的选择

切削用量一般根据经验并通过查表的方式进行选取。粗加工时，一般以提高生产率为主，但也应考虑经济性和加工成本；半精加工和精加工时，在保证加工质量的前提下，兼顾切削效率、经济性和加工成本，具体数值应根据机床说明书、刀具切削手册，并结合经验而定。常用切削用量推荐值见表 2-2；常用硬质合金或涂层硬质合金切削不同材料时的切削用量推荐值见表 2-3；表 2-4 所列为铝合金切削参数推荐值；表 2-5 所列为普通高速钢钻头钻削速度推荐值。

表 2-2　常用切削用量推荐表

工件材料	加工内容	背吃刀量 a_p（mm）	切削速度 v_c（m/min）	进给量 f	刀具材料
碳素钢 σ_b > 600 MPa	粗加工	1.5～5.0	60～80	0.2～0.4 mm/r	YT 类
	半精加工	1.0～3.0	80～120	0.2～0.4 mm/r	
	精加工	0.5～1.0	120～150	0.1～0.2 mm/r	
	钻中心孔	1.0～3.0	100～300	0.01～0.05 mm/r	W18Cr4V
	钻孔	2.0～3.0	25～30	100～130mm/min	
	切断（宽度<5 mm）	70～110	30～50	0.1～0.2 mm/r	YT 类
铸铁 HBS < 200	粗加工	1.5～3.0	50～70	0.2～0.4 mm/r	YG 类
	精加工	1.0～2.0	70～100	0.1～0.2 mm/r	
	切断（宽度<5 mm）	50～70	30～50	0.1～0.2 mm/r	

表 2-3　硬质合金刀具切削用量推荐表

刀具材料	工件材料	粗加工			精加工		
		切削速度 v_c/（m/min）	进给量 f/（mm/r）	背吃刀量 a_p/mm	切削速度 v_c/（m/min）	进给量 f/（mm/r）	背吃刀量 a_p/mm
硬质合金或图层硬质合金	碳钢	220	0.2	3	260	0.1	0.4
	低合金钢	180	0.2	3	220	0.1	0.4
	高合金钢	120	0.2	3	160	0.1	0.4
	铸铁	80	0.2	3	120	0.1	0.4
	不锈钢	80	0.2	2	60	0.1	0.4
	钛合金	40	0.2	1.5	150	0.1	0.4
	灰铸铁	120	0.2	2	120	0.15	0.5
	球墨铸铁	100	0.2 0.3	2	120	0.15	0.5
	铝合金	1 600	0.2	1.5	1 600	0.1	0.5

表 2-4　铝合金加工切削参数与表面粗糙度的关系

主轴转数 n/（r/min）	进给量 f/（mm/r）	切削速度 v_c/（m/min）	表面粗糙度 Ra/μm
10 000	1 000	785	0.56
20 000	2 000	1 570	0.46
30 000	3 000	2 356	0.32
40 000	4 000	3 142	0.32

表 2-5　普通高速钢钻头钻削速度推荐表　　（单位：m/min）

工件材料	低碳钢	中、高碳钢	合金钢	铸铁	铝合金	铜合金
钻削速度	25～30	20～25	15～20	20～25	40～70	20～40

2.2　数控车床编程常用指令

2.2.1　快速点定位指令 G00

1. 确定工件坐标位置

在工件坐标系中每个点均可以通过方向（X、Y 和 Z）和数值明确定义。工件零点始终为坐标 X0、Y0 和 Z0。在车床中仅一个 G18 平面如图 2-1a 所示，就可以定义工件轮廓，编程时按照工件轮廓 XZ 点坐标走刀即可，如图 2-1b 所示。

点 P1 到 P4 位置用绝对尺寸表示就是以零点为基准，各点坐标为：P1 点为 X25　Z-7.5；P2 点为 X40　Z-15；P3 点为 X40　Z-25；P4 点为 X60　Z-35。

为了避免不必要的尺寸换算，可以使用相对尺寸系统。相对尺寸系统中，输入的尺寸均以在此之前的位置为基准。相对尺寸表明刀具必须运行多少距离，如图 2-1 中，点 P1 到 P4 的位置为：

G90　P1 为 X25　Z-7.5 以零点为基准；
G91　P2 为 X15　Z-7.5 以 P1 为基准；
G91　P3 为 Z-10 以 P2 为基准；
G91　P4 为 X20　Z-10 以 P3 为基准。

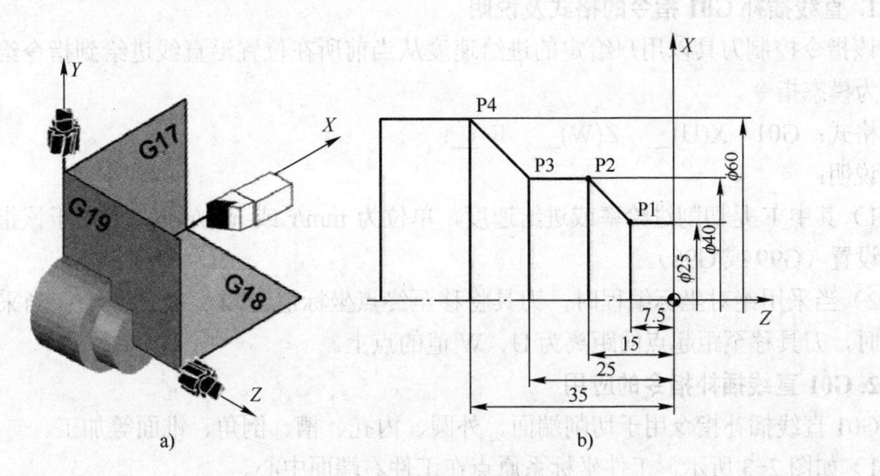

图 2-1　确定工件坐标位置

2. 快速定位 G00 指令（快速移动）

该指令控制刀具以最快速度（参数默认速度）运动到下一个目标位置，运动过程中有加速和减速，编程时常用于进刀和退刀等，刀具轨迹可能是非直线的，不能用于切削加工。

格式：G00　X(U)__　Z(W)__；

说明：G00 进行刀具的快速定位，当绝对值编程时，X、Z 后面的数值是目标位置在工件坐标系的坐标值；当增量值编程时，U、W 后面的数值是终点相对于起点在 *X*、*Z* 方向上的向量值。如图 2-2 所示，从 A 点到 B 点的快速定位指令如下：

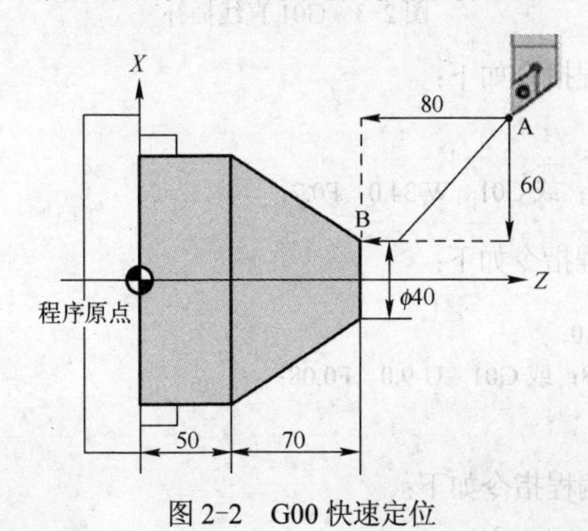

图 2-2　G00 快速定位

G50　X160.0　Z200.0；　　　/设定工件坐标系，*X* 方向直径编程
G00　X40.0　Z120.0；　　　/绝对值指令编程 A→B
或 G00　U-120.0　W-80.0；　　/增量值指令编程 A→B
或 G00　X40.0　W-80.0；　　　/混合指令值编程 A→B

因为 X 轴和 Z 轴的进给速率不同，因此机床执行快速运动指令时两轴的合成运动轨迹不一定是直线，因此在使用 G00 指令时，一定要注意避免刀具和工件及夹具发生碰撞。

2.2.2 直线插补指令 G01

1. 直线插补 G01 指令的格式及说明

该指令控制刀具以用户给定的进给速度从当前所在位置沿直线进给到指令给出的目标位置，为模态指令。

格式：G01　X(U)__　Z(W)__　F __；

说明：

1）其中 F 是切削进给率或进给速度，单位为 mm/r 或 mm/min，取决于该指令前面程序段的设置（G99 或 G98）。

2）当采用绝对坐标编程时，刀具将移至终点坐标值为 X、Z 的点上；当采用相对坐标编程时，刀具移至距起点的距离为 U、W 值的点上。

2. G01 直线插补指令的应用

G01 直线插补指令用于切削端面、外圆、内孔、槽、倒角、锥面等加工。

1）如图 2-3 所示，工件坐标系原点在工件右端面中心。

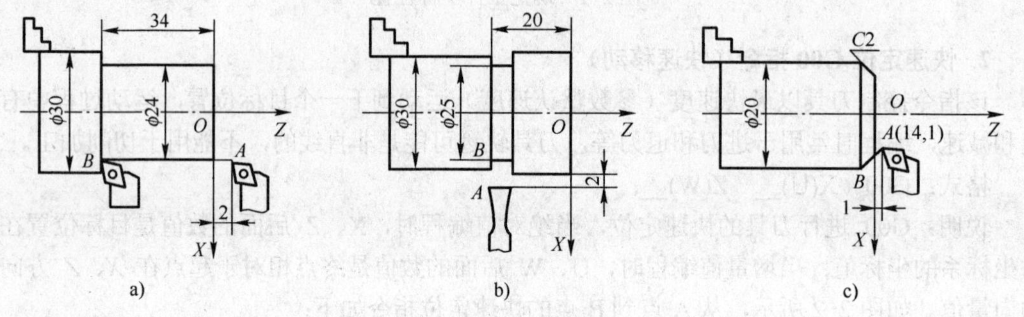

图 2-3　G01 直线插补

图 2-3a 所示外圆编程指令如下：

```
G00　X24.0　Z2.0；
G01　Z-34.0　F0.2；或 G01　W-34.0　F0.2；
```

图 2-3b 所示车槽编程指令如下：

```
G00　X34.0　Z-20.0；
G01　X25.0　F0.08；或 G01　U-9.0　F0.08；
G00　X34.0；
```

图 2-3c 所示车倒角编程指令如下：

```
G00　X14.0　Z1.0；
G01　X20.0　Z-2.0　F0.15；　或 G01　U6.0　W-3.0　F0.15；
```

2）如图 2-4 所示的锥面直线运动编程，工件坐标系原点在工件左端面中心。

```
G00　X40.0　Z125.0；
```

```
G01   Z120.0   F0.25;
X80.   Z30.0   F0.2;                          /绝对值指令编程
或 U40.   W-90.0   F0.2;                      /增量值指令编程
```

3）加工如图 2-5 所示零件，工件坐标系设定在工件右端面中心。完整精加工编程如下：

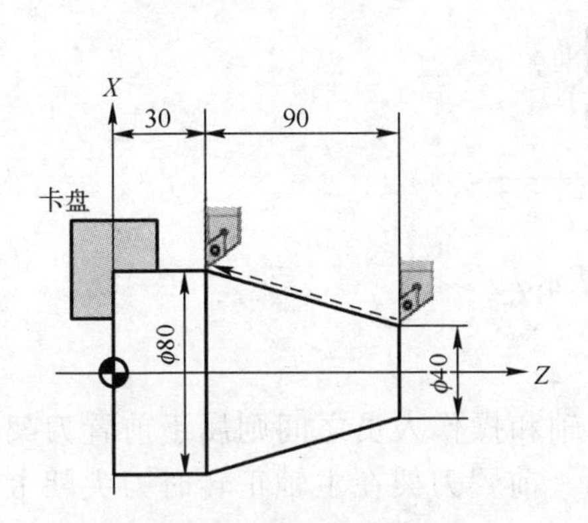

图 2-4　G01 锥面直线插补

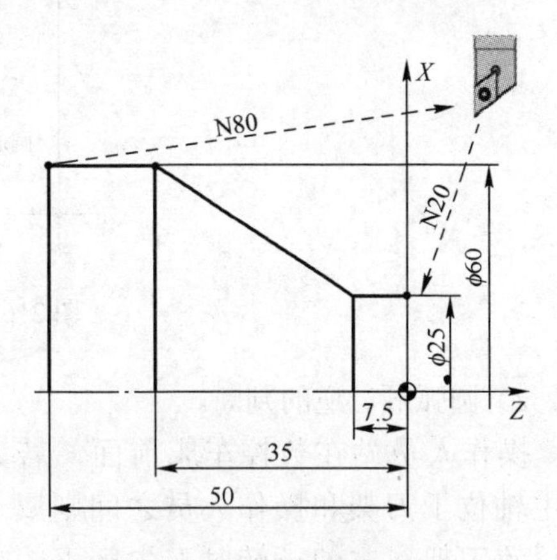

图 2-5　G00 与 G01 编程

```
O1234;                              /新建程序号
N5   T0202;                         /换 2 号刀
N10  G90  G98  S1800  M3;           /绝对指令编程，主轴顺时针旋转
N20  G0   X25.0  Z5.0;              /快速点定位到起始位置
N30  G1   Z0   F1000;               /刀具横向进给
N40  G99  Z-7.5  F0.2;              /切削外圆
N50  X60.0  Z-35.0;                 /切削锥面，直线运行
N60  Z-50.0;                        /切削外圆
N70  G0   X62.0;                    /快速退刀
N80  G0   X80.0  Z20.0;             /退刀，快速返回起刀点
N90  M30;                           /程序结束
```

2.2.3　圆弧插补指令 G02/G03

1. 圆弧插补指令 G02/G03 的格式及说明

刀具以给定的 F 进给速度作圆弧插补运动，用于圆弧轮廓的加工。圆弧插补命令分为顺时针圆弧插补指令 G02 和逆时针圆弧插补指令 G03 两种。

格式：G02/ G03　X(U)__　Z(W)__　R__　F__;

　　　G02/ G03　X(U)__　Z(W)__　I__　K__　F__;

说明：

1）绝对坐标编程时，X、Z 是圆弧终点坐标值；增量编程时，U、W 是终点相对于起点在 *X*、*Z* 方向上的向量值。圆心位置的指定可以用 R，也可以用 I、K。R 为圆弧半径值，优先选用。I、K 为圆心相对于圆弧起点在 *X* 轴和 *Z* 轴上的向量；可以从圆弧起点向圆心作向量，然后作出 *X* 和 *Z* 方向的分向量，*X* 方向的分向量就是 I，*Z* 方向的分向量就是

K，如图 2-6 所示。注意：I、K 用增量值（半径值）表示，当 I、K 等于 0 时可省略。F 为沿圆弧切线方向的进给率或进给速度，以上参数均为模态码。

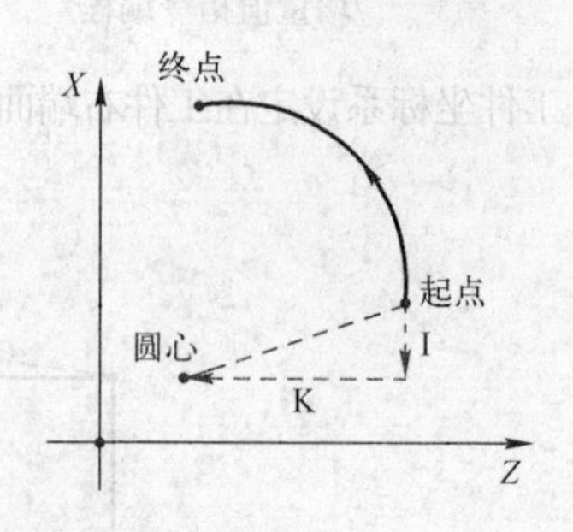

图 2-6　圆心 I、K 表示法

2）圆弧顺、逆的判断。

操作人员站在数控车床前面，若刀架位于主轴和操作人员之间则属于前置刀架，若主轴位于刀架和操作人员之间则属于后置刀架。前置刀架在主轴正转时刀尖朝上，而后置刀架在主轴正转时刀尖朝下。前置刀架和后置刀架编程一样，顺时针圆弧插补 G02 和逆时针圆弧插补 G03 的方向都是根据右手笛卡尔坐标系，先确定出 *Y* 轴的正方向，再从 *Y* 轴的正方向朝负方向看去，以判定 *X* 轴的正方向，然后在 *XZ* 平面内判断 G02 和 G03 的方向即可。前置刀架 *Y* 轴正方向朝下，后置刀架 *Y* 轴正方向朝上。只要从正确的方向根据右手笛卡尔坐标系去看，就可以判定，不论什么系统，G02 和 G03 在前置和后置刀架中都是一样的，*Y* 轴只是一个虚拟轴，车床实际上并不存在 *Y* 轴。如图 2-7 所示。

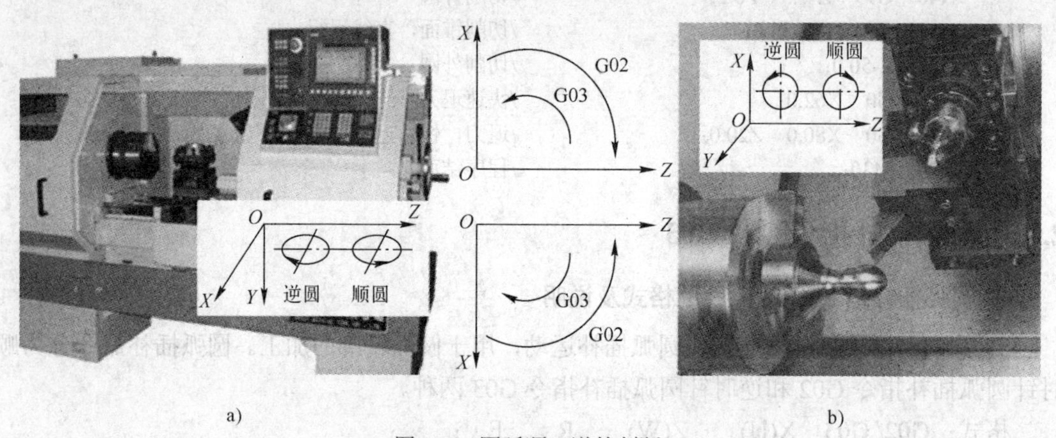

图 2-7　圆弧顺、逆的判断

a) 前置刀架　b) 后置刀架

3）注意事项：当用半径 R 来指定圆心位置时，由于存在大于 180° 和小于 180° 两个圆弧，为区分，一般规定圆心角 $\alpha \leqslant 180°$ 时，用“+R”表示；$\alpha > 180°$ 时，用“-R”表示。当圆心角 $\alpha = 180°$ 时，用 R 指定圆心计算会产生误差，要用 I、K 指定。

例如，图 2-8 中所示的圆弧从起点到终点为顺时针方向，其走刀指令可编写如下：

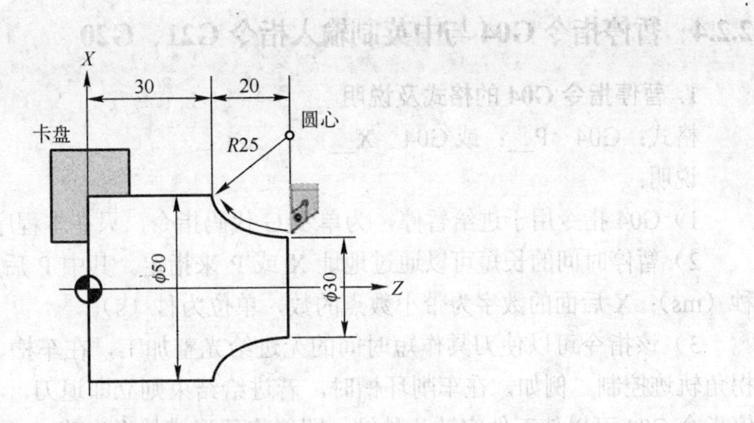

图 2-8　G02 圆弧插补

```
G02　X50.0　Z30.0　I25.0　K0　F0.15;　　　/绝对指令坐标，切削进给率 0.15mm/r
G02　U20.0　W-20.0　I25.0　F0.15;　　　　/相对指令坐标，K0 省略
G02　X50.　Z30.　R25.　F0.15;　　　　　　/绝对指令坐标
G02　U20.　W-20.　R25.　F0.15;　　　　　　/相对指令坐标
G02　X50.　W-20.　R25.　F0.15;　　　　　　/混合指令坐标
```

2. G02/G03 编程应用

加工如图 2-9 所示零件，工件坐标系设定在右端面中心。其程序如下：

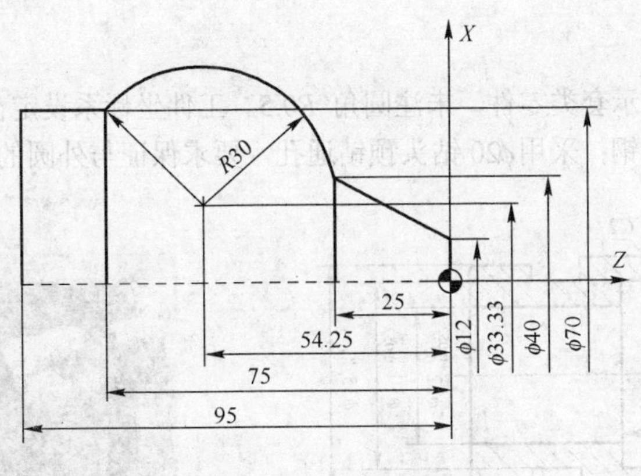

图 2-9　G02/G03 编程应用

```
N......;
N120　G0　X12.0　Z0;
N125　G1　X40.0　Z-25.0　F0.2;
N130　G3　X70.0　Z-75.0　R30.0;　　　　　　　　　/用绝对坐标指令表示圆弧终点
或者 N130　G3　X70.0　Y-75.0　I-3.335　K-29.25;　/用绝对坐标指令表示圆弧终点
或者 N130　G3　U30.0　W-50.0　R30.0;　　　　　　/用增量坐标指令表示圆弧终点
或者 N130　G3　U30.0　W-50.0　I-3.335　K-29.25;　/用增量坐标指令表示圆弧终点
N140　G1　Z-95.0;
N......;
```

2.2.4 暂停指令 G04 与中英制输入指令 G21、G20

1. 暂停指令 G04 的格式及说明

格式：G04 P_；或 G04 X_；

说明：

1）G04 指令用于进给暂停，为单步 G 代码指令，只在本程序段中才有效。

2）暂停时间的长短可以通过地址 X 或 P 来指定。其中 P 后面的数字为整数，单位是毫秒（ms）；X 后面的数字为带小数点的数，单位为秒（s）。

3）该指令可以使刀具作短时间的无进给光整加工，在车槽、钻镗孔时使用，也可用于拐角轨迹控制。例如，在车削环槽时，若进给结束则立即退刀，其环槽外形为螺旋面，用暂停指令 G04 可以使工件空转几秒钟，即能将环形槽外形光整。

例如空转 2.5s 时其程序段为：G04 X2.5 或 G04 P2500；

2. 英制/米制输入指令 G20/G21 的格式及说明

格式：G20/G21

说明：

1）G20 表示英制输入，G21 表示米制输入。国产数控机床出厂前一般设定为 G21 状态，机床的各项参数均以米制单位设定（单位为 mm）。

2）在一个程序内，不能同时使用 G20 或 G21 指令，且必须在坐标系确定前指定。

3）G20 或 G21 指令在断电前后一致，即停电前使用 G20 或 G21 指令，在下次通电后仍有效，除非重新设定。

3. 综合指令应用

加工如图 2-10 所示套类零件，未注圆角 *R*0.5。工件坐标系设定在右端面的中心，毛坯为 40×35；材料为 45#钢；采用ϕ20 钻头预钻通孔，要求保证与外圆的同轴度。

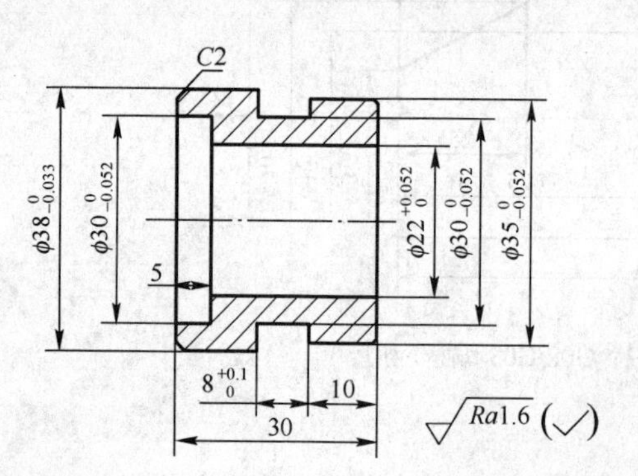

图 2-10 套类零件加工

① 车削右端面、外圆及槽，程序如下：

```
O12
G99 G90 G21;
M3 S1500;
T0101;   /45° 外圆车刀
M08;
G0 X47.0 Z2.0;
G0 X22.0;
G1 Z0 F0.1;
```

```
X34.0;
G03  X35.0  Z-0.5  R0.5;    /车倒圆角
Z-18.0;
X40.0;
G0  X100.0  Z100.0;
T0202;    /3mm 宽切槽刀
M3  S800;
G0  X40.0;
Z-18.0
G1  X30.0  F0.03;    /切槽
G04  X1.0;
G0  X36.0;
W3.0;
G1  X30.0;
G0  X36.0;
W2.0;
G1  X30.0;
G0  X150.0
Z150.0;
M30;
```

② 车削左端面、外圆及内孔，程序如下：

```
O123
G99  G90  G21;
M3  S1500;
T0101;    /45° 外圆车刀
M08;
G0  X47.0  Z2.0;
G0  X30.0;
G1  Z0  F0.08;
X34.0;
G01  X38.0  Z-2.0;    /车倒斜角
Z-13.0;
X40.0
G0  X150.0  Z150.0;
T0202;    /93° 内孔车刀
G0  X20.0  Z5.0;
M3  S2000;
G0  X22.0;
G1  Z-31.0  F0.05;
X20.0;
G0  Z5.0;
X26.0;
G01  Z-5.0
X22.0
G0  Z5.0;
X30.0;
G01  Z-5.0;
X26.0;
G0  Z150.0;
X150.0;
M30;
```

2.2.5　回参考点指令 G27、G28、G30

1. 自动返回参考点指令 G28 的格式及说明

自动返回参考点指令 G28 使刀具自动返回机械原点或经某一中间点返回机械原点。一般在数控加工中心换刀前使用，在车床上应用较少。如 G28　U0　W0；表示直接自动返回参考点。

格式：G28　X(U)___　Z(W)___;

说明：

1）X(U)和 Z(W)为中间点的坐标。

2）使用 G28 前必须取消刀具位置偏置，即 T00（刀具复位）指令必须写在 G28 指令的同一程序段或该程序段之前。

3）使用 G28 指令，首先以快速进给的速度在被指令的控制轴中间点定位，然后再以快速进给，从中间点移到参考点定位。如图 2-11 所示。

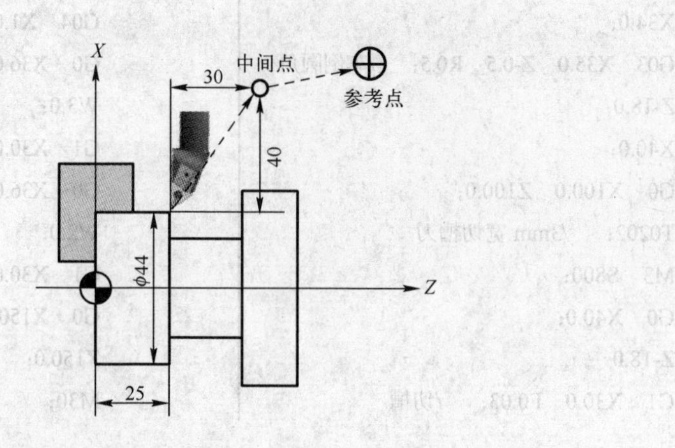

图 2-11　返回参考点指令 G28 应用

编程如下：

增量指令：G28　U80.0　W30.0 ；绝对指令：G28　X124.0　Z55.0；

2. 返回参考点检验指令 G27 的格式

刀具以快速进给定位在 X、Z 指令位置上，如果到达参考点，则对应的轴返回参考点指示灯亮，执行下一个程序段。如不是参考点，则报警。

格式：G27　X(U) __　Z(W) __；

3. 自动返回第二、三、四参考点指令 G30 的格式及说明

格式：G30 n　X(U)　__　Z(W)　__；

说明：n=2、3、4，表示选择第二、三、四参考点，若省略，则表示返回第二参考点。执行过程与 G28 相同。第二、三、四参考点位置是由参数设置调整的，在返回第一参考点后生效。此外，在使用该指令时，要取消刀具偏置。

2.3　单一形状固定循环指令

2.3.1　外侧/内侧车削循环指令 G90

该循环指令可以执行纵向的直线以及锥度的切削循环，为模态指令，主要用于轴类零件的外圆、内孔、锥面的加工。

1. 外侧/内侧车削循环指令 G90 的格式及说明

格式：G90　X(U)__　Z(W)__　R__　F__；

说明：

1）如图 2-12 所示，刀具从循环起点 A 开始循环进行 4 个动作，最后又回到循环起点。图中虚线表示快速运动，实线表示按 F 指令指定的工作进给速度运动。一次循环执行图中第 1（R）、第 2（F）、第 3（F）、第 4（R）个动作。

2）X、Z 为切削终点坐标值；U、W 为切削终点相对循环起点在 *X*、*Z* 方向上的增量大小及方向。

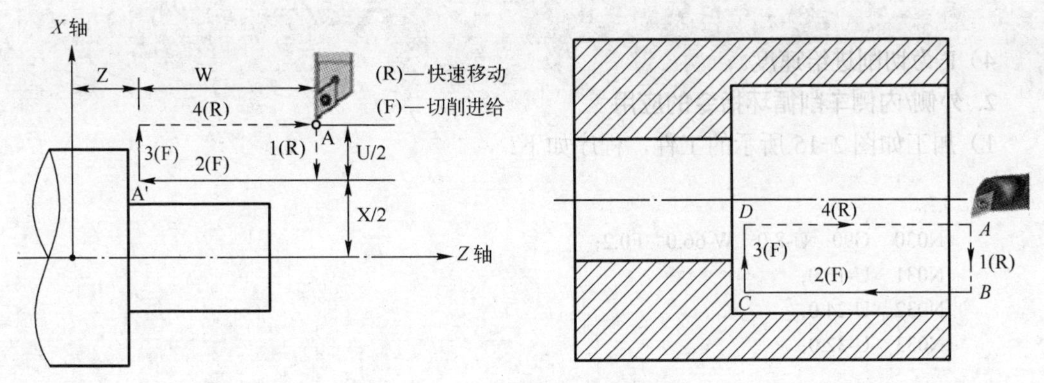

图 2-12　直线切削循环

3）R 为锥度量符号，为 X 方向锥体的半径差，即用锥面起点 X 坐标减去终点 X 坐标再除以 2。当 R=0 时（可省略），为直线切削循环；当 R≠0 时为锥度切削循环。编程时，应注意 R 的符号，对不同的刀架、不同的走刀方向，R 的正负；也不一样，如图 2-13、图 2-14 所示。锥度切削循环执行与直线切削循环相同的 4 个动作。图 2-13 中锥度切削循环中 R 为负值。

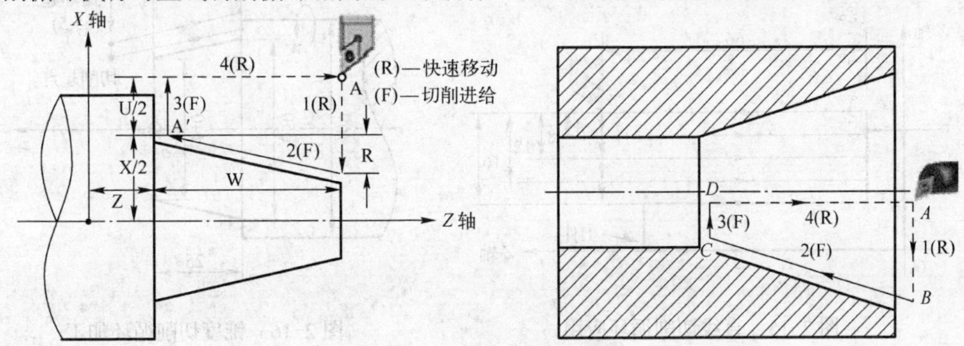

图 2-13　锥度的切削循环

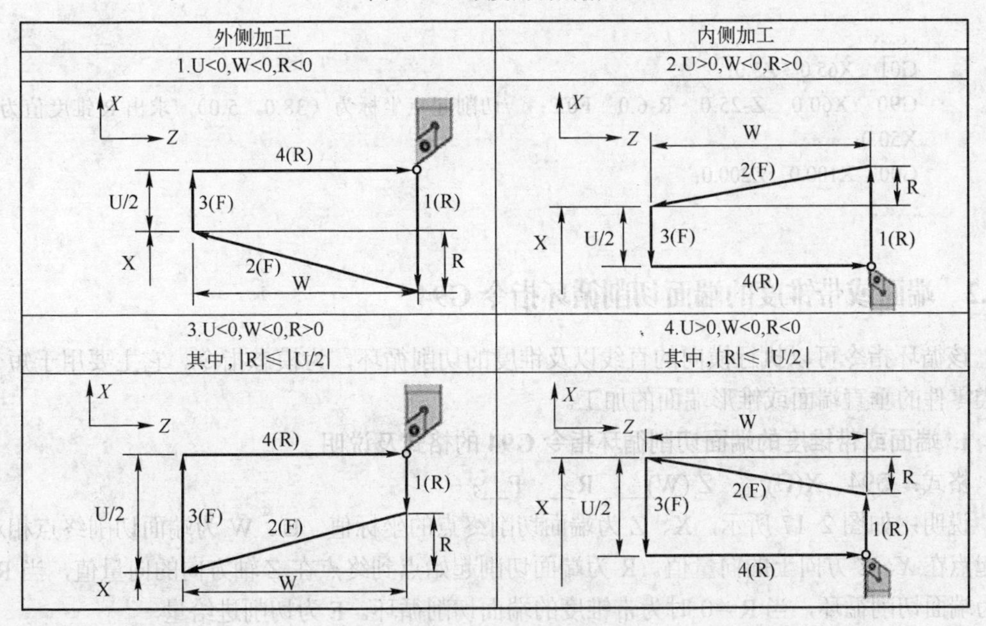

图 2-14　锥度量符号的确定

4）F 为切削进给速度。

2. 外侧/内侧车削循环指令的应用

1）加工如图 2-15 所示的工件，程序如下：

```
…
N030   G90   U-8.0   W-66.0   F0.2;
N031   U-16.0;
N032   U-24.0;
N033   U-32.0;
…
```

2）加工如图 2-16 所示的工件，程序如下：

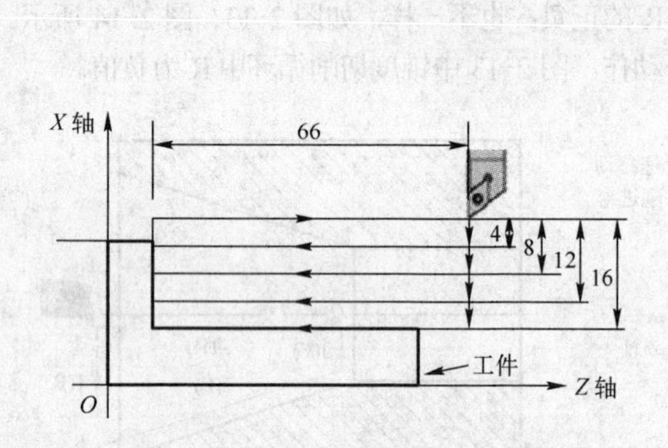

图 2-15　直线切削循环应用

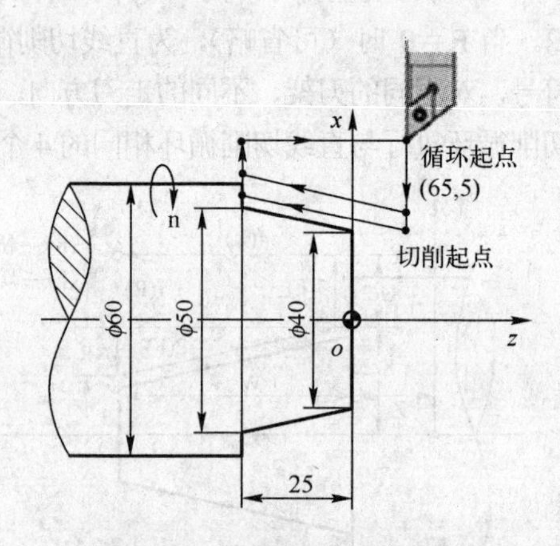

图 2-16　锥度切削循环加工

```
……
G01   X65.0   Z5.0;
G90   X60.0   Z-25.0   R-6.0   F0.2;   /切削起点坐标为（38.0，5.0），求出 R 锥度值为-6.0
X50.0;
G00   X100.0   Z200.0;
……
```

2.3.2　端面或带锥度的端面切削循环指令 G94

该循环指令可以执行横向的直线以及锥度的切削循环，为模态指令。它主要用于短套、盘类零件的垂直端面或锥形端面的加工。

1. 端面或带锥度的端面切削循环指令 G94 的格式及说明

格式：G94　X(U)__　Z (W)__　R__　F__;

说明：如图 2-17 所示，X、Z 为端面切削终点的坐标值，U、W 为端面切削终点相对循环起点在 *X*、*Z* 方向上的向量值。R 为端面切削起始点到终点在 *Z* 轴方向的向量值，当 R＝0 时为端面切削循环，当 R≠0 时为带锥度的端面切削循环。F 为切削进给量。

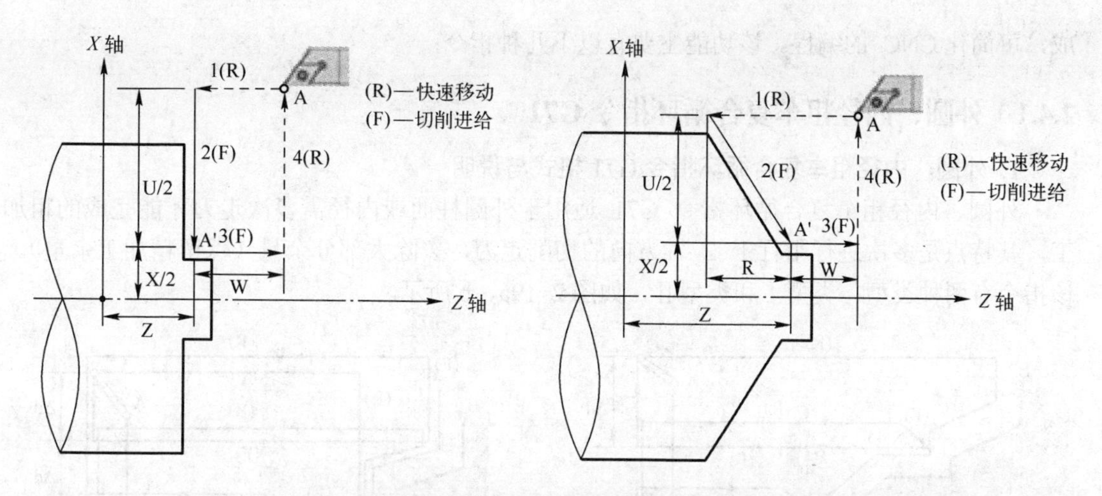

图 2-17　端面或带锥度的端面切削循环指令 G94 的使用

2. 端面或带锥度的端面切削循环指令 G94 的应用

加工如图 2-18 所示零件，起刀点坐标为（62，5），可得端面切削起始点到终点在 Z 轴方向的向量值 a=7，程序如下：

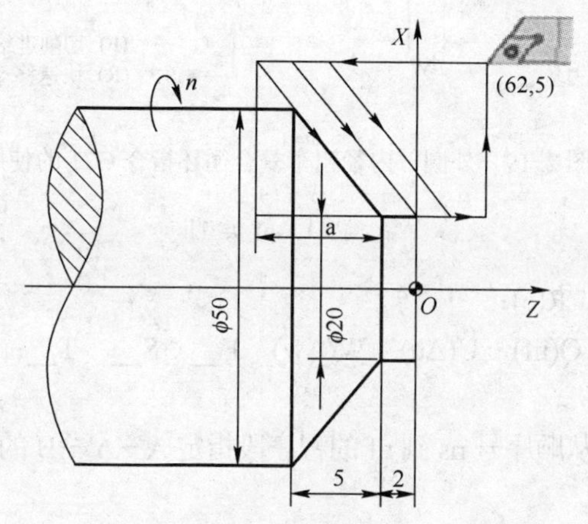

图 2-18　带锥度的端面切削循环指令 G94 的应用

```
……
G00   X62.0   Z5.0;
G94   X20.0   Z2.0 R-7.0   F0.2;        /切削起点坐标（62.0，-9.0），求出 R 锥度值为-7.0
Z0.0;                                   /第二次循环，背吃刀量 2mm
Z-2.0;                                  /第三次循环，背吃刀量 2mm
G00   X100.0   Z200.0;
……
```

2.4　复合固定循环指令 G70、G71、G72、G73

复合固定循环功能是用精加工的形状数据描绘粗加工的刀具轨迹，即编写出最终精加工走刀路线，给出每次的切除余量或循环次数，机床可以自动重复切削所有余量，直到切削完成，可简化 CNC 的编程。该功能主要有以下几种指令：

2.4.1 外圆、内径粗车复合循环指令 G71

1. 外圆、内径粗车复合循环指令 G71 格式与说明

外圆、内径粗车复合循环指令 G71 适用于外圆柱面或内径需多次走刀才能完成的粗加工，其特点是多次进行平行于 *Z* 轴方向的切削走刀，去除大部分余量（保留精加工余量）。该指令有两种类型：类型Ⅰ和类型Ⅱ，如图 2-19a、b 所示。

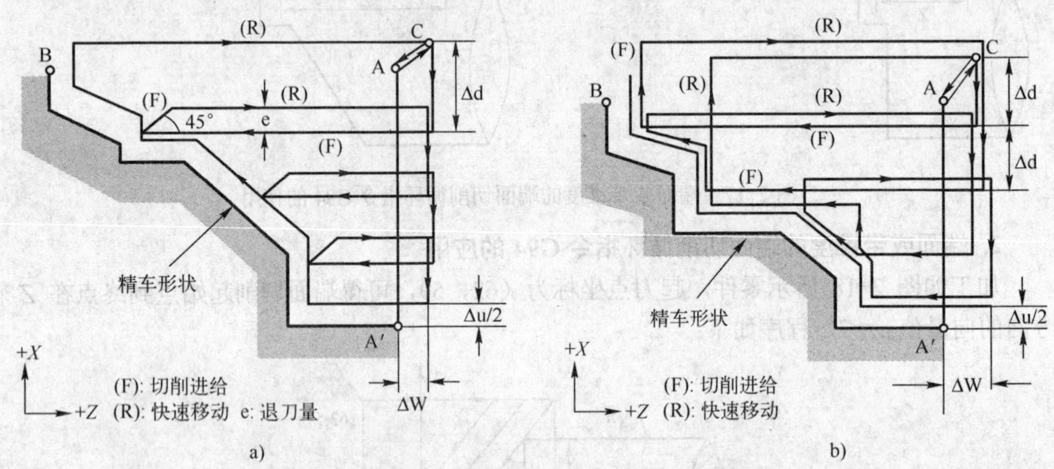

图 2-19 外圆、内径粗车复合循环指令 G71 的使用

a) 类型Ⅰ b) 类型Ⅱ

格式：G71 U(Δd) R(e);

G71 P(ns) Q(nf) U(Δu) W(Δw) F__ S__ T__;

N (ns);
…
N (nf);

（用从顺序号 ns 到 nf 的程序段指定 A→A'→B 的精车形状的移动指令。）

说明：

1）Δd——*X* 方向每次的切削深度，半径值指定，不带符号，该值是模态的；

e——退刀量，半径值指定，其值为模态值，注意不能大于 Δd；

ns——精加工轮廓程序段中最初程序段的顺序号；

nf——精加工轮廓程序段中最后程序段的顺序号；

Δu——*X* 方向精加工余量的距离和方向，直径值编程；

Δw——*Z* 方向精加工余量的距离和方向；

F、S、T——粗加工循环中的进给速度、主轴转速与选用刀具。

如图 2-19 所示，用程序决定 A→A'→B 的精加工形状，用 Δd 决定每次下刀的深度和循环次数，留精加工余量 Δu/2 及 Δw。图中 C 点为起刀点，A 点是毛坯外径与端面轮廓的交点。指令中的 F 值和 S 值是指粗加工中的 F 值和 S 值，而程序段段号“ns”和“nf”之间所有的 F 值和 S 值仅在精加工时有效。另外，如果前面程序中已指定了 S、F、T，则在 G71 中可省略。等粗加工切削结束后，执行由 Q 指定的顺序程序段的下一个程序段。

2）用 G71 来切削的形状有如图 2-20 所示的 4 种模式，如粗加工内径轮廓（图 2-20 下方轨迹）时，此时径向精车余量 Δu 应指定为负值。Δu 和 Δw 的正负判断方法为：从垂直于精加工轨迹 A'→B 向粗加工轨迹作向量，然后将该向量的 *X* 分向量和 *Z* 分向量作出，方向与工件坐标 *X* 轴、*Z* 轴方向一致为正，不一致则为负。

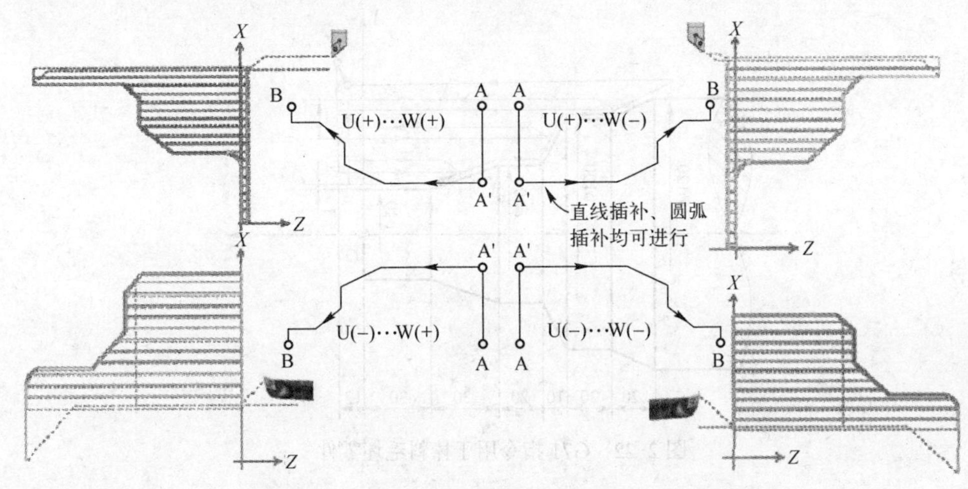

图 2-20　G71 粗车循环在 4 种模式下 U、W 符号

3）其中 A 和 A'之间的刀具轨迹是在包含 G00 或 G01 顺序号为“ns”的循环第一个程序段中指定，且顺序号“ns”和“nf”之间的程序段不能调用子程序。

4）G71 粗车复合循环类型 I 的零件轮廓必须符合 *X* 轴、*Z* 轴方向同时单调增大或单调减少。且顺序号为“ns”的循环第一个程序段中，不能指定 *Z* 轴的运动指令。G71 粗车复合循环类型Ⅱ的零件轮廓在 *X* 轴方向可以是非单调递增或递减，可以车削凹陷部分，如图 2-21b 所示。但 *Z* 轴方向必须是单调递增或递减，且顺序号为“ns”的循环第一个程序段中，必须在 *X*、*Z* 向同时有运动。类型 I 与类型Ⅱ的格式区别如图 2-21a 所示。退刀量 e 由参数给定。

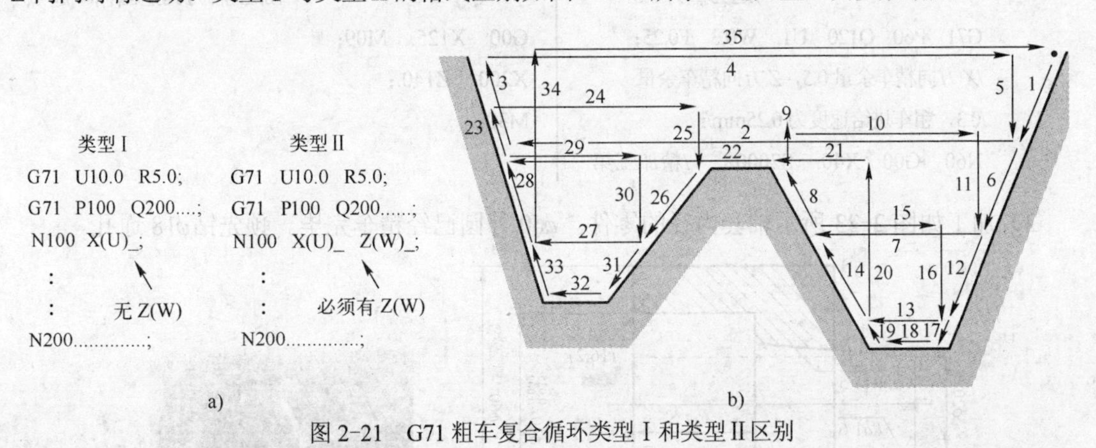

图 2-21　G71 粗车复合循环类型 I 和类型Ⅱ区别

a) 类型 I 和类型Ⅱ格式区别　b) 类型Ⅱ走刀路径

5）使用刀尖半径补偿时，在复合固定循环指令（G70、G71、G72、G73）前面的程序段中执行刀尖半径补偿指令（G41，G42），取消指令（G40）在精车形状程序段（从由 P 指定的程序段起到由 Q 指定的程序段）以外程序段指定。

2. 外圆、内径粗车复合循环指令 G71 的应用

1）加工如图 2-22 所示棒料毛坯零件。粗加工切削深度为 2mm，进给量为 0.25mm/r，主轴转速为 1500r/min；精加工余量 *X* 向为 1mm(直径上)，*Z* 向为 0.3mm；精加工进给量为 0.15mm；主轴转速为 2000r/min。加工程序如下：

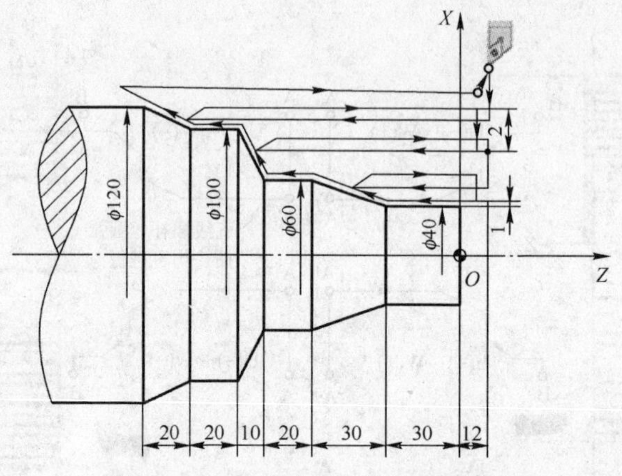

图 2-22　G71 指令用于棒料毛坯零件

```
O0002
T0101;
G90   M03   S1500;
G99   G00   X125.   Z12.   M08;
/刀具快速移动到循环起点，起点位置要
/远离毛坯 2～5mm
G71   U2.0   R0.5;          /每刀切深 2.0,
                            /退刀量为 0.5
G71   P60   Q120   U1.   W0.3   F0.25;
/X 方向精车余量 0.5，Z 方向精车余量
/0.3，粗车进给速度为 0.25mm/r
N60   G00   X40.   S2000;   /精加工第
/一段程序，只有 X 指令位移，精车主轴转速提高
G01   Z-30.   F0.15;
X60.   Z-60.;
Z-80.;
X100.   Z-90.;
Z-110.;
N120   X120.   Z-130.;   /精加工最后一段程序，粗
                         /加工后刀具返回循环起点
G00   X125.   M09;
X200.   Z140.;
M30;
```

2）加工如图 2-23 所示轴套内径的零件。$\phi60$ 外圆已经精车完毕。预先钻 $\phi18$ 通孔。

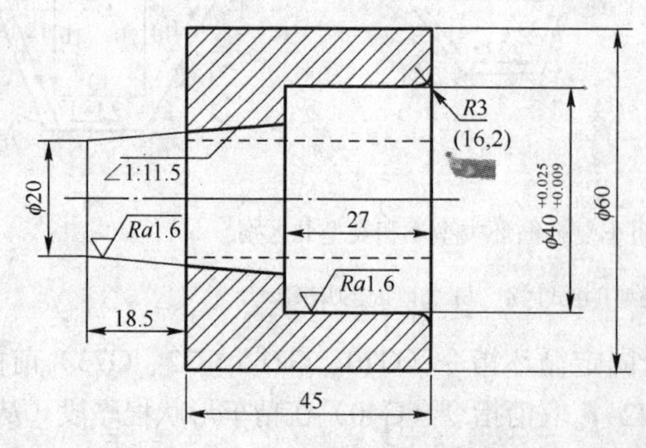

图 2-23　G71 指令用于轴套内径加工

```
O1234                                        G02  X40.0  Z-3.0  R3.0;
G99  G90;                                    G1  Z-27.0;
T0202;  /93° 内孔刀具                        X27.0;
M03  S800;                                   X26.348  W-0.5;  /加一个小倒角
G0  X16.0;  /循环起点，小于内径2~5mm         X23.27  Z-45.0;
Z2.0  M08;                                   N4  X16.0;
G71  U1.0  R0.5;                             G70  P3  Q4;  /精车循环
G71  P3  Q4  U-0.8  W0.2  F0.15;             G0  Z150.0  M09;
/U 为负值                                    X150.0;
N3  G0  X46.0  S1800;                        M05;
G1  Z0  F0.08;                               M30;
```

2.4.2 端面粗车循环指令 G72

端面粗车循环是一种复合固定循环。端面粗车循环适用于 *Z* 向余量小，*X* 向余量大的棒料粗加工。如图 2-24 所示，当由程序来给定 A→A'→B 间的精车形状时，将留下Δu/2、Δw（精切余量），每次切削Δd（切削深度）。除了切削方向是平行于 *X* 轴外，其他内容和含义与 G71 指令相同。

1. 端面粗车循环指令 G72 的格式

格式：G72 W(Δd) R(e);

G72 P(ns) Q(nf) U(Δu) W(Δw) F__ S__ T__;

N (ns);
…
N (nf);

（N (ns) 至 N (nf)）用从顺序号 ns 到 nf 的程序段指定 A→A'→B 的精车形状的移动指令。

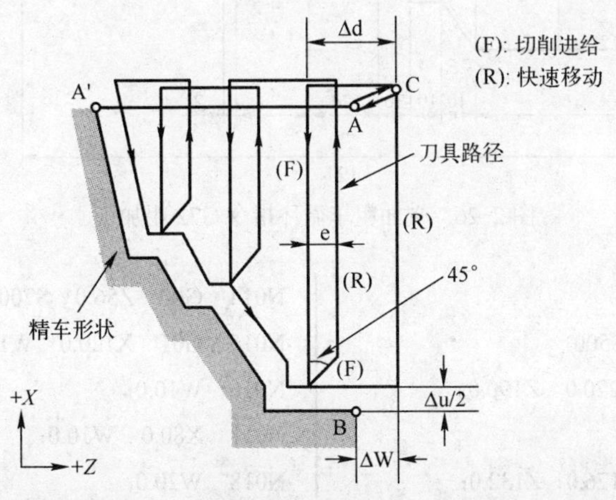

图 2-24 端面粗车循环指令 G72 的使用

4 种切削模式（所有这些切削循环都平行于 *X* 轴）中的Δu 和Δw 的符号如图 2-25 所示，A 和 A'之间的刀具轨迹在包含 G00 或 G01 顺序号为“ns”的程序段中指定，在这个程序段中，不能指定 *X* 轴的运动指令。在 A'和 B 之间的刀具轨迹沿 *X* 和 *Z* 方向都必须单调变化。沿 AA'切削是 G00 方式还是 G01 方式，由 A 和 A'之间的指令决定。

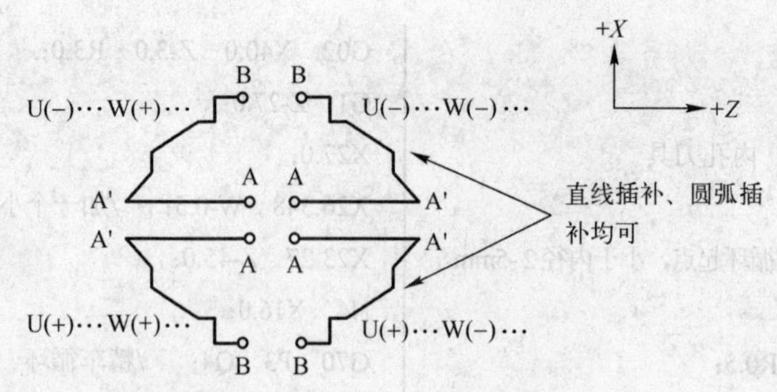

图 2-25　端面粗车循环指令 G72 在 4 种切削模式下 U、W 的符号

2. 端面粗车循环指令 G72 的应用

1）如图 2-26 所示，端面粗车循环指令 G72 用于粗加工，退刀量为 1.0mm；精车余量（*X* 方向直径为 4.0mm，*Z* 方向为 2.0mm）；程序如下：

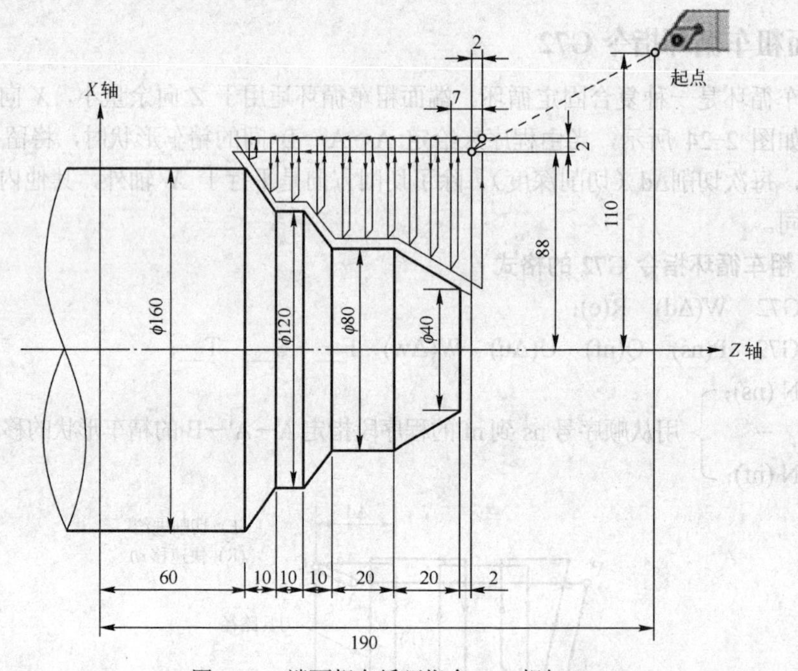

图 2-26　端面粗车循环指令 G72 粗加工

```
O0005
T0101  M03  S500;
N010  G50  X220.0  Z190.0;
/建立坐标系
N011  G00  X176.0  Z132.0;
/循环起点，远离（大于）毛坯 2～5mm
N012  G72  W7.0  R1.0;
N013  G72  P014  Q019  U4.0  W2.0
F0.3;
N014  G00  Z56.0  S700;
N015  G01  X120.0  W14.0  F0.15;
N016  W10.0;
N017  X80.0  W10.0;
N018  W20.0;
N019  X36.0  W22.0;
N020  G70  P014  Q019; /精车循环
G00  G40  X200.0  Z200.0;
M30;
```

2）如图 2-27 所示，采用端面粗车复合循环指令 G72 车端面，用外圆粗车复合循环指

令 G71 车锥度。程序如下：

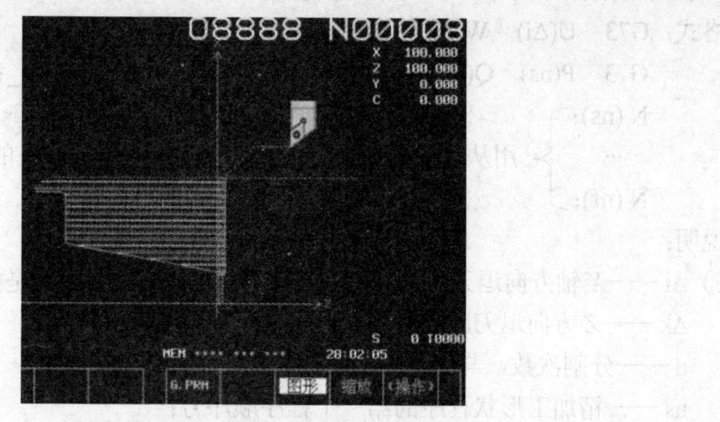

图 2-27 G72 与 G71 指令联合应用

```
O8888                              G71  P5  Q8  U.5  W.5  F2000;
G98  S500  M03;                    N5  G01  X18.0  F1000;
G00  X80.0  Z2.0;                  Z0;
G72  W1.0  R0.1;                   X20.0  Z-1.0;
G72  P1  Q4  U0.5  W0.5  F2000;    X37.5  Z-50.0;
N1  G01  Z0  F1000;                X68.0;
X-1.0;                             X70.0  Z-51.0;
N4  Z1.0;                          N8  Z-60.0;
G00  X80.  Z2.0;                   G00  X100.  Z100.;
G71  U2.0  R0.5;                   M30;
```

2.4.3 闭环切削循环指令 G73

此功能允许稍许偏离位置而重复地执行一个固定的切削模式。通过这个切削循环，可以使大致工件形状已经由锻造或铸造等方法粗加工过的切削工作更有效。其走刀路线如图 2-28 所示。由程序来给定 A→A'→B 间的精车形状时，将留下Δu/2、Δw（精车余量），指定分割次数进行粗车。执行指令 G73 时，每一刀的切削路线的轨迹形状是相同的，只是位置不同。

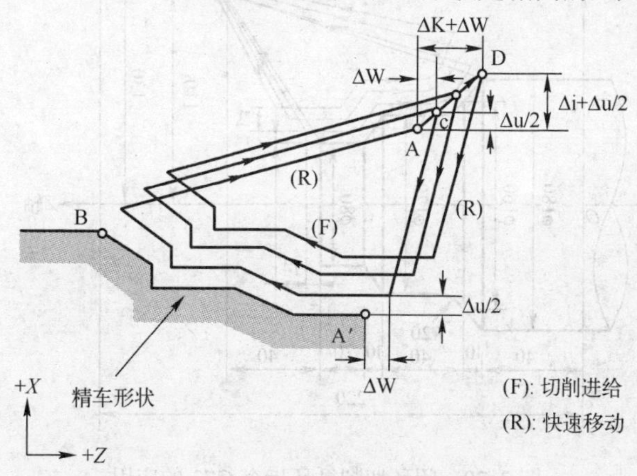

图 2-28 闭环切削循环走刀路线

1. 闭环切削循环指令 G73 的格式及说明

格式：G73　U(Δi)　W(Δk)　R(d);

G73　P(ns)　Q(nf)　U(Δu)　W(Δw)　F__　S__　T__;

N (ns);
…　用从顺序号 ns 到 nf 的程序段指定 A→A'→B 的精车形状的移动指令。
N (nf);

说明：

1）Δi ——*X* 轴方向退刀距离和方向（由半径值指定），该值是模态值；

Δk ——*Z* 方向退刀距离和方向，该值是模态值；

d ——分割次数，与粗车重复次数相等，该指令属于模态；

ns ——精加工形状程序的第一个程序顺序号；

nf ——精加工形状程序的最后一个程序顺序号；

Δu ——*X* 方向精车余量的距离及方向；

Δw ——*Z* 方向精车余量的距离及方向；

F、S、T ——粗加工循环中的进给速度、主轴转速与选用刀具。

2）G73 是用于重复切削一个非单调渐变轮廓的固定循环，其加工的轮廓形状，没有单调递增或单调递减形式的限制。每走完一刀，就把切削轨迹向工件移动一个位置，这样就可以将锻件待加工表面分布较均匀的切削余量分层切去。

3）精车形状与 G71 指令一样具有 4 种模式，因此，在编程时，应注意Δu、Δw、Δi、Δk 的符号。

2. 闭环切削循环 G73 指令的应用

1）如图 2-29 所示，设粗加工分三刀进行，第一刀后余量（*X* 和 *Z* 向）均为单边 14mm，三刀过后，留给精加工的余量 *X* 方向（直径上）为 4.0mm，*Z* 向为 2.0mm；粗加工进给量为 0.3mm/r，主轴转速为 580r/min；精加工进给量为 0.15mm/r，主轴转速为 800r/min；其加工程序如下：

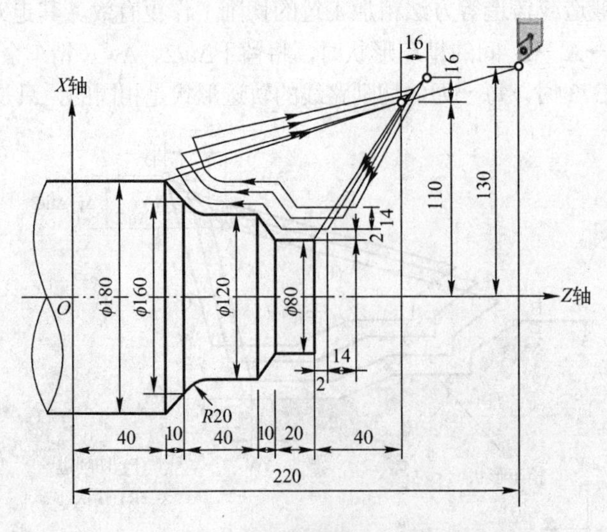

图 2-29　闭环切削循环指令 G73 的应用

```
O0005                                         N14 G00 X80.0 W-38.0; /精加工的第一段程
N1 T0101;                                     /序可由X、Z轴移动指令共同组成
N2 G50 X260.0 Z220.0;                         N15 G01 Z100.0 F0.15 S800;
N10 G90 M3 S600;                              N16 X120.0 W-10.0;
N11 G99 G00 X220.0 Z160.0;                    N17 W-20.0;
/快速定位至循环起点                            N18 G02 X160.0 W-20.0 R20.0;
N12 G73 U14.0 W14.0 R3.0;                     N19 G01 X180.0 W-10.0;
/X方向总退刀量是毛坯直径尺寸减去最              N20 G70 P14 Q19; /精车循环
/小工件直径之差除以2，Z方向总退刀               G00 X260. Z220.;
/量可参照X退刀量，可略小一些                    M05;
N13 G73 P14 Q19 U4.0 W2.0                     M30;
F0.3 S580;
```

2）如图 2-30 所示封闭切削循环加工零件，零件为铸造成型，半成品，加工余量为5mm，精加工余量为0.5mm，其加工程序如下：

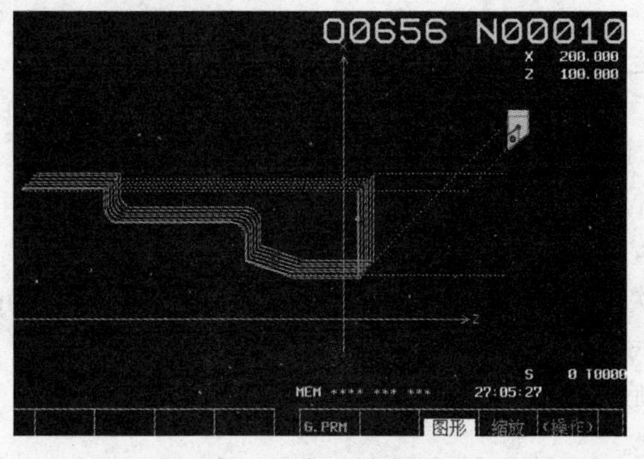

图 2-30 封闭切削循环加工

```
O0656                                         X56.;
T101;                                         G03 X66. W-5. R5.;
G00 X200. Z100.;                              G01 W-40.;
G98 M3 S1000;                                 G02 X76. W-5. R5.;
G00 X88. Z5.; /循环起点                        G01 X90.;
G73 U5. W5. R6.;                              N2 Z-115.;
G73 P1 Q2 U0.5 W0.5 F1000;                    G70 P1 Q2; /精加工循环
N1 G01 X29.85; /精加工第一段程序                G00 X200. Z100.;
Z-20. F500;                                   M30;
X40. W-15.;
```

2.4.4 精车循环加工指令 G70

精车加工循环指令 G70 可以运行从顺序号 ns 到 nf 的精车形状程序，进行精车循环加工。

1. 精车循环加工指令 G70 的格式及说明

格式：G70　P(ns)　Q(nf)；

说明：

1）ns——精加工轮廓程序段中第一段程序的顺序号；

nf——精加工轮廓程序段中最后一段程序的顺序号。

2）在 G71、G72、G73 程序应用实例中的 nf 程序段后再加上“G70　Pns Qnf”程序段，并在 ns~nf 程序段中加上精加工所适用的 F、S、T 指令，即可完成从粗加工到精加工的全过程。

循环结束后，刀具以快速移动方式返回到起点，并且读出 G70 指令循环的下一个程序段。

2. 精车循环加工应用

其编程应用见 G71、G72、G73 指令的应用实例。

2.4.5　端面切槽（钻扩孔）循环指令 G74

1. 端面切槽循环指令 G74 的格式及说明

格式：G74　R(e)；

G74　X(U)__　Z(W)__　P(Δi)　Q(Δk)　R(Δd)　F__；

说明：

1）e——退刀量，该值是模态值；

X(U)——终点位置，即 B 点坐标；

Z(W)——深度，C 点坐标，即切槽终点坐标；

Δi——*X* 轴每次移动的增量值（用无符号半径值表示，单位为μm）；

Δk——*Z* 方向每次切深量（用无符号值表示，单位为μm）；

Δd——在切削底部的刀具退刀量，符号为正；

F——进给速度。

2）切削端面环形槽及扩孔循环可实现断屑加工，如图 2-31 所示。每次进刀量为 Δk 大，退刀量为 e，循环往复。如果 X(U)和 P(Δi)都被忽略，则只在 *Z* 向钻孔。

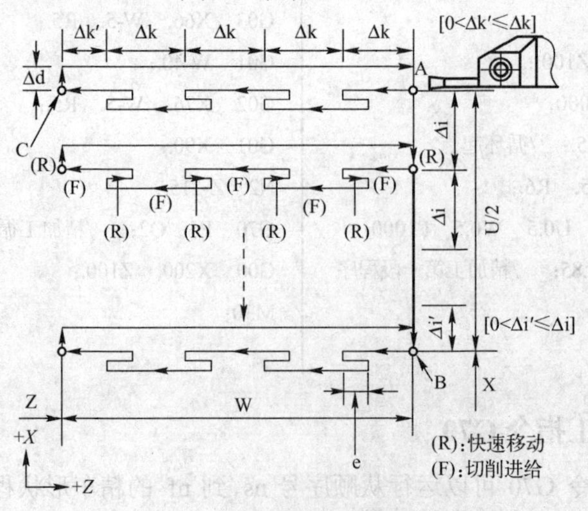

图 2-31　端面切槽循环轨迹图

2. 端面切槽循环指令 G74 的应用

加工如图 2-32 所示零件，若用 G74 指令编写工件的切槽（切槽刀刀宽为 3mm）及钻孔的加工程序，则其加工程序如下：

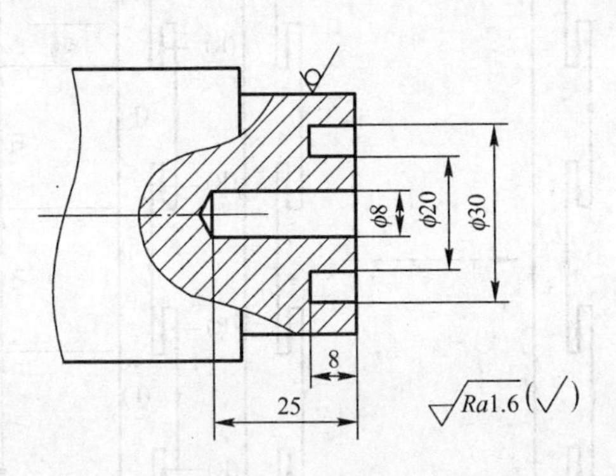

图 2-32　端面切槽循环指令 G74 应用

```
O0118
T0101   M03   S500;
G90   G99   G00   X30.   Z5.0;   /定位
G74   R0.5;
G74   X23.   Z-8.   P2000   Q2000   R0
F0.1; /端面切槽循环，终点考虑刀宽 3mm
G00   X100.0   Z100.0;
T0202;
G00   X0.   Z1.0;                /定位
G74   R1.0;
G74   Z-25.   Q5000   F0.08;   /钻孔循环
G00   X100.0   Z100.0;
M30;
```

2.4.6 内外径切槽循环指令 G75

1. 内外径切槽循环指令 G75 的格式及说明

格式：G75　R(e);

G75　X(U)__　Z(W)__　P(Δi)　Q(Δk)　R(Δd)　F__;

说明：

1）e——退刀量，该值是模态值，用半径值表示；

X(U)、Z(W)——切槽终点处坐标；

Δi——*X* 方向每次切深量（该值用不带符号的半径值表示，单位为μm）；

Δk——*Z* 方向的移动量（该值用不带符号的半径值表示，单位为μm）；

Δd——在切削底部的刀具退刀量，用半径值表示，其符号必为正；

F——进给速度。

2）内外径切槽循环指令 G75 的功能适用于在内孔上或外圆面上切沟槽或在外圆上进行切断加工。该循环可实现 *X* 轴径向切槽，当忽略 Z(W)和 Q(Δk)，还可实现 *X* 方向排屑钻孔，其走刀路线如图 2-33 所示。

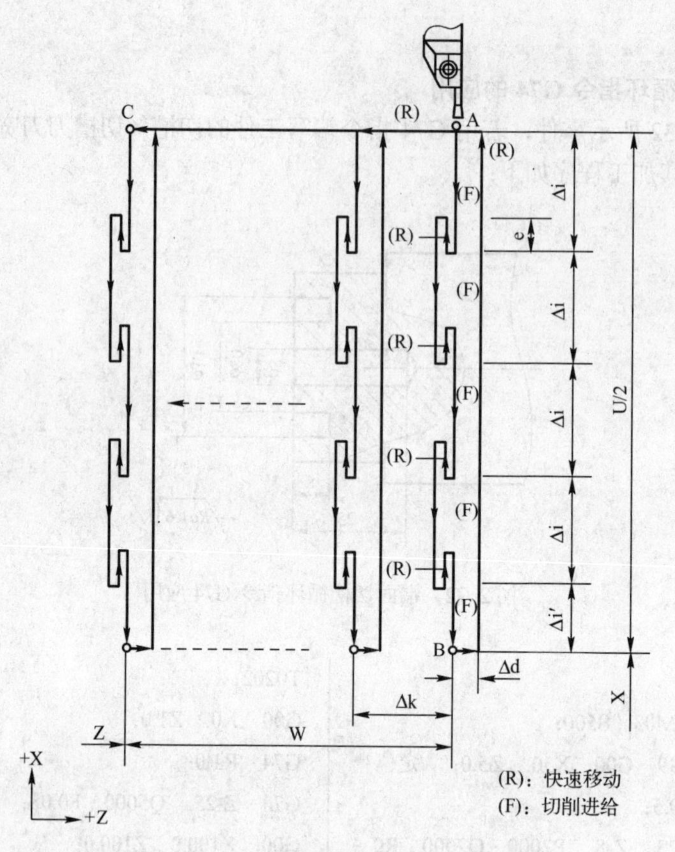

图 2-33　内外径切槽循环指令 G75 轨迹图

2. 内外径切槽循环指令 G75 应用

编写如图 2-34 所示工件切槽（切槽刀刀宽为 3mm）的加工程序。由于切槽刀在对刀时以刀尖点 *M* 作为 *Z* 向对刀点，而切槽时由刀尖点 *N* 控制的长度尺寸为 25mm，因此，G75 指令循环起始点的 *Z* 向坐标为：-25-3（刀宽）=-28。其加工程序如下：

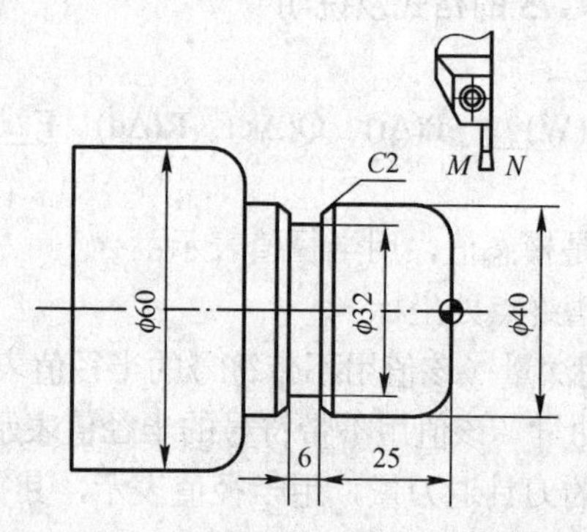

图 2-34　内外径切槽循环指令 G75 应用

```
O0008
T0101   M03   S600;
G90   G99   G00   X42.0   Z-28.0;
/快速定位至切槽循环起点
G75   R0.5;
G75   X32.0   Z-31.0   P1500   Q2000   R0
F0.08; /切槽循环
G01   X40.0   Z-26.0;
```

X36.0　Z-28.0；　/车削右倒角	G00　X100.0　Z100.0；
Z-31.0；	M05；
/应准确测量刀宽，以确定刀具 *Z* 向移动量	M30；
X40.0　Z-33.0；　/用刀尖 *M* 车削左倒角	

3. 使用切槽复合固定循环指令（G74、G75）时的注意事项

1）在FANUC系统中，在执行切槽复合固定循环指令中，当出现以下情况时，程序将会报警。

① X(U)或Z(W)指定，而 Δi 值或 Δk 值未指定或指定为 0。

② Δk 值大于 *Z* 轴的移动量 Z(W)或 Δk 值被设定为负值。

③ Δi 值大于 U / 2 或 Δi 值被设定为负值。

④ 退刀量大于进刀量，即 e 值大于每次切削深度 Δi 或 Δk。

2）切槽过程中，刀具或工件受较大的单方向切削力，容易在切削过程中产生振动。因此，切槽加工中进给速度 F 的取值应略小（特别是在端面切槽时），通常取 0.05～1.2mm/r。

2.5　螺纹切削循环

2.5.1　螺纹切削固定循环指令 G92

G92 为简单螺纹切削固定循环指令，该指令可以切削锥螺纹和圆柱螺纹，其循环路线与前面讲述的单一形状固定循环指令 G90 基本相同，只是在 G92 中的 F 指的是导程。

1. 螺纹切削固定循环指令 G92 的格式及说明

格式：G92　X(U)　Z(W)__　R__　F__　Q__；

说明：

1）如图 2-35 所示，刀具从循环起点 A 开始，按 1（R）－2（F）－3（R）－4（R）四个动作走刀，最后又回到循环起点 A，形成一个固定循环。

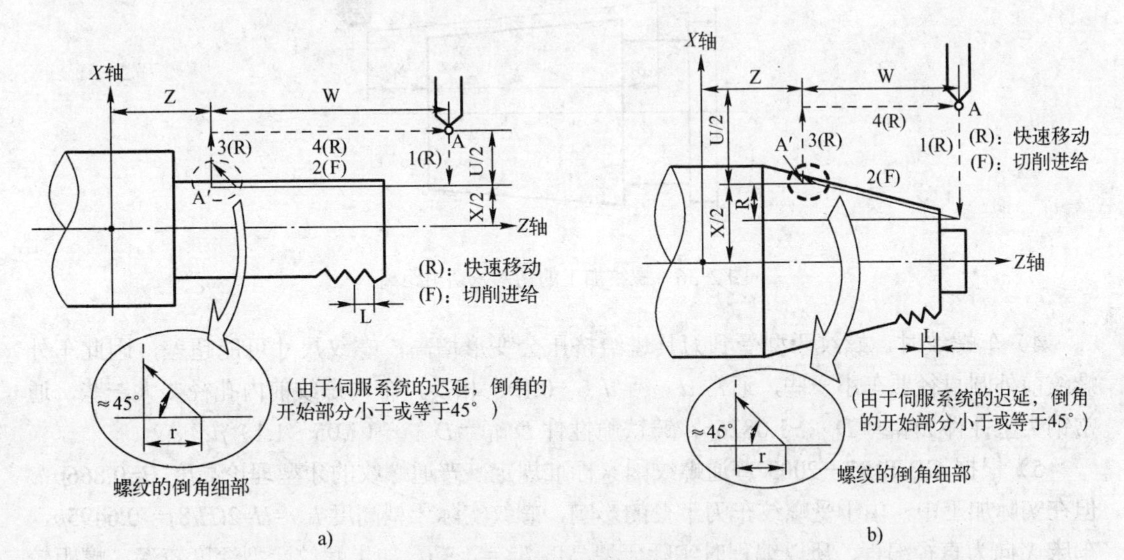

图 2-35　螺纹切削循环指令 G92

a) 直线螺纹　b) 圆锥螺纹

2）X、Z 为螺纹终点（A'点）的坐标值；U、W 为螺纹终点坐标相对于螺纹起点的增量坐标。

3）R 为螺纹部分半径之差，即螺纹切削起始点与切削终点的半径差。加工直线圆柱螺纹时，R=0，可省略；加工圆锥螺纹时，X 向切削起始点坐标小于切削终点坐标时，如图 2-35b 所示 R 为负，反之为正。

4）Q 为螺纹切削开始角度的位差角，单位为 0.001°，范围为 0～360°。不可指定小数点，如单头螺纹指令为 Q0，可省略；双头螺纹指令为 Q180000。

5）F 为螺纹导程，单线程螺纹等于螺距 P。

2. 螺纹车削注意事项

1）G92 指令是模态指令，当 Z 轴移动量没有变化时，只需对 X 轴指定其移动指令即可重复执行固定循环动作。

2）数控车削螺纹时，主轴转速受数控系统、刀具、导程和工件等多种因素影响，主轴转一转，刀具要进给一个导程，所以转速不宜过快。一般推荐主轴转速为：

$$n \leqslant 1200/p-k \tag{2-2}$$

式中，p ——螺距，单位为 mm；

k ——保险系数，一般取 80；

n ——主轴转速，单位为 r/min。

在 G92 指令执行过程中，机床面板上进给速度倍率和主轴速度倍率均无效。

3）在数控车床上加工螺纹时，由于机床伺服系统本身具有滞后特性，会在螺纹起始段和停止段发生螺距不规则现象，所以实际加工螺纹的长度应包括切入和切出的空刀行程量，如图 2-36 所示。δ_1 为切入距离，一般取 2～5mm；δ_2 为切出距离，一般取 0.5 δ_1。

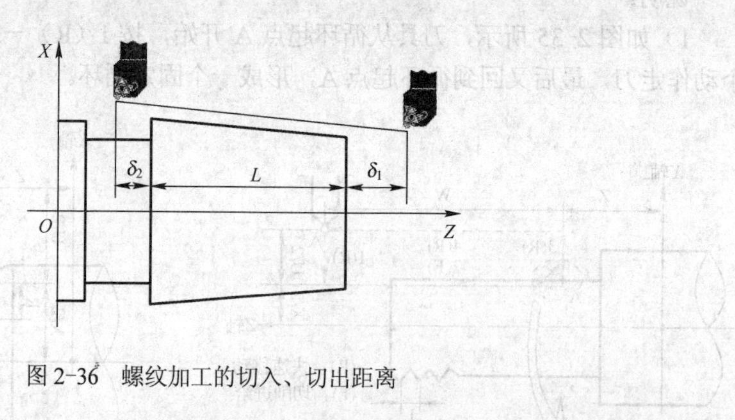

图 2-36　螺纹加工的切入、切出距离

4）车螺纹时，螺纹牙型受到刀具进给挤压会变形增高，螺纹尺寸可能超差，因此车外螺纹前外圆直径要车小一些，通常 $d_{外径}=d_{公称}-0.1p$；相反，车内螺纹前内孔径要大一些，通常钢类塑性件 $D_{内径}=D_{公称}-1.0826p$，铸铁脆性件 $D_{内径}=D_{公称}-(1.05\sim1.1)p$；

5）根据 GB/T197—2003 普通螺纹国家标准规定，普通螺纹的牙型理论高度 H=0.866p；但在实际加工中，由于受螺纹车刀半径的影响，螺纹实际牙型高度 $h_{牙}=H-2(H/8)=0.6495p$，车床 X 向为直径编程，所以编程时实际牙型高度 $h_{实}=1.3p$；如果螺纹牙型深度较深、螺距较大时，可分次进给，常用螺纹切削的进给次数与背吃刀量见表 2-6。

表 2-6　常用螺纹切削的进给次数与背吃刀量　　　　（单位：mm）

米制螺纹								
螺距		1.0	1.5	2.0	2.5	3.0	3.5	4.0
牙深（半径值）		0.649	0.974	1.299	1.624	1.949	2.273	2.598
背吃刀量切削次数	1 次	0.6	0.8	0.8	1.0	1.2	1.5	1.5
	2 次	0.4	0.5	0.6	0.7	0.7	0.7	0.8
	3 次	0.2	0.3	0.5	0.6	0.6	0.6	0.6
	4 次	0.1	0.2	0.4	0.4	0.4	0.6	0.6
	5 次		0.15	0.2	0.4	0.4	0.4	0.4
	6 次			0.1	0.15	0.4	0.4	0.4
	7 次					0.2	0.2	0.4
	8 次						0.15	0.3
	9 次							0.2

英制螺纹								
螺纹参数 a/（牙/in）		24	18	16	14	12	10	8
牙 深（半径值）		0.678	0.904	1.016	1.162	1.355	1.626	2.033
背吃刀量切削次数	1 次	0.8	0.8	0.8	0.8	0.9	1.0	1.2
	2 次	0.4	0.6	0.6	0.6	0.6	0.7	0.7
	3 次	0.16	0.3	0.5	0.5	0.6	0.6	0.6
	4 次		0.11	0.14	0.3	0.4	0.4	0.5
	5 次				0.13	0.21	0.4	0.5
	6 次						0.16	0.4
	7 次							0.17

3. 螺纹切削固定循环指令 G92 的应用

1）加工如图 2-37 所示双头螺纹，螺纹的螺距为 2mm，导程为 4mm。编程原点设在工件右端面中心。加工程序如下：

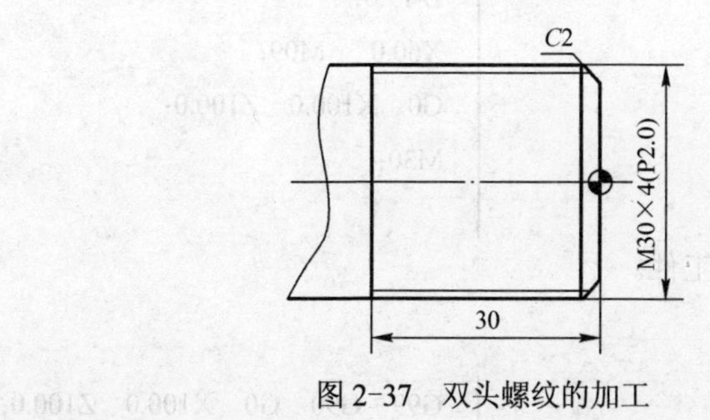

图 2-37　双头螺纹的加工

方 法 一	方 法 二
……; M03　S520；/根据公式（2-2）计算 G00　X35.　Z2.; G92　X29.2　Z-30.0　F4.0；/第 1 线螺纹切削循环 1，背吃刀量 0.8mm X29.2　Q180000；/第 2 线螺纹切削循环 1，背吃刀量 0.8mm X28.6　F4.0；/循环 2，背吃刀量 0.6mm X28.6　Q180000; X28.1　F4.0；/循环 3，背吃刀量 0.5mm X28.1　Q180000; X27.7　F4.0；/循环 4，背吃刀量 0.4mm X27.7　Q180000; X27.5　F4.0；/循环 5，背吃刀量 0.2mm X27.5　Q180000; X27.4　F4.0；/循环 6，背吃刀量 0.1mm X27.4　Q180000; G00　X100.　Z100.; ……;	……; M03　S520；/根据公式（2-2）计算 G00　X35.　Z2.；/第 1 线螺纹循环起点 G92　X29.2　Z-30.0　F4.0；　/第 1 线循环开始 X28.6; X28.1; X27.7; X27.5; X27.4; G00　X35.0　Z4.0；/第 2 线螺纹的切削起点相对于第 1 线螺纹起点错开 1 个螺距 G92　X29.2　Z-30.0　F4.0；　/第 2 线循环开始 X28.6; X28.1; X27.7; X27.5; X27.4; G00　X100.　Z100.; ……;

2）加工如图 2-38 所示零件，毛坯尺寸为ϕ58×25，其中螺纹的螺距为 1mm。编程原点设在工件右端面中心。加工程序如下：

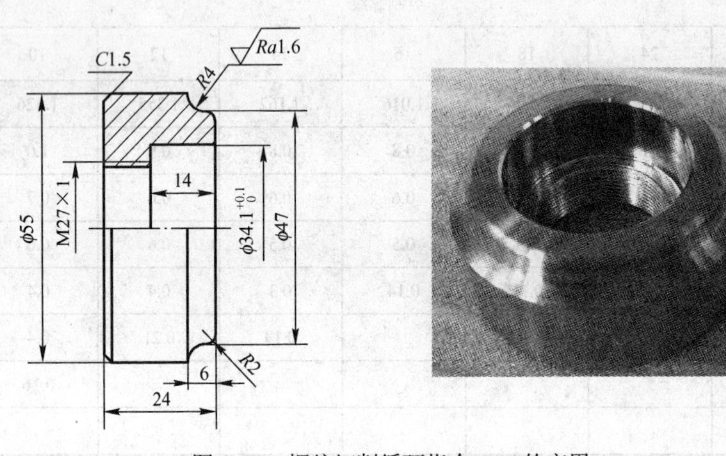

图 2-38　螺纹切削循环指令 G92 的应用

① 左端：

```
O1111
G99　G90　T0101;
M3　S1500;
G0　X60.0　Z2.0　M08;
X52.0;
G1　Z0　F0.1;
X55.0　Z-1.5;
Z-19.0;
X60.0　　M09;
G0　X100.0　Z100.0;
M30;
```

② 钻孔：ø20 外头，钻通工件。

③ 右端：

```
O2222
T0101;
G99　G90　G0　X100.0　Z100.0;
M3　S1500;
```

```
G0   X60.0   Z2.0   M08;
G71   U1.5   R1.0;
G71   P1   Q2   U0.8   W0   F0.12;
N1   G0   X43.0   S2000;
G1   Z0   F0.08;
G03   X47.0   Z-2.0   R2.0;
G02   X55.0   Z-6.0   R4.0;
N2   G1   X56.0;
G0   X100.0   Z100.0;
T0202;   /换内孔刀
G0   X18.0;
Z2.0;
G71   U1.0   R0.5;
G71   P3   Q4   X-0.5   Z0   F0.1;
N3   G0   X36.0   S1800;
G1   Z0   F0.08;
X34.0   Z-1.0;
Z-14.0;
X26.0;   /螺纹加工前内径＝D公称-P
Z-25.0;
N4   X23.0;
G0   Z100.0;
X100.0;
T0303;   /换内螺纹刀
G0   X23.0;
Z2.0;
Z-10.0;   /螺纹循环起点在孔内
G92   X26.2   Z-26.0   F1.0;  /螺纹循环开始
X26.5;
X26.7;
X26.9;
X27.0;
X27.0;   /再光刀一次
G0   X23.0;
Z100.0;
X100.0;
M30;
```

2.5.2 复合螺纹切削循环指令 G76

复合螺纹切削循环指令 G76 可以完成一个螺纹段的全部加工任务。它的进刀方法是，通过单刃切削执行切削量恒定的螺纹切削循环，有利于改善刀具的切削条件，在编程中应优先考虑应用该指令。

1. 复合螺纹切削循环指令 G76 的格式及说明

格式：G76 P(m) (r) (a) Q(Δdmin) R(d)；

G76 X(U)__ Z(W)__ R(i) P(k) Q(Δd) F(L)；

说明：

m ——精加工重复次数（0～99）；

r ——倒角量，即螺纹切削退尾处（45°）的 *Z* 向退刀距离。当导程为 *L* 时，在 0.1L～9.9L 范围内设定，以 0.1 为增量（两位数为 00～99）加以指定；

a ——刀尖的角度（螺纹牙的角度），为 80°、60°、55°、30°、29° 和 0° 六种中的一种，由两位数指定；如当 m=1，r=1.0L，a=60°，则指令应写为：P011060；

Δdmin——最小切削深度（该值用不带小数点的半径值表示，单位为μm）；

d ——精加工余量（用半径值表示，单位为μm）；

X(U)、Z(W)——螺纹终点坐标值；

i——锥螺纹起点与终点的半径差，为零时可进行直线螺纹切削；当 *X* 向切削起点坐标小于切削终点坐标时，i 为负，反之为正；

k——螺纹牙的高度（用不带小数点的半径值表示，单位为μm），为正值；

Δd——第一刀切削深度（用不带小数点的半径值表示，单位为μm），为正值；

L——螺纹导程。

如图 2-39a 所示复合螺纹切削循环指令，执行使得只有 C、D 间的导程成为 F 代码所指定长度的螺纹切削。在其他部位，刀具以快速移动方式移动。刀具从循环起点 A 处，以 G00 方式沿 X 向进刀至螺纹牙顶 B 点，然后沿基本牙型一侧平行的方向进给，X 向切深为 Δd，再以螺纹切削方式切削至离 Z 向终点距离为 r 处，倒角退刀至 D 点，再 X 向退刀至 E 点，最后返回 A 点，准备第二刀切削循环。如此往复，直至循环结束。

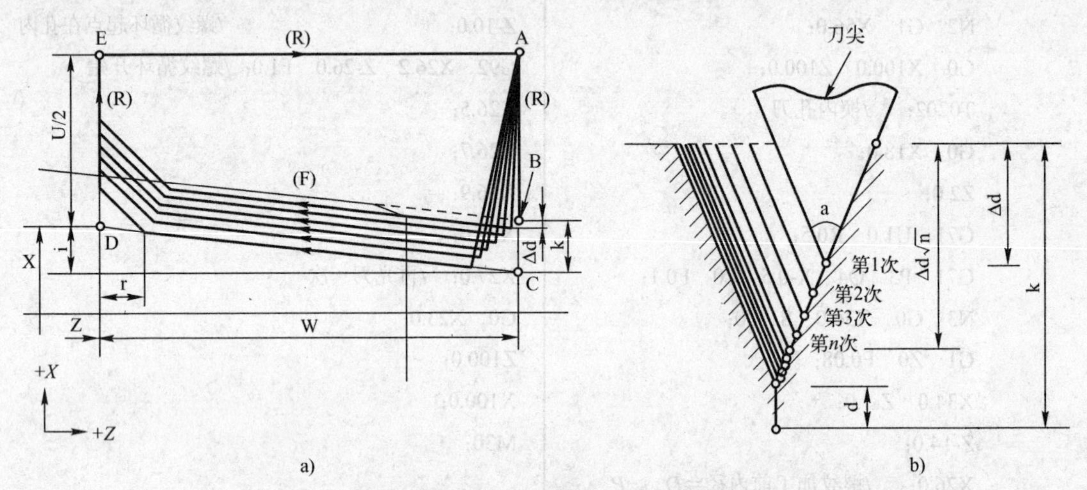

图 2-39　复合螺纹切削循环指令的刀具运动轨迹及进刀轨迹

a) G76 刀具运动轨迹　b) G76 螺纹刀进刀轨迹

第一刀切削循环时，背吃刀量为 Δd，如图 2-39b 所示，第二刀的背吃刀量为（$\sqrt{2}-1$）Δd，第 n 刀的背吃刀量为（$\sqrt{n}-\sqrt{n-1}$）Δd。因此，执行 G76 循环的背吃刀量是逐步递减的。

2. 复合螺纹切削循环指令 G76 的应用

1）加工如图 2-40 所示螺纹 M68×6，螺纹的导程为 6mm。要求螺牙高度为 3.68mm，第一刀吃刀深度为 1.8mm，精加工余量为 0.2mm，精加工次数为 1 次，最小切削深度为 0.1mm。加工程序如下：

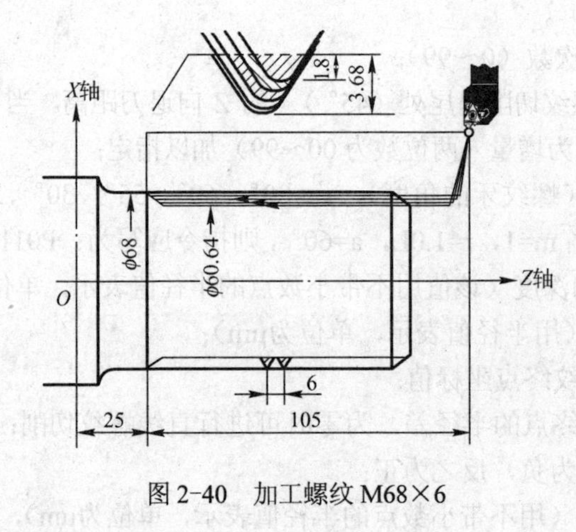

图 2-40　加工螺纹 M68×6

```
G00  X80.0  Z130.0;
G76  P011060  Q100  R200;
G76  X60.64  Z25.0  P3680  Q1800  F6.0;
```

2）加工如图 2-37 所示双头螺纹，螺纹的螺距为 2mm，导程为 4mm。编程原点设在工件右端面中心。加工程序如下：

```
…
G00  X35.0  Z3.0  S500  M03;            /第 1 线螺纹定位
G76  P021260  Q100  R100;
G76  X27.4  Z-30.0  R0  P1300  Q200  F4.0;
G00  Z5.0;  /第 2 线螺纹定位（第 2 线螺纹的切削起点相对于第 1 线螺纹起点错开 1 个螺距）
G76  P021260  Q100  R100;
G76  X27.4  Z-30.0  R0  P1300  Q200  F4.0;
G28  U0  W0;
M05;
M30;
```

3. 螺纹切削注意事项

1）普通螺纹的牙型角为 60°。普通螺纹分粗牙普通螺纹和细牙普通螺纹。粗牙普通螺纹的螺距是标准螺距，其代号用字母“M”及公称直径表示，如 M16、M12 等。细牙普通螺纹代号用字母“M”及公称直径×螺距表示，如 M24×1.5、M27×2 等。

2）普通螺纹有左旋螺纹和右旋螺纹之分，左旋螺纹应在螺纹标记的末尾处加注“LH”，如 M20×1.5LH 等；未注明的是右旋螺纹。右旋螺纹从右向左切削，左旋螺纹从左向右切削。

3）多头螺纹切削，根据螺纹头数，每次在加工程序 G76 或 G92 后面加上 Q 地址或移动头数分之一个导程（移动一个螺距）。

4）螺纹切削应注意在两端设置足够的升速进刀段切入距离 $\delta 1$ 和降速退刀段切出距离 $\delta 2$。

2.5.3 可变导程和圆弧螺纹切削

1. 可变导程螺纹切削指令 G34

G34 指令是通过指定螺纹每旋转一周的导程的增减量，来实现可变导程的螺纹切削，如图 2-41 所示。

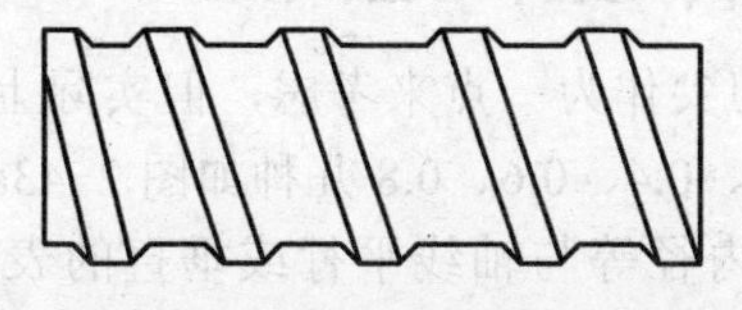

图 2-41 可变导程螺纹切削

可变导程螺纹切削指令 G34 的格式及说明：

G34 X(U)＿ Z(W)＿ F＿ K＿ Q＿;

说明：

X(U)、Z(W) ——螺纹终点坐标值（与 G92 相同）;

F——起点的长轴方向导程（与 G92 相同）;

K——主轴旋转一周的导程增减量；

Q——螺纹切削的开始角度位移量。单头螺纹可省略（与 G92 相同）。

2. 圆弧螺纹切削指令 G35、G36

利用 G35、G36 指令可切削在纵轴方向指定了导程的圆弧螺纹，如图 2-42 所示。

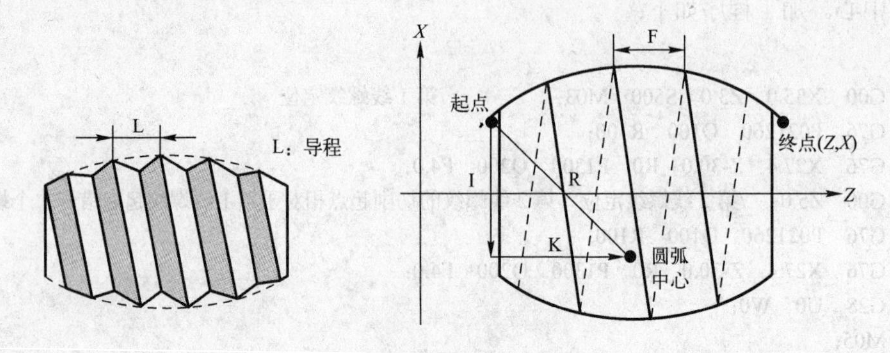

图 2-42　圆弧螺纹切削

圆弧螺纹切削指令 G35、G36 的格式及说明：

G35/ G36　X(U)__　Z(W)__　R__　F__；

G35/ G36　X(U)__　Z(W)__　I__　K__　F__；

说明：

G35——顺时针方向旋转的圆弧螺纹切削；

G36——逆时针方向旋转的圆弧螺纹切削；

X(U)、Z(W)——指定圆弧终点坐标值（与 G02、G03 相同）；

I，K——圆弧圆心相对于圆弧起点的坐标向量值（与 G02、G03 相同）；

R——指定圆弧半径；

F——在纵轴方向的螺距；

Q——螺纹切削的开始角度位移量。单头螺纹可省略（与 G92 相同）。

2.6　数控车床刀具补偿和倒角/拐角功能

2.6.1　刀尖圆弧半径补偿指令 G41、G42、G40

编程时，通常都将车刀刀尖作为一点来考虑，但实际上刀尖处存在圆角，常见的数控车刀刀尖圆角 R 大小有 0.2、0.4、0.6、0.8 几种如图 2-43a 所示。当用按理论刀尖点编出的程序进行端面、外径、内径等与轴线平行或垂直的表面加工时，是不会产生误差的。但在进行倒角、锥面及圆弧切削时，则会产生少切或过切现象，如图 2-43b 所示。具有刀尖圆弧自动补偿功能的数控系统能根据刀尖圆弧半径计算出补偿量，避免少切或过切现象的产生，如图 2-43b 所示。

（1）刀尖圆弧半径补偿指令 G41、G42、G40 的格式及说明

格式：

G41/G42/G40　G00/G01　X(U)__　Z(W)__；

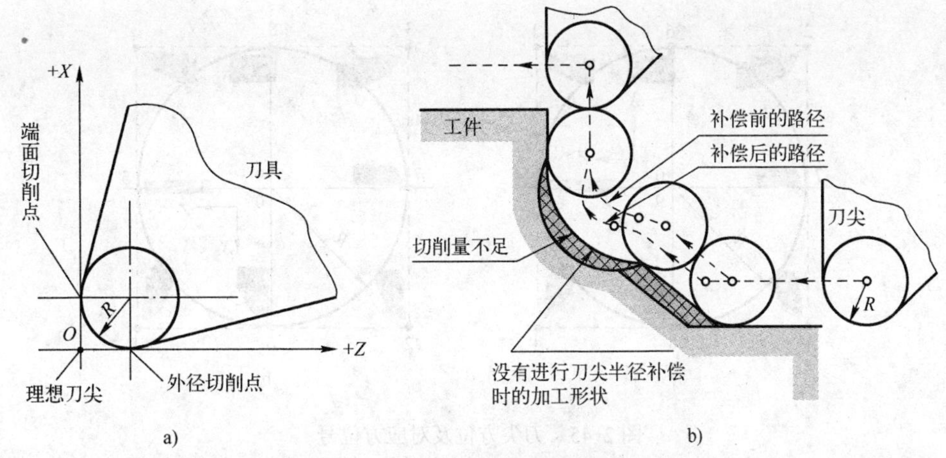

图 2-43　刀尖圆角及半径补偿前后

a) 刀尖圆角半径　b) 半径补偿前后切削轨迹

说明：

G41——刀具半径左补偿，按程序路径前进方向刀具偏在零件左侧进给，如图 2-44 所示。模态 G 代码。

G42——刀具半径右补偿，按程序路径前进方向刀具偏在零件右侧进给，如图 2-44 所示。模态 G 代码。

G40——取消刀具半径补偿，按程序路径进给，是模态 G 代码。

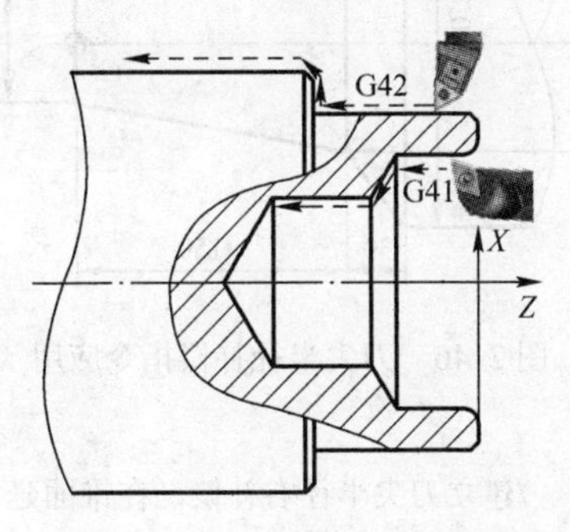

图 2-44　刀尖圆弧半径补偿指令

注意事项：

① G41、G42、G40 指令不能与 G02/G03 写在同一个程序段中，只能与 G00/G01 结合使用。

② G41、G42 不能同时使用，使用一个后必须用 G40 取消补偿，才可使用另一个。G41 与 G40、G42 与 G40 要成对出现。应用 G40 取消补偿时，刀具必须已经离开工件表面，否则会产生过切。

③ 在 G74、G75、G76、G92 指令中不用刀尖圆弧半径补偿指令。

④ 在设置刀尖圆弧自动补偿值时，还要设置刀尖圆弧方位，由于车刀种类多，刀尖朝向不同，这样刀尖的方位也不同，程序校验时必须指定刀尖方位号。如图 2-45 所示，假定刀尖的方位可分 0～9 种类型，观察基准点为刀尖圆弧的中心。

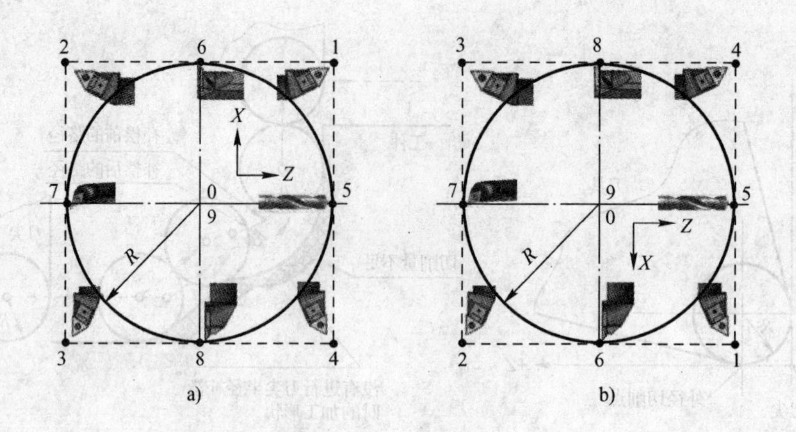

图 2-45　刀尖方位及对应方位号

a) 后置刀架刀尖方位　b) 前置刀架刀尖方位

（2）刀尖半径补偿指令的应用

加工如图 2-46 所示锥面，建立刀尖半径右补偿，程序如下：

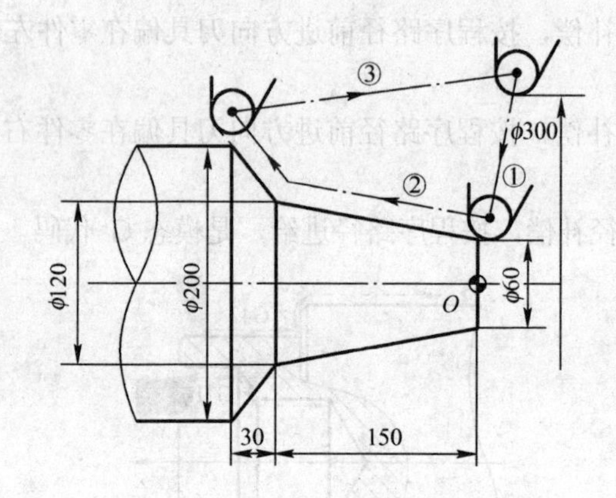

图 2-46　刀尖半径补偿指令应用

```
G42　G00　X59.2　Z2.0；　/建立刀尖半径右补偿，在锥面延长线上，Z＝2.0
G01　X120.0　Z-150.0　F0.2；
X208.0　W-33.0；　　/终点在锥面延长线上，Z 向多走 3mm
G40　G00　X300.0　W200.0；
```

2.6.2　倒角/拐角 R 功能

可以在某一单独轴的直线插补指令（G01）和垂直于该轴的单独轴的直线插补指令（G01）之间，自动地插入倒角或拐角 R 的程序段。要使倒角/拐角 R 功能有效，应将参数（No.8134#2）设定为“1”。

1．45°倒角编程格式

G01　Z(W)__　I(C)±i；或 G01　X(U)__　K(C)±k；

1）由轴向切削向端面切削倒角，即由 *Z* 轴向 *X* 轴倒角，i 的正负根据倒角是向 *X* 轴正向还是负向决定，方式指定从 a 点到 b 点，如图 2-47 a 所示。其编程格式为：G01 Z(W) ___ I(C)±i 。

2）由端面切削向轴向切削倒角，即由 X 轴向 Z 轴倒角，k 的正负根据倒角是向 Z 轴正向还是负向决定，方式指定从 a 点到 b 点，如图 2-47 b 所示。其编程格式为：G01 X(U) ___ K(C)±k。

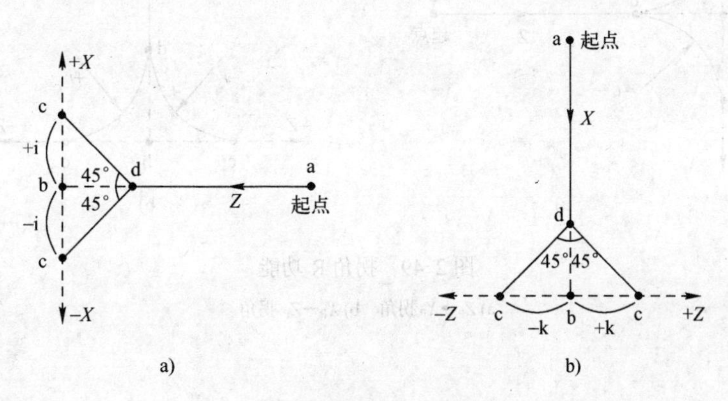

图 2-47 倒角 R 功能

a) $Z_P \to X_P$ 倒角 b) $X_P \to Z_P$ 倒角

其中：

Z(W)或 X (U)——b 点的绝对坐标或增量坐标；

I(C)±i 或 K(C)±k——在地址 I、K 或 C 之后以带有符号的方式指定 b 点和 c 点之间的距离 i 或 k（参数 No.3405#4 被设定为 0 时，仅使用 I、K；被设定为 1 时，仅使用 C）。I、K、R、C 的指令值为半径指定。

注意：在指定了倒角或拐角 R 的程序段中，轴的移动量要比倒角量或拐角 R 大，否则会报警，如图 2-48 所示。

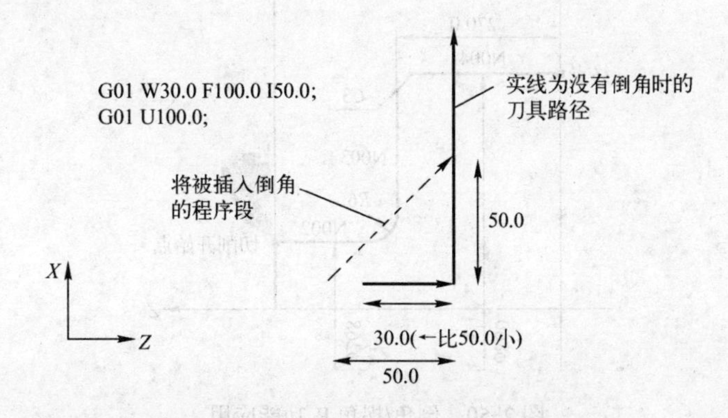

图 2-48 轴的移动量大于倒角量或拐角

2．拐角 R 功能

（1）拐角 R 编程格式

G01 Z(W) ___ R±r ；表示 Z 轴向 X 轴拐角情况，如图 2-49 a 所示。

G01 X(U) ___ R±r ；表示 X 轴向 Z 轴拐角情况，如图 2-49 b 所示。

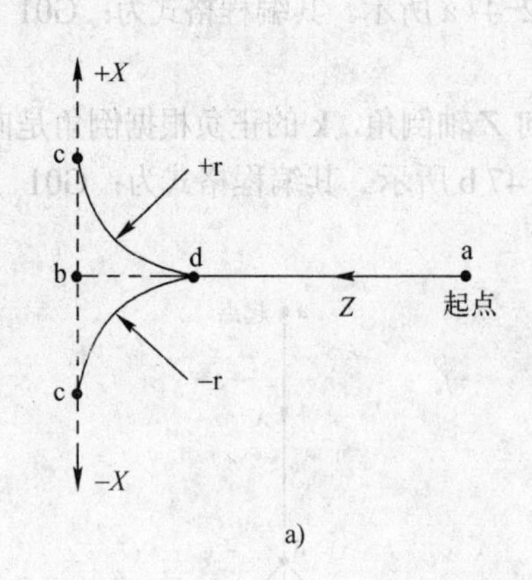
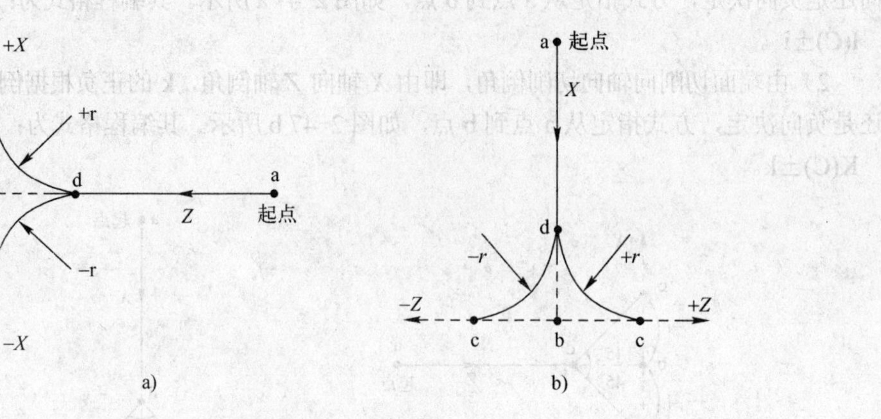

图 2-49 拐角 R 功能

a) $Z_P \rightarrow X_P$ 拐角 b) $X_P \rightarrow Z_P$ 拐角

（2）说明

Z(W)或 X (U)——b 点的绝对坐标或增量坐标；方式指定从 a 点到 b 点的移动。

R——带有符号的方式指定图中连接 d 点和 c 点的圆弧的半径值。R 指令为+r 时，朝着平面选择第 1 轴的正向移动；R 指令为-r 时，朝着平面选择第 1 轴的负向移动。

利用 G01 为倒角、拐角 R 指定的移动，必须是平面选择所指定的 2 个轴中的 1 个轴移动。此外，其后的程序段必须是平面选择所指定的另一轴的仅限 1 个轴的指令。

3．倒角/拐角 R 功能应用

加工如图 2-50 所示零件，要求利用倒角/拐角 R 功能。程序如下：

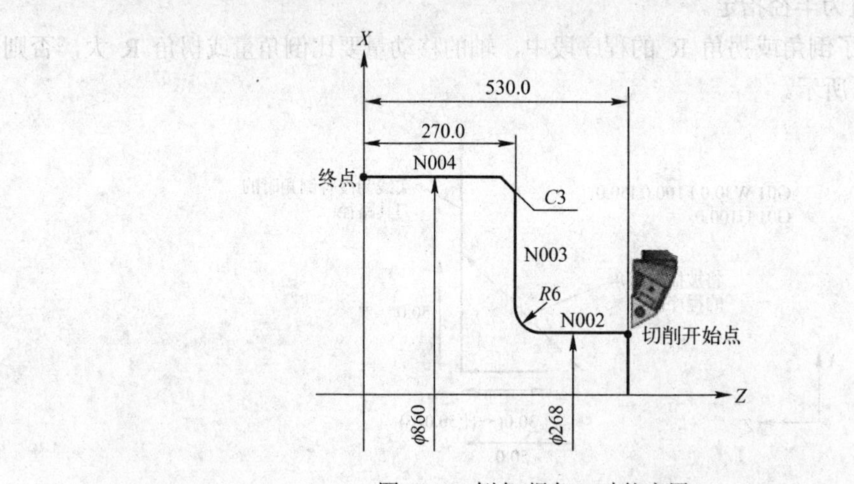

图 2-50 倒角/拐角 R 功能应用

```
N001   G18;
N002   G00   X268.0   Z530.0;          /快速定位到起点
N003   G01   Z270.0   R6.0;            /利用拐角功能直接切削直线和倒圆，R 向 X 正方向走刀
N004   X860.0   K-3.0;                 /利用倒角功能直接切削直线和倒角，K 向 Z 负方向走刀
N005   Z0;
```

2.7 华中数控车床编程指令及应用

FANUC 和华中数控车床编程指令中的绝大部分指令是相同的，例如 M、S、T 指令；只有部分 G 指令有些区别，见表 2-7。但 G 指令含义基本一致，在此针对两种系统在数控车削编程指令方面不同进行比较。以下只介绍与 FANUC 数控系统不同的指令。

表 2-7 华中数控车床 G 代码表

G 代码	组别	功能	G 代码	组别	功能
G00	1	快速定位	G57	11	坐标系选择
★G01		直线插补	G58		
G02		顺时针方向圆弧插补	G59		
G03		逆时针方向圆弧插补	G65	00	宏指令简单调用
G04	0	暂停	G71	6	外径、内径车削复合循环
G20	8	英制输入	G72		端面车削复合循环
★G21		公制输入	G73		闭环车削复合循环
G28	0	返回参考点	G76		螺纹切削复合循环
G29		参考点返回	G80		车内外径复合循环
G32	1	螺纹切削	G81		端面车削复合循环
★G36	17	直径编程	G82		螺纹切削固定循环
G37		半径编程	★G90	13	绝对编程方式
★G40	9	取消半径补偿	G91		增量编程方式
G41		左刀补	G92	0	工件坐标系设定
G42		右刀补	★G94	14	每分钟进给
★G54	11	坐标系选择	G95		每转进给
G55			G96	16	恒线速度切削
G56			★G97		取消恒线速度切削

注：系统通电后，表中标注“★”的为同组代码中的初始模态。

2.7.1 华中数控车床编程指令

1．程序结构与特点

华中数控车床程序号以%加 4 位阿拉伯数字组成，如%1111，也可以用字母 O 加 4 位阿拉伯数字表示。程序段结束可以直接用回车结束，不需要用某些特别的符号指定。此外，程序中不需要特别指定小数点编程，较灵活方便。

2．进给功能指令

华中数控系统进给速度指令有 G94 和 G95 两种，相当于 FANUC 的 G98 和 G99；G94 的单位为 mm/min；G95 的单位为 mm/r。机床通电时默认是 G94，如 G94 F300，即进给速度为 300mm/min。

3．绝对编程与增量编程

华中系统和 FANUC 系统中均用尺寸字 X、Z 和 U、W 分别表示绝对编程和增量编程，或用 G90 、G91 表示绝对编程和增量编程。FANUC 系统中可以用 X、W 或 U、Z 混合编程，华中系统则不能混合编程。

4．暂停指令 G04

G04　P__；P 后数字的单位是 s。如 G04　P2，表示暂停 2s。而 FANUC 中 P 后数字的单位是 ms。

5．单一循环指令的区别

（1）内（外）径切削循环指令 G80

格式：G80　X(U)__　Z(W)__　I__　F__；

其中，I 是锥面切削起点与锥面切削终点的半径差，有符号。其它功能和使用方法与 FANUC 系统中的 G90 指令相同。

（2）端面车削固定循环指令 G81

格式：G81　X(U)__　Z(W)__　K__　F__；

其中，K 是切削起点与切削终点的 *Z* 向有向距离，其他功能和使用方法与 FANUC 系统中的 G94 完全相同。

6．螺纹切削循环指令的区别

（1）螺纹切削固定循环指令 G82

格式：G82　X(U)__　Z(W)__　I__　R__　E__　C__　P__　F__；

其中，I——锥螺纹起点与螺纹终点的半径差，I=0 时可省略；

R、E——螺纹切削的退尾量，R、E 均为向量，R 为 *Z* 向回退量；E 为 *X* 向回退量，R、E 可以省略，表示不用回退功能；

C——螺纹头数，当头数为 0 或 1 时表示切削单头螺纹，可省略；

P——单头螺纹切削时，为主轴基准脉冲处距离切削起始点的主轴转角(默认值为 0)；多头螺纹切削时，为相邻螺纹头的切削起始点之间对应的主轴转角，可省略。

此指令其他功能和使用方法与 FANUC 系统中的 G92 相同。

（2）车削螺纹复合循环指令 G76

格式：G76　C(c)　R(r)　E(e)　A(a)　X(x)　Z(z)　I(i)　K(k)　U(d)　V(Δdmin)　Q(Δd)　P(p)　F(L)；

其中，c——精整次数（1～99），为模态值；

r——螺纹 *Z* 向退尾长度（00～99），为模态值；

e——螺纹 *X* 向退尾长度（00～99），为模态值；

a——刀尖角度（两位数字），为模态值，可在 80°、60°、55°、30°、29°和 0°六个角度中选一个；

x、z——绝对值编程时，为有效螺纹终点的坐标；增量值编程时，为有效螺纹终点相对于循环起点的有向距离；

i——螺纹两端的半径差，如 i=0，则为直螺纹（圆柱螺纹）切削方式；

k——螺纹高度；该值由 *X* 轴方向上的半径值指定；

d——精加工余量（半径值）；

Δdmin——最小切削深度（半径值）；

Δd——第一次切削深度（半径值）；

P——主轴基准脉冲处距离切削起始点的主轴转角，与华中数控系统指令 G82 相同；

L——螺纹导程。

此指令其他的功能和使用方法与 FANUC 系统中的 G76 相同。

7．粗车复合循环指令 G71、G72、G73 的区别

（1）内、外径粗车复合循环指令 G71

① 无凹槽加工时格式：

G71 U(Δd) R(r) P(ns) Q(nf) X(Δx) Z(Δz) F(f) S(s) T(t);

其中，Δx——*X* 方向精加工余量；

Δz——*Z* 方向精加工余量。

此指令其他的功能和使用方法与 FANUC 系统中的 G71 指定的类型I完全相同。

② 有凹槽加工时格式：

G71 U(Δd) R(r) P(ns) Q(nf) E(e) F(f) S(s) T(t);

其中，e——精加工余量，为 *X* 方向的等高距离；外径切削时为正，内径切削时为负。

此指令其他的功能和使用方法与 FANUC 系统中的 G71 指令的类型II相同。

（2）端面粗车复合循环指令 G72

格式：

G72 W(Δd) R(r) P(ns) Q(nf) X(Δx) Z(Δz) F(f) S(s) T(t);

其中，Δx——*X* 方向精加工余量；

Δz——*Z* 方向精加工余量。

此指令其他的功能和使用方法与 FANUC 系统中的 G72 相同。

（3）闭环车削复合循环指令 G73

格式：

G73 U(ΔI) W(Δk) R(r) P(ns) Q(nf) X(Δx) Z(Δz) F(f) S(s) T(t);

其中，ΔI——*X* 轴方向的粗加工总余量；

Δk——*Z* 轴方向的粗加工总余量；

r——粗切削次数；

Δx——*X* 方向精加工余量；

Δz——*Z* 方向精加工余量。

此指令其他的功能和使用方法与 FANUC 系统中的 G73 相同。

8．精车循环指令

华中数控系统没有 G70 指令，不能进行精加工循环。一般在执行完 G71～G73 粗加工后，会顺序往下执行程序，即执行 ns 行到 nf 行的精车程序段。比 FANUC 数控系统中的 G70 指令方便。

9．端面深孔钻加工循环指令 G74

格式：

G74 X(U)__ Z(W)__ Q (Δk) R (e) I(i);

其中，Δk——每次切削进刀深度，正值；

e——*Z* 方向的退刀量，正值；

i——钻宽孔时每刀的宽度，只能为正值。

10．外径切槽循环指令 G75

格式：

G75　X(U)__　Z(W)__　Q (Δk)　R (e)　I(i);

其中，Δk——每次切削进刀深度，正值；

e——*X* 方向的退刀量，正值；

i——*Z* 向进给位移。

2.7.2　华中数控车床编程应用

1）加工如图 2-51 所示配合件中的 4 个零件，由左端盖、中间套、轴和右端盖组成，零件ϕ48 外圆或内孔有 1mm 的偏心，根据零件图编程。

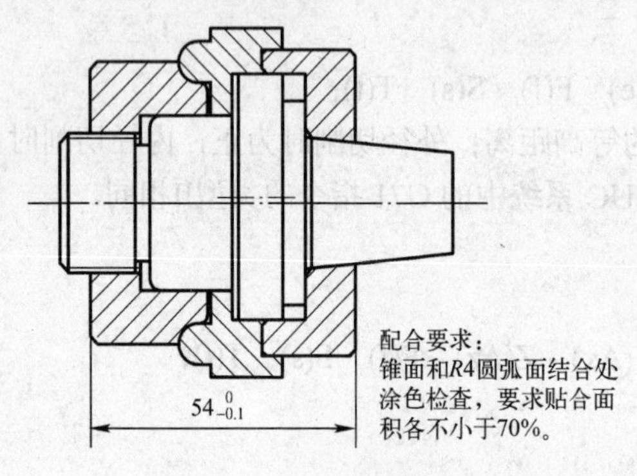

图 2-51　配合件中的 4 个零件

① 左端盖如图 2-52 所示，毛坯：ϕ60×25。编程如下：

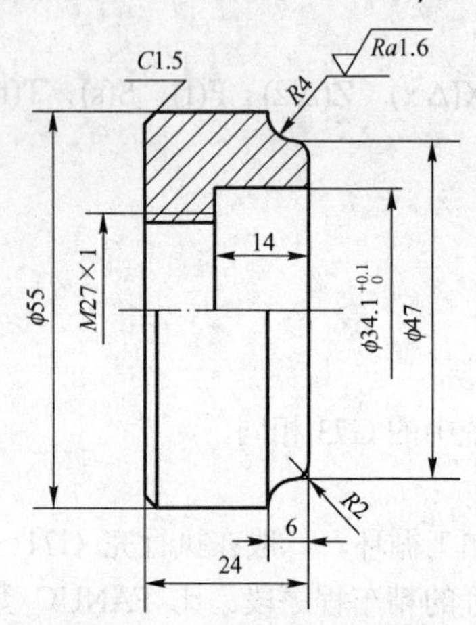

图 2-52　左端盖零件图

a. 左端车削：由于毛坯较多，应用 G71 指令粗车循环。

```
%11                                      N1  G0  X52
G95  G90                                 G1  Z0
T0101                                    X55  Z-1.5
M3  S1500                                Z-19
G0  X60  Z2  M08                         N2  X57
G71  U1.5  R1  P1  Q2  X0.8  Z0  F0.12   G0  X100  Z100
M3  S2000                                M30
```

b. 使用ϕ20～ϕ25 的钻头钻通孔；

c. 右端车削：

```
%12
G95  G90
T0101
M3  S1500
G0  X62  Z2  M08
G71  U1.5  R1  P1  Q2  X0.8  Z0  F0.12
/右端外圆粗车
M3  S2000
N1  G0  X43
G1  Z0  F0.08
G03  X47  Z-2  R2
G02  X55  Z-6  R4
N2  G1  X56
G0  X100  Z100
T0202      /更换 90°～103°内孔刀
G0  X18
Z2
G71  U1  R0.5  P3  Q4  X-0.5  Z0  F0.1
/粗车内孔循环，X 地址值为负
M3  S1800
N3  G0  X36
G1  Z0  F0.08
X34  Z-1
Z-14
X25.7
Z-25
N4  X23
G0  Z150
X150
T0303  /更换内螺纹刀具
G0  X23
Z2
Z-10
G82  X26.2  Z-26  F1  /内螺纹车削固定循环
X26.5  Z-26
X26.7  Z-26
X26.9  Z-26
X27  Z-26
X27  Z-26  /光刀一次
G0  X23
Z150
X150
M30
```

② 中间套零件加工如图 2-53 所示。ϕ48 孔中心轴线有 1mm 偏心，加工工序步骤和程序如下。

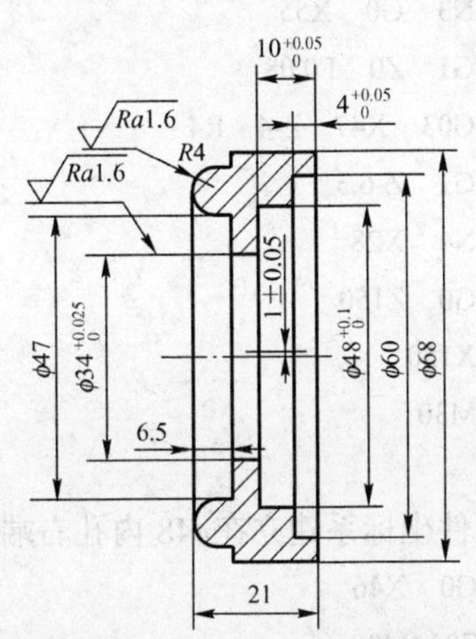

图 2-53　中间套零件加工

注：车削偏心件方法，一是直接制作偏心套，再夹到三爪卡上加工；二是用四爪卡盘装

夹，再用百分表找正偏心轴线；三是用三爪卡盘，在任意一个爪子上加垫片，至于垫片厚度则需要根据偏心距来计算，大约垫片厚度＝1.5×偏心距。

a. 钻通孔，钻头直径ϕ30。

b. 右端外圆和内孔车削（内孔尺寸公差较一致，用磨耗统一补偿，以下同）：

```
%21
G95  G90
M3  S1000
T0101  / 90°外圆车刀
G0  X72  Z2  M08
G80  X69  Z-16  F0.1  /粗车外圆固
                       定循环
G0  X66
G1  Z0  S2000  /精车开始
X68  Z-1       /倒角
Z-15.5
X70
G0  X100  Z100
T0202     /更换 93°内孔刀
G0 X28
Z2
G71  U1  R0.5  P3  Q4  X-0.8  Z0  F0.15
/内孔粗车复合循环，仅加工非偏心部分
N3  G0  X62
G1  Z0  F0.1
X60  Z-1      /倒角
Z-4
X34
Z-23
N2  X25
G0  Z150
X150
M30
```

c. 左端外圆和内孔车削：

```
%22
G95  G90
M3  S1500
T0101     / 90°外圆车刀
G0  X70  Z2  M08
G71  U1.5  R1  P1  Q2  X0.8  Z0  F0.2
/粗车左端外圆
M3  S2000
N1  G0  X55  F0.1
G1Z0
G03  X63  Z-4  R4
G1  Z-6.5
X66
N2  X70  W-2
G0  X150  Z150
T0202     /更换 93°内孔刀
G0  X25
Z2
G71  U1  R0.5  P3  Q4  X-0.5  Z0  F0.15
/内孔粗车循环
M3  S2000
N3  G0  X55
G1  Z0  F0.08
G03  X47  Z-4  R4
G1  Z-6.5
N4  X28
G0  Z150
X150
M30
```

d. 右端偏心内孔车削（重新装夹、对刀，工件坐标系建立在ϕ48 内孔右端面中心）：

```
%23
G95  G90
M3  S1500
T0202
G0  X46
Z2  M08
G71  U1  R0.5  P1  Q2  X-0.8  Z0  F0.15
/粗车内孔，X 为负
```

```
M3  S2000
N1  G0  X50  F0.08
G1  Z0
X48  Z-1
Z-6
N2  X25
G0  Z150
X150
M30
```

③ 加工如图 2-54 所示芯轴零件，ϕ48 外圆有 1mm 偏心。程序如下：

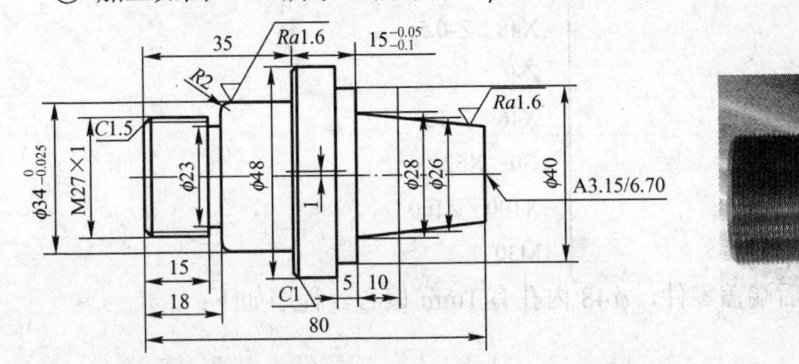

图 2-54　芯轴零件加工

a. 先加工左端：

```
%31
G95  G90
M3  S1500
T0101   /外圆车刀
G0  X52  Z2  M08
G71  U1.5  R1  P1  Q2  X0.8  Z0.03  F0.2
/粗车外圆至轴向尺寸 35mm
M3  S2000
N1  G0  X24
G1  Z0  F0.08
X26.95  Z-1.5
Z-18
X30
G3  X34  Z-20  R2
G1  Z-35
N2  X50
G0  X100  Z100
T0202   /切槽刀，刀宽 3mm
G0  Z-18  S800
X36
G1  X23  F0.03
G0  X30
X100  Z100
T0303   /换螺纹车刀
M3  S400
G0  X30  Z2
G82  X26.6  Z-17  F1   /螺纹车削循环
X26.4  Z-17
X26.2  Z-17
X25.9  Z-17
X25.8  Z-17
X25.7  Z-17
X25.7  Z-17
G0  X100  Z100  M09
M30
```

b. 加工右端（中心钻预钻孔）：

```
%32
G95  G90
M3  S1500
T0101   /外圆车刀
G0  X52  Z2  M08
G71  U1.5  R1  P1  Q2  X0.8  Z0  F0.12
/粗车外圆至轴向尺寸 35
M3  S2000
```

```
N1  G0  X22
G1  Z0
X28  Z-30
X39
X40  W-0.5
W-4.5
X49.5
N2  W-10
G0  X100  Z100  M09
M30
```

c. 加工偏心ϕ48 外圆（夹持ϕ34外圆，加偏心套；坐标系建立在ϕ48右端中心）

```
%33
G95  G90
M3  S1500
T0101
G0  X47  Z2
G1  Z0  F0.1
X48  Z-0.5
Z-9
X46  Z-10
G0  X52
X100  Z100
M30
```

④ 加工如图 2-55 所示后端盖零件，ϕ48 内孔有 1mm 偏心。程序如下：

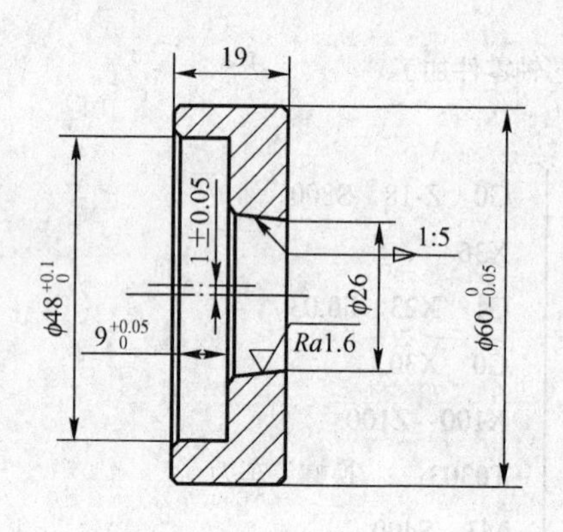

图 2-55　后盖零件加工

a. 车削右端外圆：

```
%41
G95  G90
M3  S1500
T0101
G0  X67  Z2  M08
G80  X62  Z-10  F0.15     /端面固定循环粗车外圆两次
X60.5
G0  X58
G1  Z0  F0.08             /精车外圆及倒角
X60  Z-1
Z-10
X63
G0  X100  Z100
M30
```

b. 钻通孔，钻头直径ϕ20。

c. 车削左端外圆及内孔：

```
%42
G95  G90
M3  S1500
T0101
G0  X68
Z2  M08
```

```
G71  U1.5  R1  P1  Q2  X0.8  Z0  F0.12
/粗车外圆
M3  S2000
N1  G0  X58
G1  Z0  F0.08
X60  Z-1
Z-10
N2  X63
G0  X100  Z100
T0202   /换93°内孔刀
G0  X18
Z2
G71  U1  R0.5  P3  Q4  X-0.5  F0.15
/粗车内孔循环
M3  S2000
N3  G0  X46        /留φ48偏心余量，精车至φ46
G1  Z0  F0.08
Z-9
X30
X28  Z-10
X25.8  Z-20
N4  X23
G0  Z150
X150
M30
```

d. 车削偏心内孔

```
%43
G95  G90
M3  S1500
T0101
G0  X40
Z2  M08
G71  U1  R0.5  P1  Q2  X-0.8  Z0  F0.12
/粗车偏心内孔
M3  S2000
N1  G0  X50
G1  X48  Z-1  F0.08
Z-9
N2  X26
G0  Z150
X150
M30
```

2.8 数控车床编程综合实例

2.8.1 轴类零件编程与加工实例

1）加工如图 2-56 所示轴类零件，毛坯ϕ15×35，编程如下。

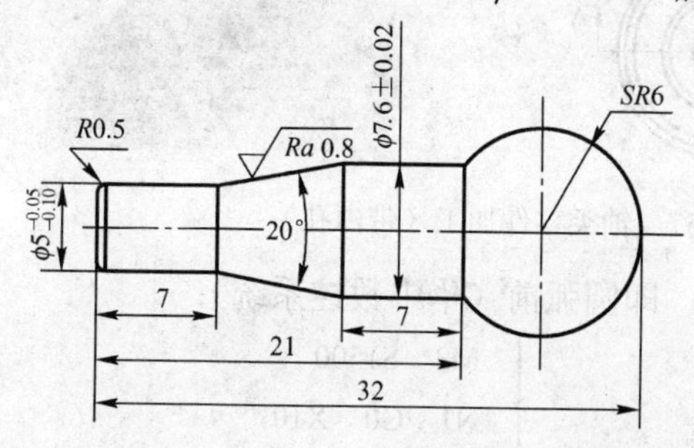

图 2-56　轴类零件加工

① 车削左端（华中数控系统）：

```
%11
G95  G90
M3  S1200
M08
```

```
T0101
G0   X17   Z2
G71   U1   R0.5   P1   Q2   X0.8   Z0.05   F0.15
M3   S2000   F0.1
N1   G42   G0   X4
G1   Z0
G03   X5   Z-0.5   R0.5
G1   Z-7
X7.6   Z-14
Z-21
N2   X8
G40   G0   X100   Z100   M09
M30
```

② 车削右端（FANUC 数控系统）：

```
O12
G99   G90   G40;
T0101;   /35°刀尖角的 93°外圆刀
M3   S1200;
G0   X17.0   Z2.0   M08;
G71   U1.0   R0.5;
G71   P1   Q2   U0.8   W0   F0.15;
N1   G42   G0   X0;
G1   Z0   F0.1;
G03   X7.6   Z-11.0   R6.0;
N2   G1   X18.0;
G70   P1   Q2;
G40   G0   X100.0   Z100.0   M09;
M30;
```

2）加工如图 2-57 所示轴类零件（带内孔），未注倒角 *R*1。由于内孔细长，在没有精度要求的情况下，直接用ϕ5 钻头钻孔。因上端锥孔也较小，故需要自行磨一把内孔小刀。编程如下。

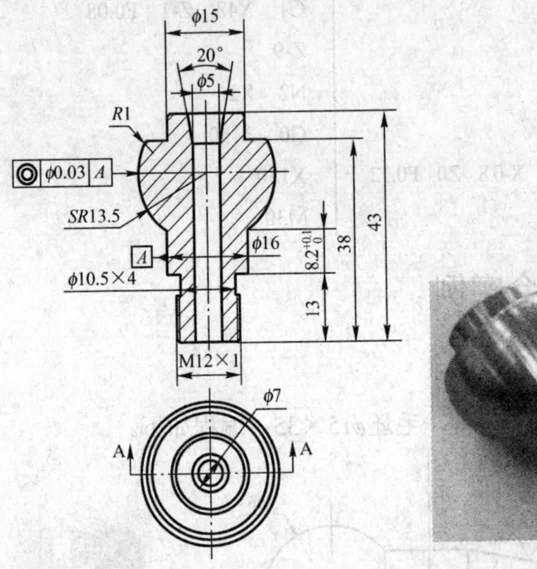

图 2-57　轴类零件加工（带内孔）

① 车削下端至轴向尺寸为 21.2，即圆弧前（华中数控系统）：

```
%21
G95   G90
M3   S1200
T0101     /外圆车刀
G0   X32   Z2   M08
G71   U1   R0.5   P1   Q2   E0.5   F0.15
M3   S1500
N1   G0   X10
G1   Z0
X11.8   Z-1
Z-9
X10.5   Z-10
```

```
Z-13
X16
W-8.2
N2  X32
G0  Z150  X150
T0202  /螺纹车刀
G0  X15  Z2
M3  S500
G82  X11.7  Z-10  F1
X11.4  Z-10
X11.1  Z-10
X10.9  Z-10
X10.8  Z-10
X10.7  Z-10
X10.7  Z-10
G0  Z150  X150
M30
```

② 车削上端及圆弧（FANUC 数控系统），夹持ϕ16 外圆，使用右顶尖支撑：

```
O22
G97  G99  G40  G90;
M3  S1200;
T0101;
G0  X32.0  Z2.0  M08;
G71  U1  R0.5;
G71  P1  Q2  U0.8  W0.05  F0.15;
N1  G42  G0  X14.0  Z1.0; /X、Z 地址
G1  Z0  F0.1;
X15  Z-0.5;
Z-5;
X20.0;
G03  X21.6  Z-5.4  R1.0;
X16.0  Z-21.8  R13.5;
N2  G1  X28.0;
G70  P1  Q2  S2000;
G40  G0  X100.0  Z100.0  M09;
M30;
```

2.8.2 套类零件编程与加工实例

1）加工如图 2-58 所示套孔类零件，未注倒角 *R*1。由于是薄壁零件，同轴度要求较高，因此车内孔时切削用量选择为正常值的一半。按照基准先行、先外后内的工序加工，编程如下。

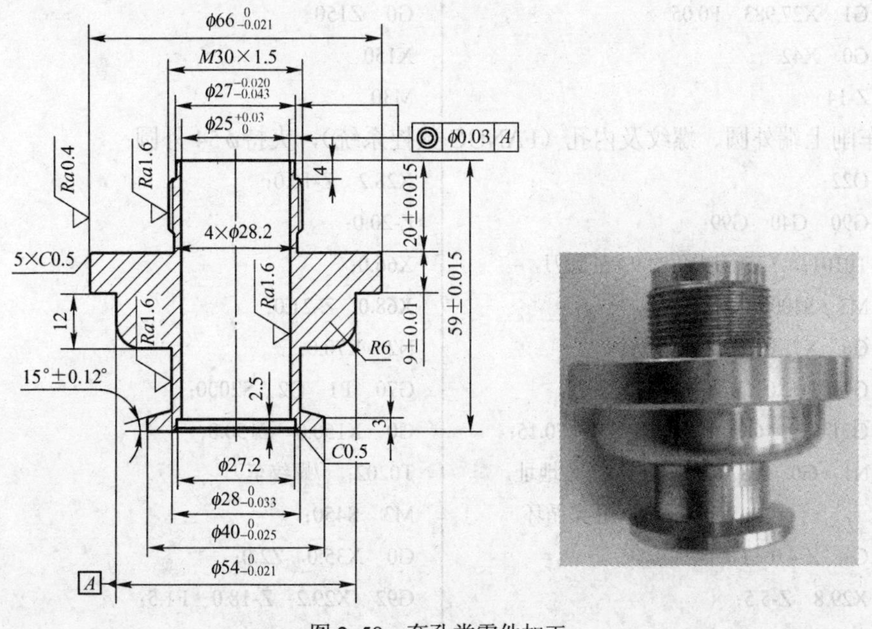

图 2-58　套孔类零件加工

① 车削下端至轴向尺寸40，轴肩直径$\phi 66$，预钻孔至$\phi 22$（华中数控系统）：

```
%11
G95  G90
M3  S1000
T0101  / 90°外圆车刀
G0  X72  Z2  M08
G71  U2  R1  P1  Q2  X0.8  Z0.05  F0.15
N1  G0  X39
G1  Z0
X39.988  Z-0.5  /计算公差值
Z-18
X42
G03  X53.995  Z-24  R6
G1  Z-30
X64
X65.995  Z-31
Z-40
N2  X68
G0  X150  Z150
T0202  /4mm宽切槽刀
M3  S700
G0  X56
Z-18
G1  X27.983  F0.05
G0  X42
Z-14
G1  X27.983
G0  X42
Z-10
G1  X27.983
G0  X42
Z-7.6
G1  X40
X27.983  Z-8.608  /锥底Z坐标＝3+(40-28)/2×tan15°+4mm刀宽
Z-18
G0  X100
Z150
T0303  / 93°内孔车刀
M3  S1000
G0  X20
Z2
G71  U1  R0.5  P3  Q4  X-0.5  Z0.05  F0.06
N3  G0  X28
G1  Z0
X27.2  Z-0.5
Z-2.5
N4  X22
G0  Z150
X150
M30
```

② 车削上端外圆、螺纹及内孔（FANUC数控系统），夹持$\phi 54$外圆：

```
O22
G90  G40  G99;
T0101;  / 35°刀尖角的93°外圆刀
M3  S1000;
G0  X72.0  Z2.0  M08;
G71  U2.0  R1.0;
G71  P1  Q2  U0.5  W0.05  F0.15;
N1  G0  X27.0  Z1.0; /X、Z地址，Ⅱ类循环
G1  Z-4.0  F0.08;
X29.8  Z-5.5;
Z-14.5;
X28.2  Z-16.0;
Z-20.0;
X66.0;
X68.0  Z-21.0;
N2  X70.0;
G70  P1  Q2  S2000;
G0  X150.0  Z150.0;
T0202;  /螺纹车刀
M3  S450;
G0  X35.0  Z2.0;
G92  X29.2  Z-18.0  F1.5;
X28.7;
```

```
X28.4;                      G1  Z-58.0  F0.08;
X28.2;                      X22.0;
X28.05;                     G0  Z2.0;
X28.05;  /光刀一次           X25.015;
G0  X150.  Z150.0;          G1  Z-58.0  F0.08;
T0303;  / 93°内孔车刀        X22.0;
M3  S1000;                  G0  Z2.0  M09;
G0  X24.0;                  X100.0  Z100.0;
Z2.0;                       M30;
```

习题

（1）计算图 2-59 a 所示零件的 *B*、*C*、*D*、*F* 点坐标，使用 G00、G01 等数控编程指令编写该零件的加工程序。A 点为起刀点。计算如图 2-59 b 所示零件的换刀点、粗加工起点、精加工起点、车端面起点坐标，编写零件的加工程序。

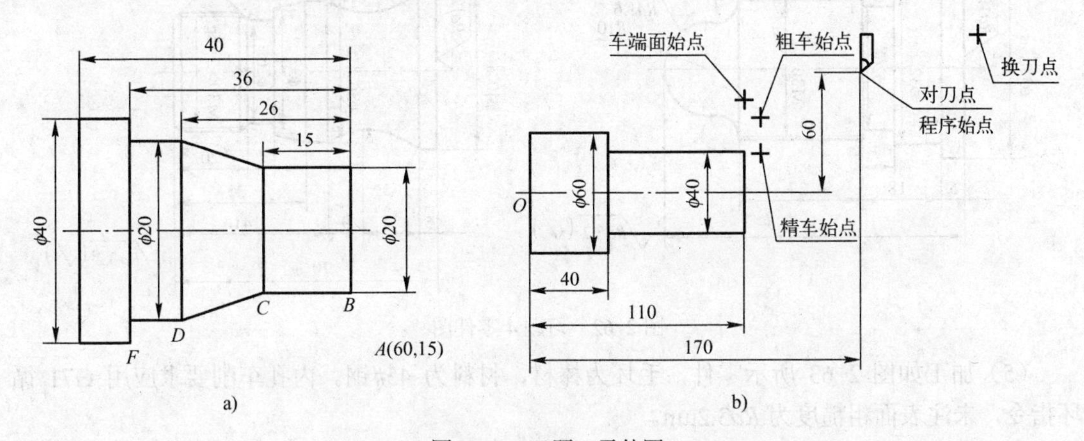

图 2-59　习题 1 零件图

（2）加工如图 2-60 所示零件，圆弧半径大小分别用 I、K 和 R 编程，材料为 45#钢，未注表面粗糙度为 *Ra*3.2μm。

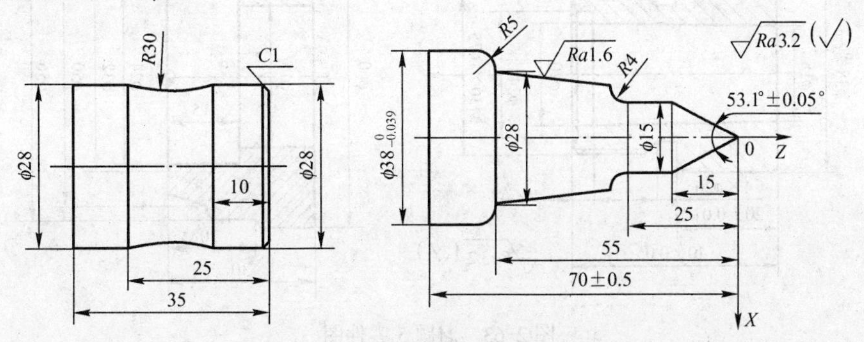

图 2-60　习题 2 零件图

（3）加工如图 2-61 所示零件，毛坯棒材，材料为 45#钢，未注表面粗糙度为 *Ra*3.2μm。

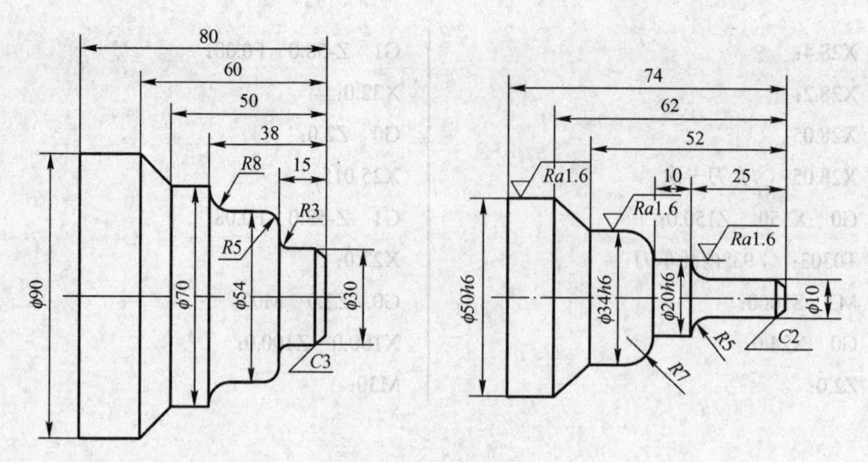

图 2-61　习题 3 零件图

（4）加工如图 2-62 所示零件，毛坯为ϕ42mm×72mm 棒材，材料为 45#钢。

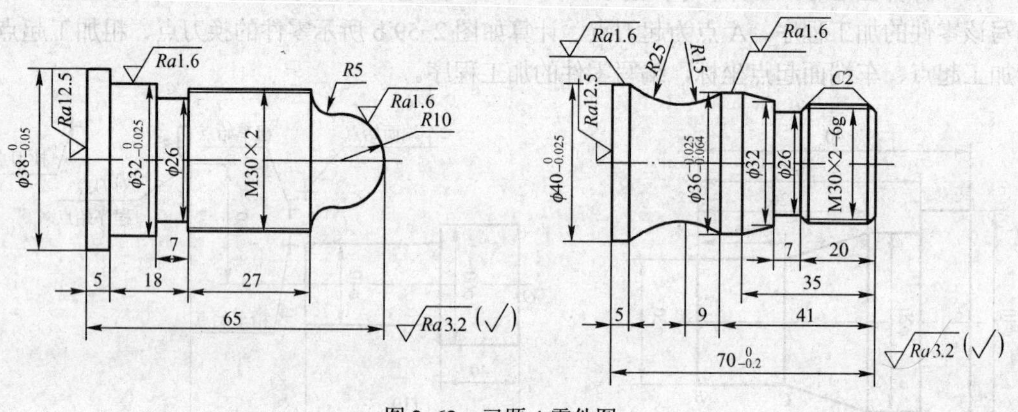

图 2-62　习题 4 零件图

（5）加工如图 2-63 所示零件，毛坯为棒材，材料为 45#钢。内孔车削要求应用 G71 循环指令，未注表面粗糙度为 Ra3.2μm。

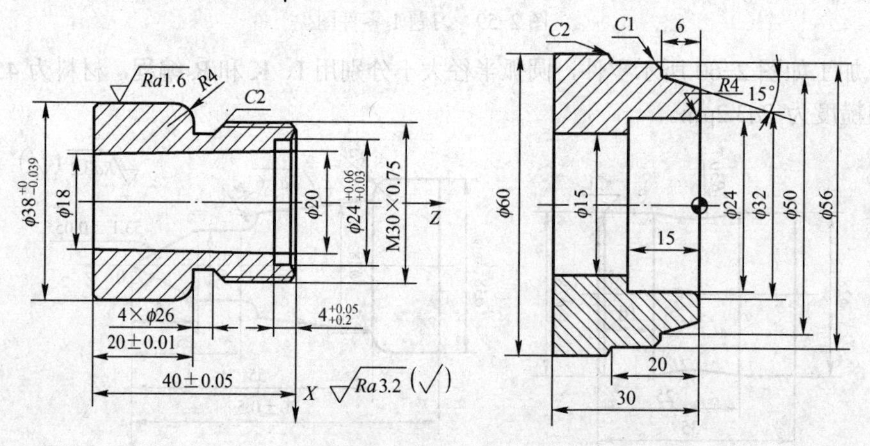

图 2-63　习题 5 零件图

（6）加工如图 2-64 所示零件，毛坯为棒材，材料为 45#钢，要求掉头加工，未注表面粗糙度为 Ra3.2μm。

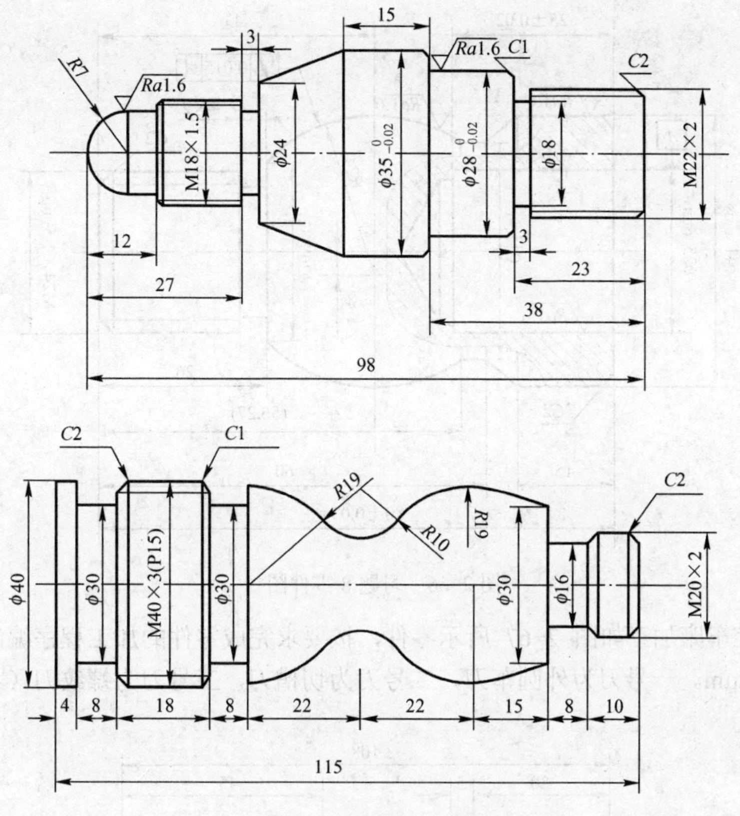

图 2-64　习题 6 零件图

（7）加工如图 2-65 所示零件，毛坯为ϕ52mm×100mm 棒材，材料为 45#钢，未注表面粗糙度为 *Ra*3.2μm。为保证同轴度的要求，试想应如何装夹找正工件。

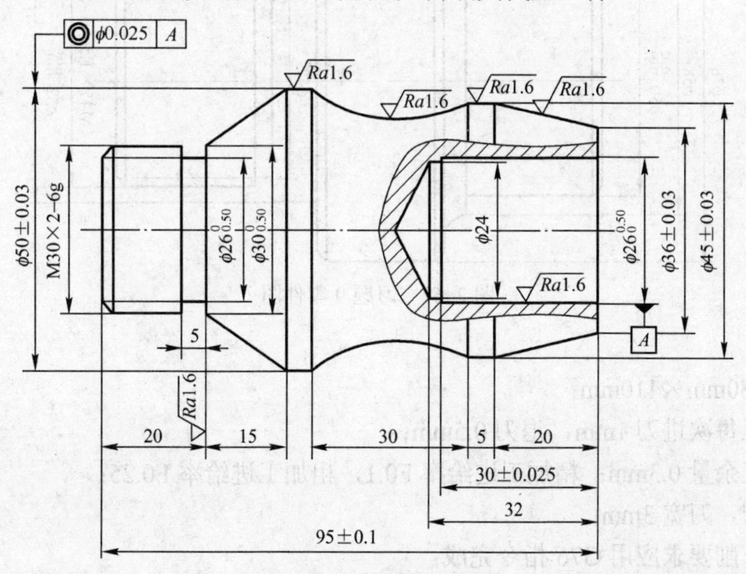

图 2-65　习题 7 零件图

（8）加工如图 2-66 所示工件，毛坯为ϕ45mm×85mm 棒材，材料为 45#钢，未注表面粗糙度为 *Ra*3.2μm。判断应如何保证跳动公差要求。

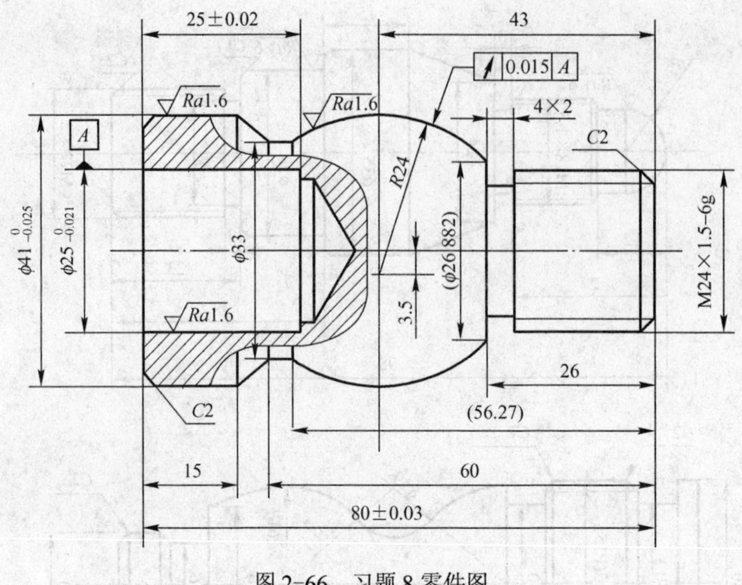

图 2-66　习题 8 零件图

（9）用数控车床加工如图 2-67 所示零件，按要求完成零件的加工程序编制。未注表面粗糙度为 *Ra*3.2μm。一号刀为外圆车刀，二号刀为切槽刀，三号刀为螺纹刀（不考虑刀尖圆弧半径补偿）。

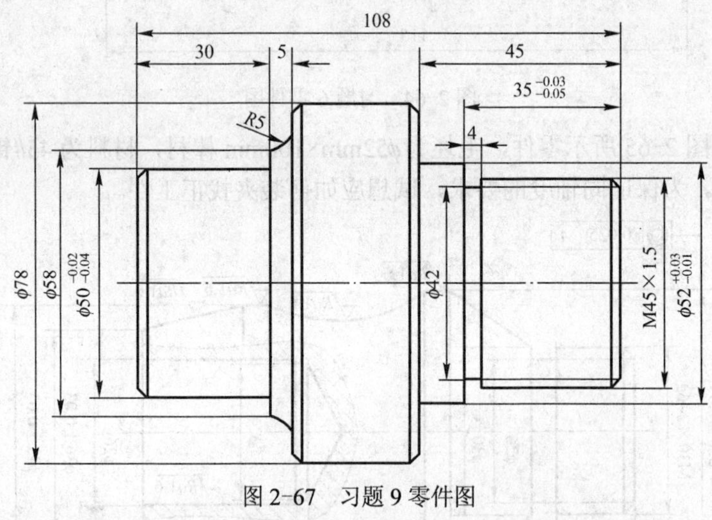

图 2-67　习题 9 零件图

要求：

1）毛坯ϕ80mm×110mm；

2）粗加工每次进刀 1mm，退刀 0.5mm；

3）精加工余量 0.3mm；精加工进给率 F0.1，粗加工进给率 F0.25；

4）切槽刀，刀宽 3mm；

5）螺纹车削要求应用 G76 指令完成；

6）未注倒角为 2×45°。

（10）用数控车床加工如图 2-68 所示零件，按要求完成零件的加工程序编制。要求应用 G73 指令编程。毛坯尺寸为ϕ25×55。

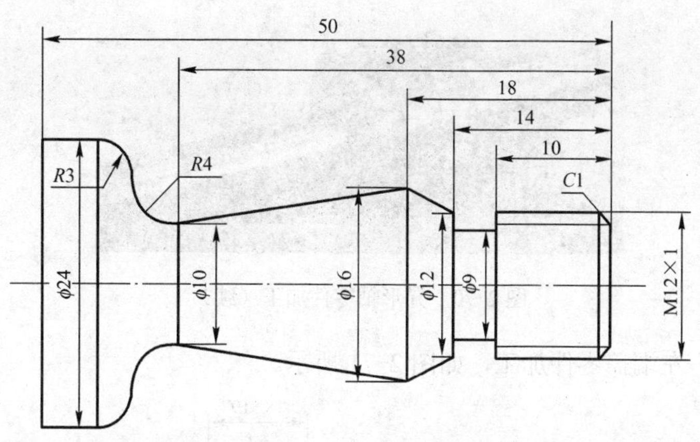

图 2-68　习题 10 零件图

（11）加工配合件 1、2、3，如图 2-69 所示，保证装配精度和尺寸精度。材料为 45#钢，未注表面粗糙度为 *Ra*3.2μm。

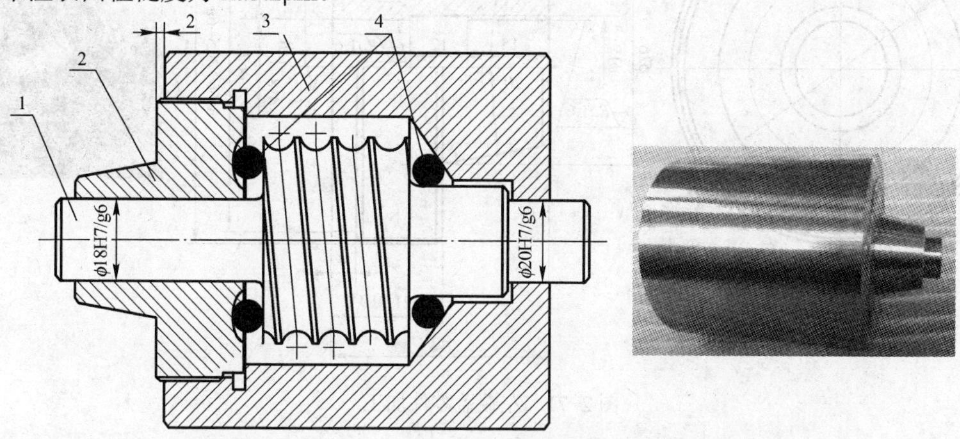

图 2-69　习题 11 零件装配图

1）零件 1——异型轴零件加工如图 2-70 所示。（提示：螺纹螺距为 9mm，螺牙高度为 4mm，夹持右端φ20 外圆加工，刀具为 *R*4 球头仿形车削刀，类似于圆头切槽刀，可用 G76 指令完成，主轴转速 80r/min 左右，螺纹 *X* 向终点坐标为 42）

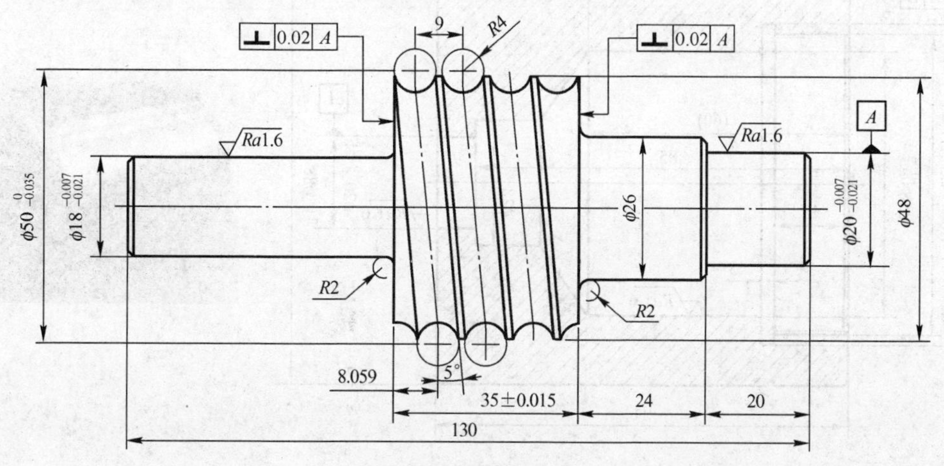

图 2-70　异形轴零件加工

图 2-70　异形轴零件加工（续）

2）零件 2——左端盖零件加工，如图 2-71 所示。

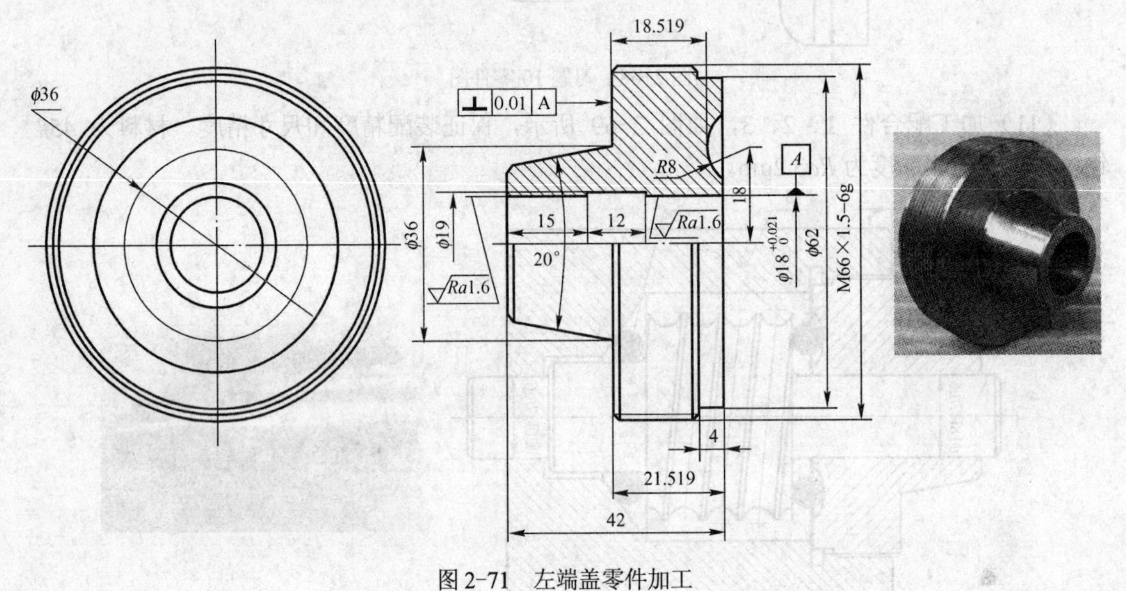

图 2-71　左端盖零件加工

3）零件 3——右端盖零件加工，如图 2-72 所示。

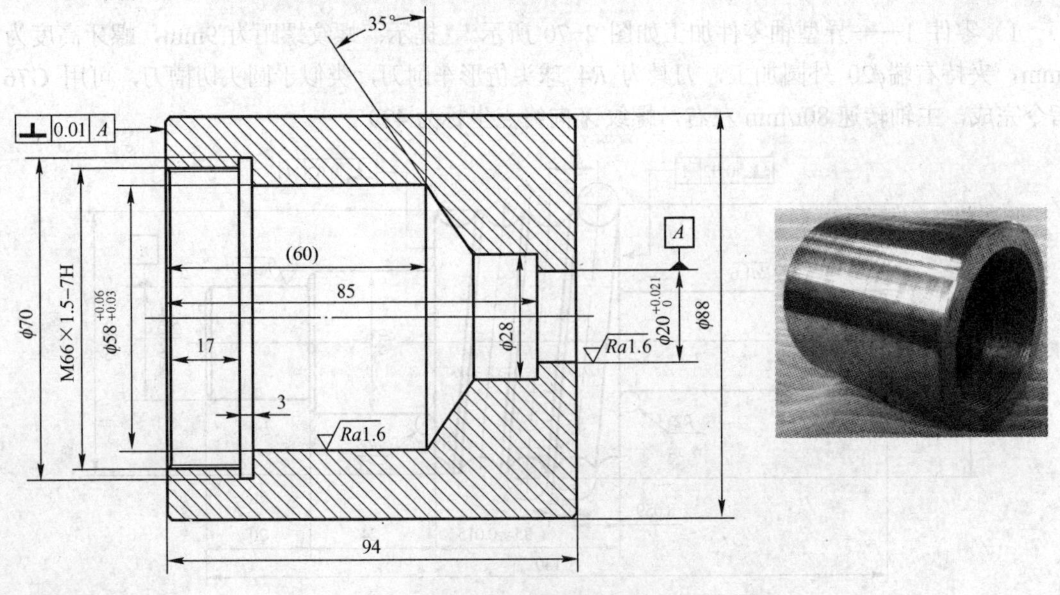

图 2-72　右端盖零件加工

（12）加工钢笔零件，如图 2-73 所示。材料为 45#钢，未注表面粗糙度为 $Ra3.2\mu m$。

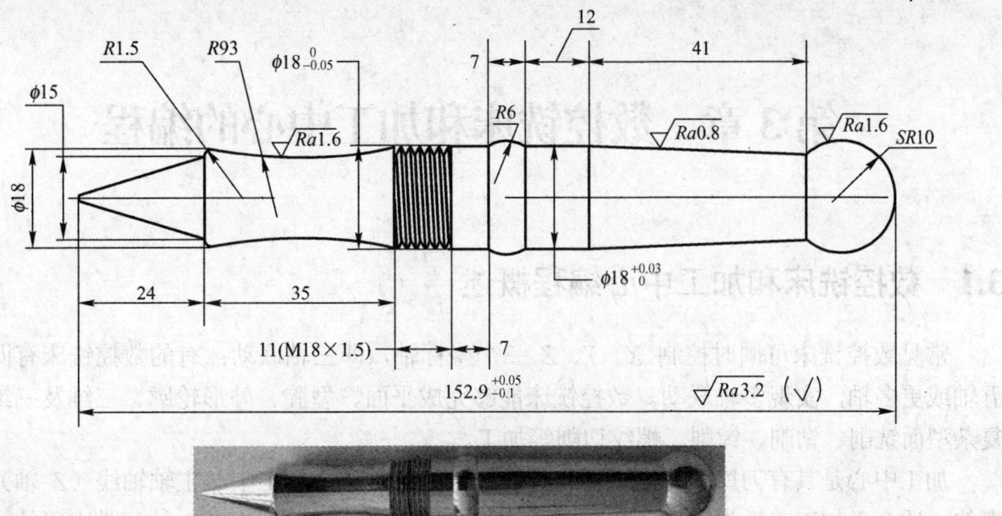

图 2-73　钢笔零件加工

第3章　数控铣床和加工中心的编程

3.1　数控铣床和加工中心编程概述

常见数控铣床可同时控制 *X*、*Y*、*Z* 三个坐标轴，即三轴联动；有的数控铣床有四轴、五轴或更多轴，实现多轴联动。数控铣床能够完成平面、型腔、外形轮廓、三维及三维以上复杂型面铣削、钻削、镗削、螺纹切削等加工。

加工中心是具有刀库和自动换刀装置的数控铣床。立式加工中心主轴轴线（*Z* 轴）是垂直的，适合于加工盖板类零件及各种模具；卧式加工中心主轴轴线（*Z* 轴）是水平的，一般配备容量较大的链式刀库，机床带有一个自动分度工作台或配有双工作台以便于工件的装卸，适合于工件在一次装夹后，自动完成多面多工序的加工，主要用于箱体类零件的加工。

数控编程的方法有两种：手工编程和自动编程。手工编程仅能由人工按步完成数控编程的各项工作内容，而对于加工形状复杂的零件轮廓或特殊曲面及组合曲线的轮廓，由于涉及的刀具轨迹计算复杂，数控程序量大，只能采用自动编程，用计算机辅助设计软件（UG、MasterCAM 等）生成数控程序。

铣床（或加工中心）编程时必须考虑以下几点：

1）程序原点和加工顺序：根据工件形状公差及尺寸设计基准决定。

2）工件的夹持方法：常用虎钳夹持，或用 T 槽螺栓、压板、梯枕或制作专用夹具。

3）刀具的选择：包括铣刀的直径、刀刃长度、材质及其他刀具的选用，并决定各把刀具的刀号及刀具长度补偿号码、刀具半径补偿号码。

4）切削条件：包括各把刀具的主轴转速、切削深度、进给速率、精铣预留量等。数控铣床和加工中心常见的刀具切削参数参照值见表 3-1～表 3-5。

表 3-1　常用铣刀切削参数参照表

加工材料	刀具名称	刀具材料	切削刃数	转速/(r/min)	进给量/(mm/min)	切削深度/(mm)	切削宽度/(mm)
35#/45#	ϕ8 立铣	高速钢	4 刃	800～1000	25～35	5	4
	ϕ10 立铣		4 刃	800～1000	25～35	5	5
	ϕ12 立铣		3 刃	600～750	40～60	15	12
	ϕ16 立铣		3 刃	400～600	50～70	16	16
	ϕ20 立铣		3 刃	300～400	40～50	20	20
	ϕ25 立铣		4 刃	260～360	60～100	20	10
	ϕ32 立铣		4 刃	200～260	60～100	20	10
	ϕ36 立铣		4 刃	180～200	60～100	20	10
	ϕ30 立铣	焊刃	4 刃	320～420	60～100	20	10

（续）

加工材料	刀具名称	刀具材料	切削刃数	转速/（r/min）	进给量/（mm/min）	切削深度/（mm）	切削宽度/（mm）
35#/45#	ϕ32 立铣	焊刃	4 刃	320～420	60～100	20	10
	ϕ3 键槽	涂层合金	2 刃	3000～4000	60～120	3	0.08
	ϕ4 键槽		2 刃	2500～3500	80～160	4	0.1
	ϕ5 键槽		2 刃	1000～1400	80～160	5	0.1
	ϕ6 键槽		2 刃	1000～1400	100～260	6	0.1
	ϕ8 键槽		2 刃	1100～1400	200～350	8	0.1
	ϕ10 立铣		4 刃	1300～1500	300～400	10	0.15
	ϕ12 键槽		2 刃	1300～1500	300～400	12	0.15
	ϕ16 立铣		4 刃	800～1000	300～400	16	0.15
	ϕ20 立铣		4 刃	800～1000	300～400	20	0.15
	镗刀	白钢条		240	10～15		0.15～0.5
	镗刀	涂层合金		240	10～15		0.15～0.5

表 3-2　常用圆鼻刀切削参数参照表

加工材料	刀具材料	刀具名称	用　途	转速/（r/min）	进给量/（mm/min）	切削深度/（mm）	切削宽度/（mm）
碳素钢铸件 ZG275-485H	涂层合金	ϕ16 圆鼻刀	精加工	3300	3000	0.1	
		ϕ20 圆鼻刀	精加工	3300	3000	0.1	
		ϕ25 圆鼻刀	粗加工	1800	3000	0.6	10
		ϕ25 圆鼻刀	精加工	3000	3000	0.3	
		ϕ40 圆鼻刀	粗加工	1500	3000	0.8	10
		ϕ40 圆鼻刀	精加工	3000	3000	0.3	
		ϕ63 圆鼻刀	粗加工	1300	3000	1	10
		ϕ63 圆鼻刀	精加工	2500	3000	0.3	
35#/45#	涂层合金	ϕ25 圆鼻刀	粗加工	2000	2500	0.5	
		ϕ32 圆鼻刀	粗加工	3300	3000	0.6	
		ϕ40 圆鼻刀	粗加工	1800	3000	0.6	

表 3-3　常用铰刀切削参数参照表

加工材料	刀具材料	铰刀直径/（mm）	切削深度/（mm）	进给量/（mm/r）	切削速度/（m/min）
钢	焊刃	<10	0.08～0.12	0.15～0.25	6～12
		10～20	0.12～0.15	0.20～0.35	
		20～40	0.15～0.20	0.30～0.50	
铸钢		<10	0.08～0.12	0.15～0.25	6～10
		10～20	0.12～0.15	0.20～0.35	
		20～40	0.15～0.20	0.30～0.50	
灰铸铁		<10	0.08～0.12	0.15～0.25	8～15
		10～20	0.12～0.15	0.20～0.35	
		20～40	0.15～0.20	0.30～0.50	

表 3-4　常用钻头切削参数参照表

加工材料	刀具材料	切削速度 /(m/min)	钻头直径/（mm）				
			<φ3 钻头	φ3～φ6 钻头	φ6～φ13 钻头	φ13～φ19 钻头	φ19～φ25 钻头
			进给量/(mm/r)				
铝及铝合金	高速钢	105	0.08	0.15	0.25	0.4	0.48
铜及铜合金		20	0.08	0.15	0.25	0.4	0.48
碳钢		17	0.08	0.13	0.2	0.26	0.32
合金钢		15～18	0.05	0.09	0.15	0.21	0.21
工具钢		18	0.08	0.13	0.2	0.26	0.32
灰铸铁		24～34	0.08	0.13	0.2	0.26	0.32
35#/45#	高速钢	φ2 钻头		S4600	啄钻每次钻深 0.3mm　F30		最深 60mm

表 3-5　常用镗刀切削参数参照表（45#）

孔径范围	转速/(r/min)	切削速度/(m/min)	进给速度/(mm/min)	进给量 /(mm/r)
φ20～φ25	粗：<800，半精：<1100	粗：50，半精：70	粗：<320，半精：<480	0.4
φ25～φ32	粗：>500～800， 半精：>700～1100	粗：50，半精：70	粗：>200～320， 半精：>280～440	0.4
φ32～φ42	粗：>750～1000， 半精：>900～1200	粗：100，半精：120	粗：>300～400， 半精：>360～480	0.4
φ42～φ55	粗：>800～1000， 半精：>900～1200	粗：140，半精：160	粗：>320～400， 半精：>360～480	0.4
φ55～φ70	粗：>700～900， 半精：>800～1000	粗：160，半精：180	粗：>280～360， 半精：>320～400	0.4
φ70～φ85	粗：>600～750， 半精：>650～800	粗：160，半精：180	粗：>300～370， 半精：>330～400	0.5
φ85～φ100	粗：>350～450， 半精：>450～550	粗：120，半精：140	粗：>170～250， 半精：>220～280	0.5
φ20～φ25	精镗：>1200～1600， 切深 0.2~0.4	精镗：100	精镗：>100～120	0.08
φ25～φ32	精镗：>1000～1200， 切深 0.2~0.4	精镗：100	精镗：>80～100	0.08
φ32～φ42	精镗：>900～1200， 切深 0.2~0.4	精镗：120	精镗：>70～100	0.08
φ42～φ55	精镗：>700～900， 切深 0.2~0.5	精镗：120	精镗：>70～90	0.1
φ55～φ70	精镗：>630～800， 切深 0.2~0.6	精镗：140	精镗：>60～80	0.1
φ70～φ85	精镗：>600～720， 切深 0.2~0.7	精镗：160	精镗：>60～70	0.1
φ85～φ100	精镗：>510～600， 切深 0.2~0.8	精镗：160	精镗：>50～60	0.1

3.1.1　FANUC-0*i*M 系统编程的有关规定

1．准备功能指令（G 码）

G 指令有模态码与单步 G 代码之分，这与数控车床（表 2-1）中的含义一致。FANUC-0*i*M 数控铣床准备功能指令代码见表 3-6。

表 3-6　准备功能指令（G 码）表

G 码	组	功　能	
★G00	01	定位（快速移动）	
G01		直线插补（切削进给）	
G02		顺时针圆弧插补/螺旋线插补 CW	
G03		逆时针圆弧插补/螺旋线插补 CCW	
G04	00	暂停，准确停止	
G07.1(G107)		圆柱插补	
G09		准确停止	
G10		可编程数据输入	
G11		可编程数据输入方式取消	
★G15	17	极坐标指令取消	
G16		极坐标指令	
★G17	02	选择 *XpYp* 平面	*Xp*:*X* 轴或平行于 *X* 轴 *Yp*:*Y* 轴或平行于 *Y* 轴 *Zp*:*Z* 轴或平行于 *Z* 轴
G18		选择 *ZpXp* 平面	
G19		选择 *YpZp* 平面	
G20	06	英制输入	
G21		公制输入	
★G22	04	存储行程检测功能 ON	
G23		存储行程检测功能 OFF	
G27	00	返回参考点检测	
G28		自动返回至参考点	
G29		从参考位置返回	
G30		返回第 2、3、4 参考点	
G31		跳跃功能	
G33	01	螺纹切削	
G37	00	刀具长度自动测量	
G39		刀具半径补偿拐角圆弧插补	
★G40	07	刀具半径补偿取消	
G41		刀具半径左补偿	
G42		刀具半径右补偿	
★G40.1(G150)	19	法线方向控制取消方式	
G41.1(G151)		法线方向控制左边 ON	
G42.1(G152)		法线方向控制右边 ON	
G43	08	刀具长度正向补偿	
G44		刀具长度负向补偿	
★G49		刀具长度补偿取消	
G45	00	刀具位置偏置 增加	
G46		刀具位置偏置 缩小	
G47		刀具位置偏置 双倍增加	

（续）

G码	组	功 能
G48	00	刀具位置偏置 双倍缩小
★G50	11	比例缩放取消
G51		比例缩放
★G50.1	18	可编程镜像取消
G51.1		可编程镜像
G52	00	局部坐标系设定
G53		机械坐标系选择
★G54	14	工件坐标系 1 选择
G54.1		附加工件坐标系选择
G55		工件坐标系 2 选择
G56		工件坐标系 3 选择
G57		工件坐标系 4 选择
G58		工件坐标系 5 选择
G59		工件坐标系 6 选择
G60	00	单向定位
G61	15	准确停止方式
G62		自动拐角倍率
G63		攻丝模式
★G64		连续切削模式
G65	00	宏指令调用
G66	12	模态宏指令调用
★G67		模态宏指令调用取消
G68	16	坐标系旋转方式 ON
★G69		坐标系旋转方式 OFF
G73	09	深孔钻削循环
G74		左螺纹攻丝循环
G76		精镗孔循环
★G80	09	固定循环取消/电子齿轮箱同步取消
G81		钻孔循环、点镗孔循环/电子齿轮箱同步开始
G82		钻孔循环、镗阶梯孔循环
G83		深孔钻削循环
G84		攻丝循环
G85		镗孔循环
G86		镗孔循环
G87		反镗孔循环
G88		镗孔循环
G89		镗孔循环
★G90	03	绝对坐标指令
G91		增量坐标指令

（续）

G码	组	功　能
G92	00	设定工件坐标系/或限制主轴最高转速
★G94	05	每分钟进给　mm/min
G95		每转进给　mm/r
G96	13	恒定表面速度控制
★G97		恒定表面速度控制取消
★G98	10	固定循环初始平面返回
G99		固定循环R点平面返回

注：表3-6中标有★的G码是开机时初始状态的G码。

2．编程格式与程序指令

1）数控铣床编程格式及程序指令与数控车床基本一致。如X、Y、Z、A、B、C、I、J、K等还是表示坐标轴指令，由坐标地址符及数字组成，例如“A50”，其中字母表示坐标轴，字母后面的数值表示刀具在该坐标轴上转动后的坐标值，可以是绝对坐标，也可以是增量坐标（用G90/G91指定）。

2）F××——进给速度功能，用于给定切削时刀具的进给速度。进给速度单位可以由G94（mm/min）或G95（mm/r）指定。

3）S××——主轴转速功能。该功能与数控车床相同。

4）T××——刀具功能，用字母T加两位数字组成，其中的数字“××”表示刀具号。例如“T03”，表示选用3号刀。

5）H××（或D××）——刀具补偿号地址字。用字母H或D加两位数字组成。地址指定的存储器中存放刀具长度或半径补偿值。H00表示刀具长度补偿取消；D00表示刀具半径补偿取消。

6）M××——辅助功能指令。该指令与数控车床一致。常用的M代码含义见表1-3。

3.1.2　工件坐标系及工件位置确定

机床通电后，通常进行手动返回参考点操作（当机床伺服系统采用绝对位置编码器时，不需要手动返回参考点操作），以建立机床坐标系。只有建立了机床坐标系后，才能进一步建立工件坐标系。在加工操作前，必须让数控机床知道工件坐标系原点在机床坐标系中的坐标值，即所谓的对刀过程。工件零点（*W*）是工件坐标系的起始点，也是对刀操作和工件定位的基准点，如图3-1a所示。

1．绝对值和增量值编程指令（G90和G91）

G90和G91指令分别表示绝对值编程或增量值编程。与数控车床两个坐标轴不同，铣削加工在坐标系中每个点均可以通过方向（X、Y和Z）和数值明确定义，工件零点坐标始终为X0、Y0和Z0。

如图3-1b所示，以G90为例，点P1和P2具有以下坐标：

P1：X-20.0 Y-20.0 Z23.0；

P2：X13.0 Y-13.0 Z27.0；

如图 3-1 c 所示，以 G91 为例，点 P1 到 P3 的位置为：

P1：X20.0 Y35.0； /以零点为基准

P2：X30.0 Y20.0； /以 P1 为基准

P3：X20.0 Y-35.0；/以 P2 为基准

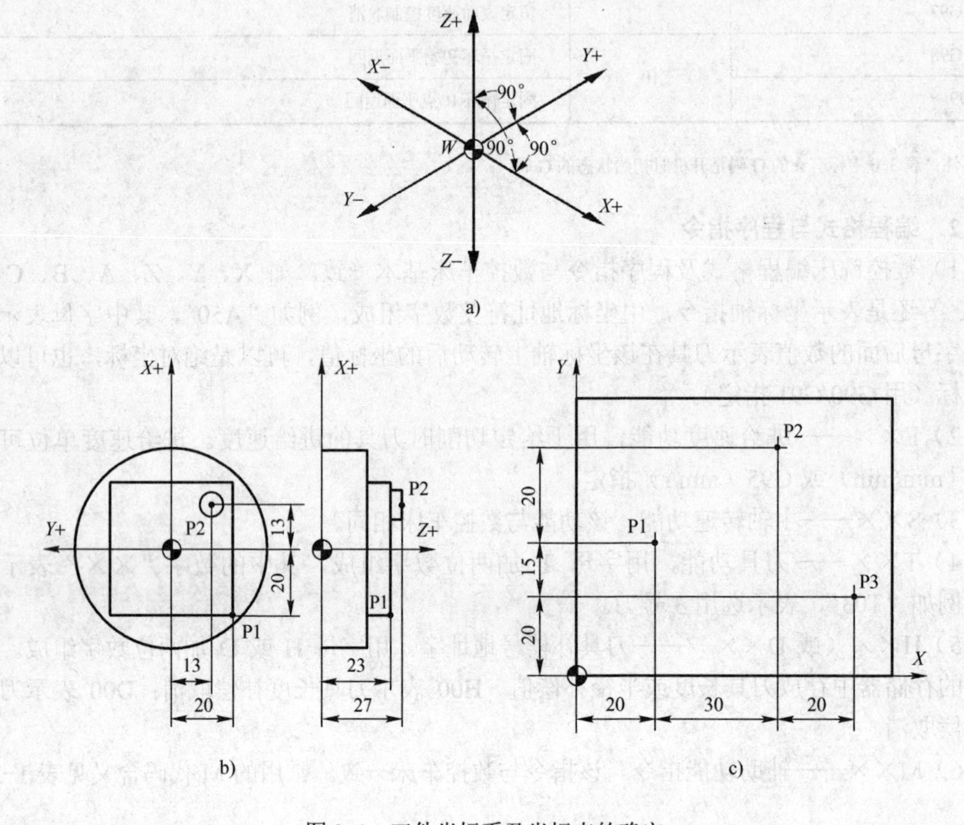

图 3-1　工件坐标系及坐标点的确定

2．设定工件坐标系指令（G92；G54～G59）

（1）用 G92 指令设定工件坐标系

G92 是刀具相对程序原点的偏置指令，该指令通过设定刀具位置相对于程序原点的坐标，建立工件坐标系。注意：G92 必须用于程序起始位置或在 MDI 方式预先执行过才有效；用 G92 建立的坐标系在重新启动机床后会消失。

格式：G92　X__　Y__　Z__；

该程序段中 X、Y 和 Z 是刀具相对工件坐标系原点（程序原点）的偏置值。运行 G92 指令程序段并不会使刀具或工件运动，它只是改变了绝对坐标系（工件坐标系）的坐标值，在数控系统内部建立了工件坐标系。

例 3-1　用 G92 设定坐标系如图 3-2 所示。指令为：G92　X40.　Y50.　Z25.；

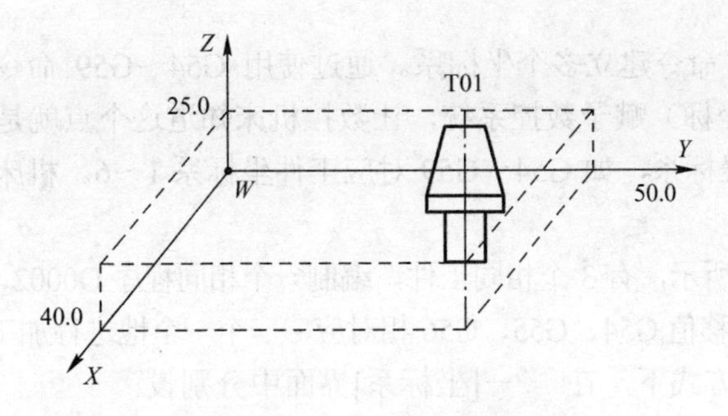

图 3-2　G92 建立工件坐标系

（2）用 G54～G59 指令设定工件坐标系

1）用 G54 建立工件坐标系。格式仅写该指令即可，如 G54；其后无需书写 X、Y、Z 值，其含义是确定工件坐标系原点在机床坐标系下的坐标值，如图 3-3 a 所示。

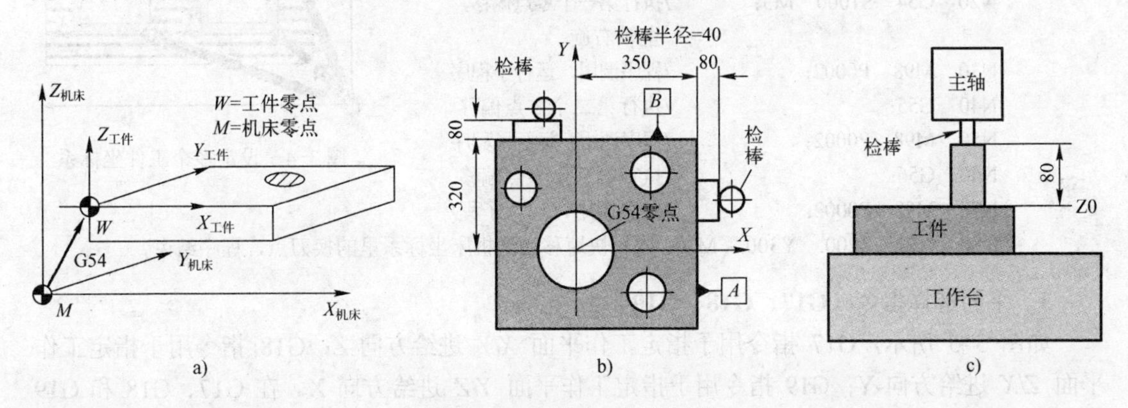

图 3-3　G54 设定工件坐标系

如图 3-3 b、c 所示，G54 工件坐标系原点建立在大孔中心上表面处。工件坐标系间接测量建立（对刀）的方法如下。

① *X* 轴测量。移动主轴，使主轴上的检棒或刀具向基准面 A 靠拢，检棒与基准面之间可以塞量块塞尺。当主轴移动定位后，*X* 轴在机床坐标系中显示当前位置是-70.000，量块的厚度是 80mm，孔中心距基准面 A 的尺寸是 350mm，孔中心位置在基准面 A 的左侧，在机床坐标系中 G54 零点的 *X* 轴坐标值应为：-70-40-80-350＝-540，则 G54 *X* 轴偏置值为-540，在机床OFFSET SETTING－[坐标系]对应的 G54 中输入-540 即可完成 *X* 轴的对刀操作。

② *Y* 轴测量。如图 3-3 b 所示，当主轴移动定位到工件 *Y* 轴一侧后，*Y* 轴在机床坐标系中显示当前位置是-240.000，孔中心距基准面 B 的尺寸是 320mm，孔中心位置在基准面 B 的下面，则在机床坐标系中 G54 零点 *Y* 轴坐标值应为：-240-40-80-320＝-680，则 G54 *Y* 轴偏置值为-680，在机床OFFSET SETTING－[坐标系]对应的 G54 中输入-680 即可完成 *Y* 轴的对刀操作。

③ 如图 3-3 c 所示，*Z* 轴的零点偏置值对刀，工件的上平面设置为 Z0，当主轴移动定位后，*Z* 轴在机床坐标系中显示当前位置是-420.000，量块的厚度是 80mm，则 G54 *Z* 轴偏置值为-420-80＝-500，在机床OFFSET SETTING－[坐标系]对应的 G54 中输入-500 即可完成 *Z* 轴的对刀操作。

2）用 G54～G59 命令建立多个坐标系。通过使用 G54～G59 命令，将机床坐标系的一个点（工件原点偏移坐标）赋予数控系统，让数控机床知道这个点就是工件坐标系原点。编程时可设立多个工件坐标系，如 G54～G59 对应工件坐标系 1～6。机床上电系统默认工件坐标系 1（G54）。

例 3-2 如图 3-4 所示，有 3 个相同工件，编制一个相同程序 O0002，把它们分别固定在随行夹具中，并与零点偏移值 G54、G55、G56 相对应，一个一个地进行加工。操作步骤如下。

① 在 MDI 操作方式下，在[OFFSET SETTING]－[坐标系]界面中分别设置 G54、G55、G56 原点偏置值。

② 加工程序：

```
…
N10  G0  G90  X10.  Y10.  F500  T1;   /起点
N20  G54  S1000  M3;                  /执行第一个零点偏移，
                                       主轴右旋
N30  M98  P0002;                      /程序调用，运行子程序
N40  G55;                             /执行第二个零点偏移
N50  M98  P0002;                      /程序调用，运行子程序
N60  G56;                             /执行第三个零点偏移
N70  M98  P0002;                      /程序调用，运行子程序
N80  G53  X200.  Y300.  M30;          /快速移动到机床坐标系里的换刀点，程序结束
```

图 3-4 设定多个工件坐标系

3．平面选择指令（G17、G18、G19）

如图 3-5 所示，G17 指令用于指定工作平面 *X/Y* 进给方向-Z；G18 指令用于指定工作平面 *Z/X* 进给方向-Y；G19 指令用于指定工作平面 *Y/Z* 进给方向-X。在 G17、G18 和 G19 指令的轴分配中，在机床数据中第一个几何轴为 *X* 轴，第二个几何轴为 *Y* 轴，第三个几何轴为 *Z* 轴。

3.2 基本移动指令

3.2.1 快速定位指令 G00 和直线插补指令 G01

1．快速定位指令 G00

格式：G00 X__ Y__ Z__；

说明：1）X、Y、Z——对于绝对指令，它指的是终点的坐标，对于相对指令，则是指刀具相对于前一点的坐标增量大小及方向。

2）该指令是控制刀具的刀位点快速移动到 *X*、*Y*、*Z* 所指定的坐标位置。其移动速率由数控伺服轴参数设定，可由操作面板上的“快速倍率”旋钮的 100%、50%、25%、0%档进行调整。

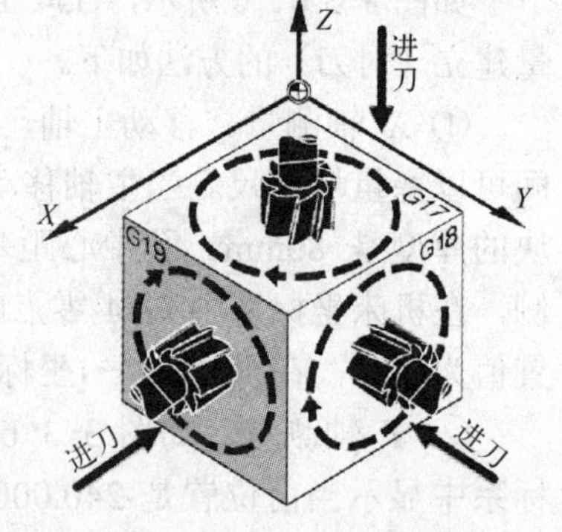

图 3-5 G17、G18、G19 指令用于平面指定

3）刀具轨迹通常不是一条直线。如图 3-6 所示走刀轨迹，从起点到终点编程如下：

```
G90  G00  X200.0  Y100.0  Z0;
```

或 G91　G00　X150.0　Y80.0　Z0；

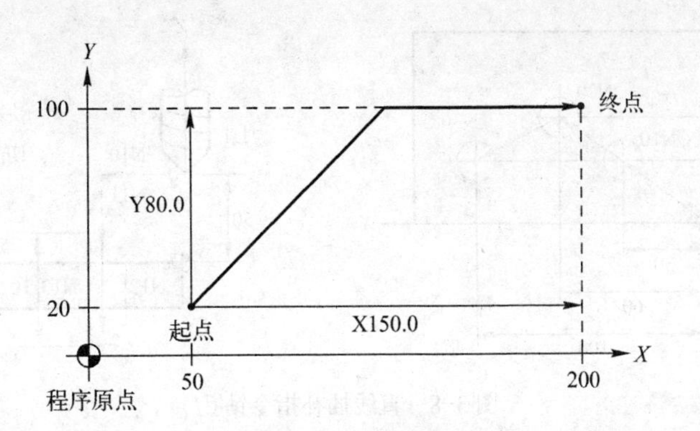

图 3-6　分段编程

4）该指令应用于快速接近工件、退刀、返回换刀点等非切削模式时，处于安全考虑，通常手工编程时不采取三轴联动，一般先控制 *X*、*Y* 轴移动，再控制 *Z* 轴移动，分两段编程。

2．直线插补指令 G01

格式：G01 X__　Y__　Z__　F__；

说明：1）刀具以指定的进给率 F 沿直线切削进给到指定的位置，如图 3-7 a 所示。编程如下：

G90　G01　X130.0　Y80.0　F300；或 G91　G01　X80.0　Y60.0　F300；

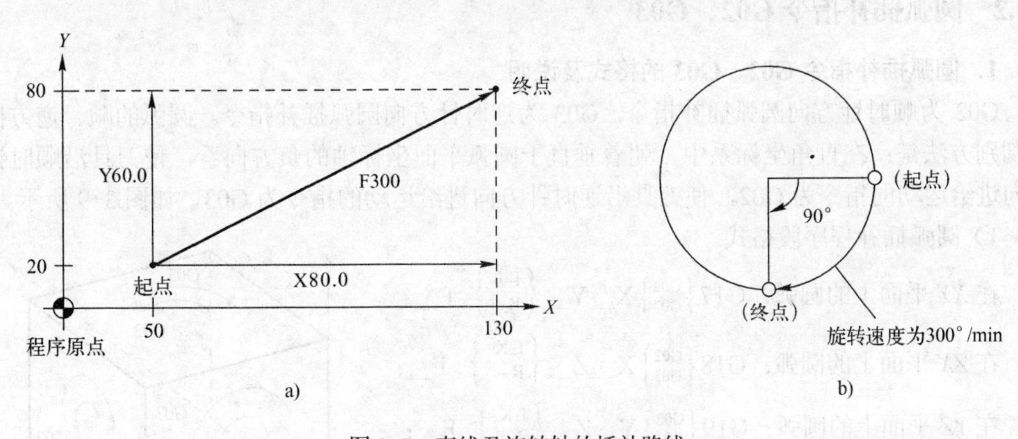

图 3-7　直线及旋转轴的插补路线

2）进给率 F 为模态指令，G94 单位为 mm/min，G95 单位为 mm/r；若没有指定 F，系统认为进刀速度为零。

3）旋转轴的进给插补如图 3-7 b 所示，旋转速度为 300° /min，编程如下：

G91　G01　C-90　F300.0；

例 3-3　应用直线插补指令钻孔，如图 3-8 所示。程序如下：

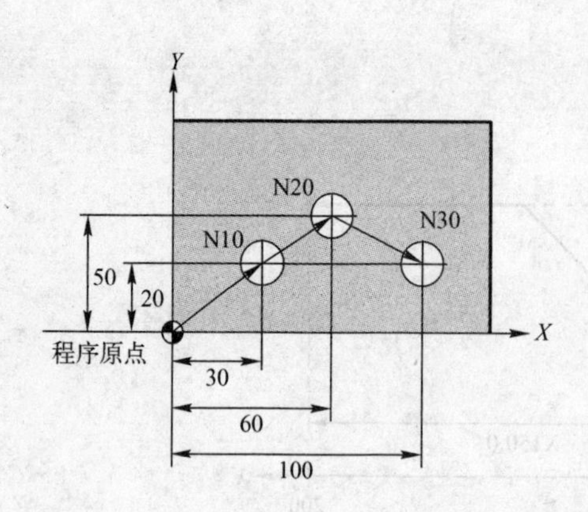

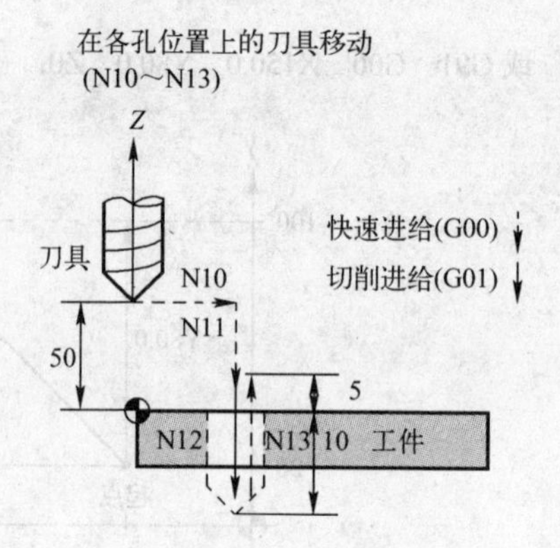

图 3-8　直线插补指令钻孔

O0001

G92　X0　Y0　Z50.0　M08；/设定坐标系，切削液 ON

S1000　M03；/主轴转速、主轴回转指令

N10　G90　G00　X30.0　Y20.0；/在钻孔的位置定位

N11　Z5.0；　/在接近点定位

N12　G01　Z-10.0　F100；/加工孔（切削进给）

N13　G00　Z5.0；　/在接近点定位

N20　X60.0　Y50.0；　/在开始钻孔的位置定位

G01　Z-10.0　F100；　/加工孔（切削进给）

G00　Z5.0；　/在接近点定位

N30　X100.0　Y20.0；　/在开始钻孔的位置定位

G01　Z-10.0　F100；　/加工孔（切削进给）

G00　Z50.0　M09；　/退刀，切削液 OFF

X0　Y0　M05；　/返回到程序原点，指令主轴停

M30；

3.2.2　圆弧插补指令 G02、G03

1．圆弧插补指令 G02、G03 的格式及说明

G02 为顺时针方向圆弧插补指令，G03 为逆时针方向圆弧插补指令。圆弧的顺、逆方向的判别方法是：在直角坐标系中，朝着垂直于圆弧平面坐标轴的负方向看，使刀具沿顺时针方向进给运动的指令为 G02，使刀具沿逆时针方向进给运动的指令为 G03，如图 3-9 所示。

1）圆弧插补程序段格式。

在 *XY* 平面上的圆弧：$G17\left\{\begin{matrix}G02\\G03\end{matrix}\right\}X\_\_Y\_\_\left\{\begin{matrix}I\text{-}J\text{-}\\R\text{-}\end{matrix}\right\}\ F\_\_;$

在 *ZX* 平面上的圆弧：$G18\left\{\begin{matrix}G02\\G03\end{matrix}\right\}X\_\_Z\_\_\left\{\begin{matrix}I\text{-}K\text{-}\\R\text{-}\end{matrix}\right\}\ F\_\_;$

在 *YZ* 平面上的圆弧：$G19\left\{\begin{matrix}G02\\G03\end{matrix}\right\}Y\_\_Z\_\_\left\{\begin{matrix}J\text{-}K\text{-}\\R\text{-}\end{matrix}\right\}\ F\_\_;$

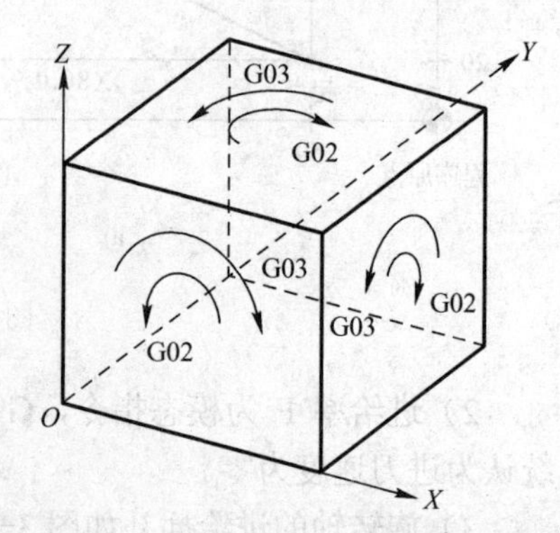

图 3-9　圆弧插补的顺、逆方向的判别

2）圆弧插补格式说明。

① 程序段中 G17、G18、G19 为平面选择指令，以此来确定被加工圆弧面所在平面。这三个指令属于同一组模态码，开机后系统默认为 G17 状态。

② 圆弧插补程序段中，地址 X、Y、Z 用于指出圆弧终点坐标。用 G90 指令进行绝对值编程时，X、Y、Z 是终点绝对坐标值；用 G91 指令进行增量坐标编程时，X、Y、Z 是圆弧起点到圆弧终点的距离（增量值）。

③ I、J、K 地址用于给定圆心位置，也可以使用圆弧半径地址 R 给定。I、J、K 表示圆心相对圆弧起点分别在 *X*、*Y*、*Z* 轴上的增量值（分正负），与程序中定义的 G90 或 G91 无关。当圆心在圆弧起点的正向，I、J、K 取正值；当圆心在圆弧起点的负向，I、J、K 取负值，如图 3-10 所示（图中 I、J、K 是负值）。程序规定 I、J、K 为零时可以省略。

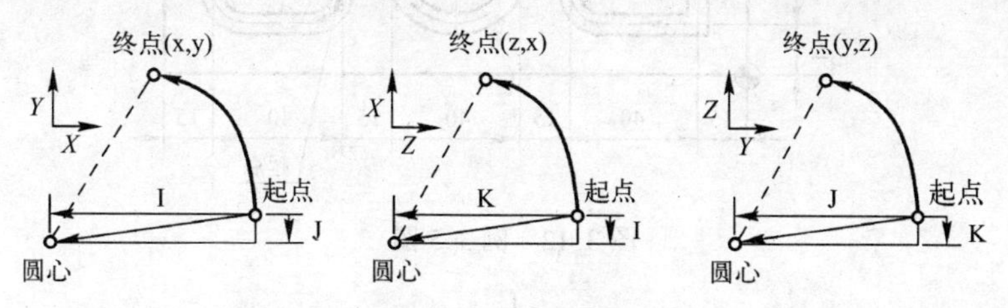

图 3-10　圆弧插补程序段中的 I、J、K 地址

④ 当圆弧圆心角＞180°时，圆弧半径 R 必须指定为负值。如果终点与起点重合则不能使用 R。如果 I、J、K 和 R 同时指定，则以 R 指定为准。

⑤ 整圆编程只能使用 I、J 和 K 表示圆心的方法。

例 3-4　加工如图 3-11 所示轮廓轨迹，说明 G90、G91、G00、G01、G02、G03 指令的用法。假设刀具（$\phi2$）由程序原点向上沿轮廓铣削，其中弧 AB 圆心相对于起点的坐标为(38.158，-12)，程序如下。

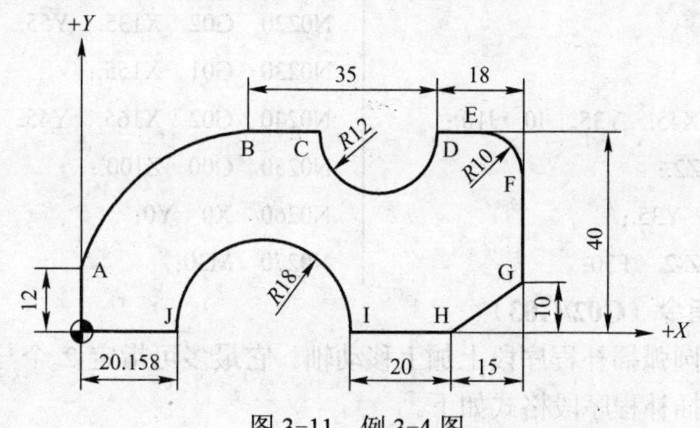

图 3-11　例 3-4 图

```
O1234      /程序名
G54;       /建立工件坐标系
M03  S1000;  /主轴正转，1000r/min
G00  X0  Y-10.;  /快速点定位
Z-5.;      /Z 向下刀
G90  G01  Y12  F80;  /切削点 → 程序点 A，
G02  X38.158  Y40.  I38.158  J-12.;  /A → B
G91  G01  X11.;   /B → C
G03  X24.  R12.;  /C → D
G01  X8.;                    /D → E
G02  X10.  Y-10.  R10.;      /E → F
G01  G90  Y10.;              /F → G
G91  X-15.  Y-10.;           /G → H
X-20.;                       /H → I
G90  G03  X20.158  R18.;     /I → J
G01  X-10.;                  /J→切出点
Z5.0;                        /Z 向抬刀
G00  X100.  Y100.;           /退刀
M30;                         /程序结束
```

例 3-5　加工如图 3-12 所示字母 BOS，刀具（$\phi2$）沿字母中心轨迹走刀，程序如下。

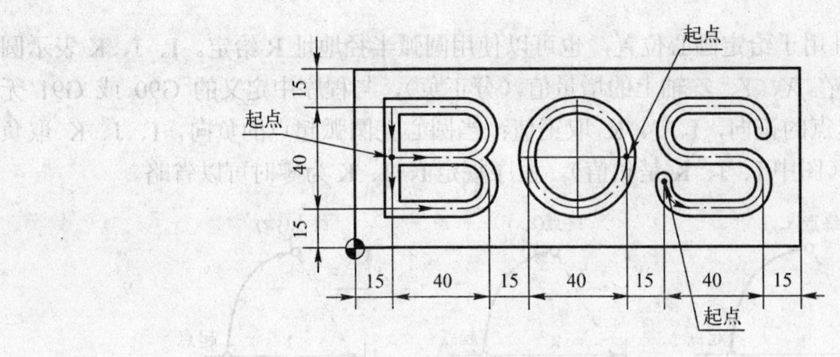

图 3-12　例 3-5 图

```
O1122                                        N0140  G03  X110.  Y35.  I-20.  J0;
N0010  G92  X0  Y0  Z100.  S3000  M03;       N0150  G00  Z2.;
N0020  G00  Z2.;                             N0160  X125.  Y25.;
N0030  X15.  Y35.;                           N0170  G01  Z-2.  F30;
N0040  G01  Z-2.  F30;                       N0180  G03  X135.  Y15.  I10.  J0;
N0050  X45.;                                 N0190  G01  X155.;
N0060  G03  X45.  Y55.  I0  J10.;            N0200  G03  X155.  Y35.  I0  J10.;
N0070  G01  X15.;                            N0210  G01  X135.;
N0080  Y15.;                                 N0220  G02  X135.  Y55.  I0  J10.;
N0090  X45.;                                 N0230  G01  X155.;
N0100  G03  X45.  Y35.  I0  J10.;            N0240  G02  X165.  Y45.  I0  J-10.;
N0110  G00  Z2.;                             N0250  G00  Z100.;
N0120  X110.  Y35.;                          N0260  X0  Y0;
N0130  G01  Z-2.  F30;                       N0270  M30;
```

2．螺旋线切削指令（G02/G03）

螺旋线切削是在圆弧插补程序段上加上移动轴。它最多可指定 2 个与圆弧插补轴同步移动的其他轴。螺旋线插补程序段格式如下。

与 *XY* 平面上圆弧同时移动：

$$G17\begin{Bmatrix}G02\\G03\end{Bmatrix}X\_\_Y\_\_\begin{Bmatrix}I\text{-}J\text{-}\\R\text{-}\end{Bmatrix}\ \alpha\_\_\ (\beta\_\_)\ F\_\_;$$

与 *ZX* 平面上圆弧同时移动：

$$G18\begin{Bmatrix}G02\\G03\end{Bmatrix}X\_\_Z\_\_\begin{Bmatrix}I\text{-}K\text{-}\\R\text{-}\end{Bmatrix}\ \alpha\_\_\ (\beta\_\_)\ F\_\_;$$

与 *YZ* 平面上圆弧同时移动：

$$G19\begin{Bmatrix}G02\\G03\end{Bmatrix}Y\_\_Z\_\_\begin{Bmatrix}J\text{-}K\text{-}\\R\text{-}\end{Bmatrix}\ \alpha\_\_\ (\beta\_\_)\ F\_\_;$$

说明：1）G02、G03、X、Y、Z、I、J、K、R 用于定义同一圆弧。

2）程序段中的 α、β 是圆弧插补轴之外的其他移动轴，可最多指定两个移动轴。

3）程序段中的 F 指定沿圆弧的进给速度，如图 3-13 a 所示。

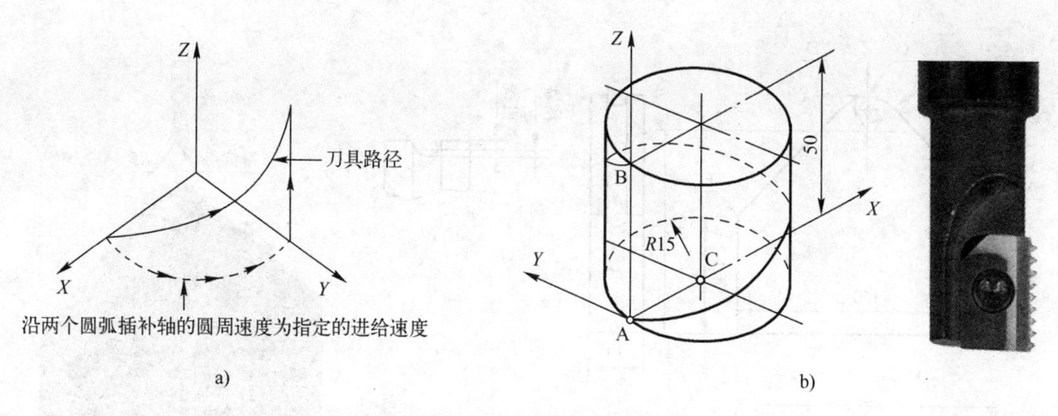

图 3-13　螺旋线切削指令（G02，G03）

4）螺旋线切削指令常用于立铣刀轴向下刀路线，如立铣刀切入封闭的槽，刀具不能沿 *Z* 向直线切入工件实体，而应按斜线或螺旋线轨迹切入工件。螺旋线指令还可用于螺纹铣削，刀具采用整体式螺纹梳刀，如图 3-13 b 所示螺旋线，从坐标原点 A 开始，其程序为：G17 G03 X0. Y0. Z50. I15. J0.（或 R15.）F30;

例 3-6　在如图 3-14 所示零件上加工宽为 8mm 的圆弧槽。工件坐标原点定在坯料上表面中心，选用 $\phi 8$ 立铣刀。程序如下：

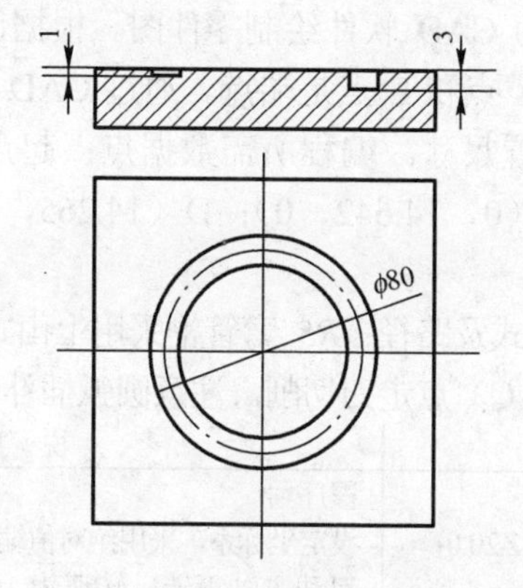

图 3-14　圆弧槽加工图

程　序	说　明
O0008	0008 号程序
G54 G90 G17 G00 Z50.0 S1000 M03;	设定坐标系，刀具快速移至初始平面
X-40.0;	定位
Z1.0;	快速接近工件至安全平面
G03 X40.0 Y0 Z-3.0 I40.0 J0 F50.0;	螺旋下刀，切入工件 3mm 深
X-40.0 Y0 Z-1.0 I-40.0;	切削半圆槽
X40.0 Y0 Z-3.0 I40.0	切削半圆槽
G01 Z1.0 ;	退刀至安全平面，避免擦伤工件
G00 Z50.0 ;	快速移至安全高度
X0 Y0;	回到起始点
M30;	程序结束

例 3-7　加工如图 3-15 所示弯管模，平面已加工完，要求数控加工 *R*5 沟槽，工件材质为 W18Cr4V。

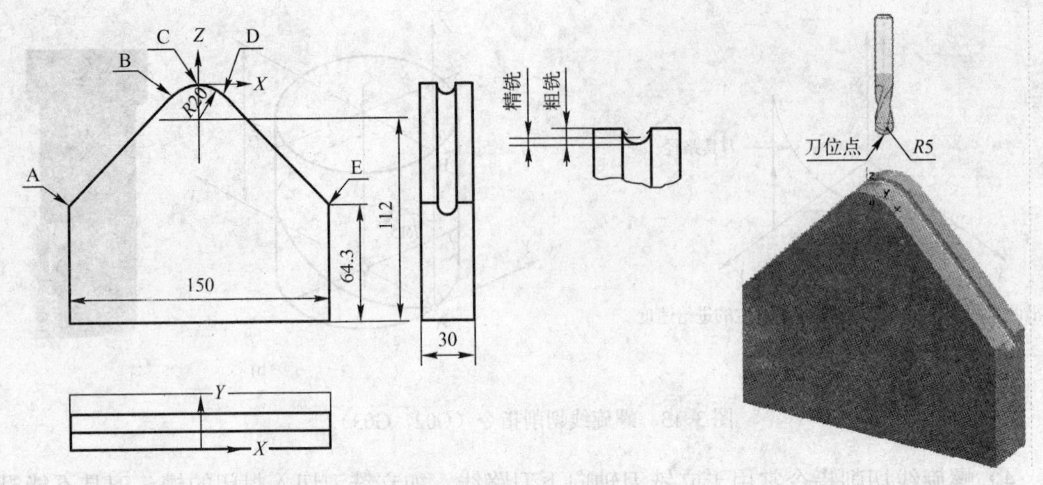

图 3-15　弯管模简图

工件坐标系原点：编程坐标系原点选择工件的 *R*20 圆弧顶点，以 *R*20 圆弧顶点所形成曲线的平面为 *XZ* 面，其坐标轴方向如图 3-15 所示。

铣削方法：采用全槽铣加工 *R*5 沟槽，分 2 次铣削，精铣余量为 1mm，其余余量粗铣一次切除。

图形要素的数学处理：借助 CAD 软件绘制零件图。根据已知条件，*R*20 弧顶 C 点为 *Z* 轴原点，B 点和 D 点是切点，A 点和 E 点是端点。通过 CAD 软件的查询功能，确定刀位点数据，确定沟槽图形中心线位置尺寸。编程所需数据点：起点（-80，14.642，-72.874）；B（-14.265，14.642，-5.982）；C（0，14.642，0）；D（14.265，14.642，-5.982）；终点（80，14.642，-72.874）。

编程要点：确定工件加工方式及路径：*R*5 弯管槽采用上山式铣削。由两侧沟槽中心线的 *Z* 向最低点（A 和 E 下方）向 Z0（C）点走刀切削。注意圆弧插补时的平面选择（选择 *ZX* 面）。

加工程序	说　明
O0001	程序号
N10　G90　G54　G00　Z20.0;	设定坐标系，采用绝对值编程，快速移到初始平面
N20　M03　S1000;	起动主轴正转，转速为 1000 r/min
N30　G00　X-80.0　Y14.642;	快速移到下刀点
N40　Z-62.0;	快速下刀
N50　G01　Z-72.874　F30.0;	铣刀切削到 A 点
N60　X-14.265　Z-5.982;	切削直线 AB
N70　G18　G03　X0. Z0.　R20.0;	选择 ZX 面，逆圆弧插补切削圆弧 BC
N80　G00　Z20.0;	快速移到安全平面
N90　G00　X80.0　Y14.642;	快速移到下刀点
N100　Z-62.0;	快速下刀
N110　G01　Z-72.874　F30.0;	铣刀切削到 E 点，进给速度为 30mm/min
N120　X14.265　Z-5.982;	切削直线 ED
N130　G18　G02　X0.　Z0.　R20.0;	选择 ZX 面，顺圆弧插补切削圆弧 DC
N140　G00　Z20.0;	快速移到安全平面
N150　X0.　Y0.;	快速回到起始点
N160　M05;	主轴停止
N170　M30;	程序结束

3.2.3 其他控制指令

1．切削模式指令 G64 和准确停止检验指令 G09、G61

G64 指令又称为切削模式。一般 CNC 机床开机即自动设定处于 G64 切削模式，此指令是具有自动加减速功能，在切削工件时可在转角处形成一小圆角，具有去除毛边的效果。如图 3-16 所示。

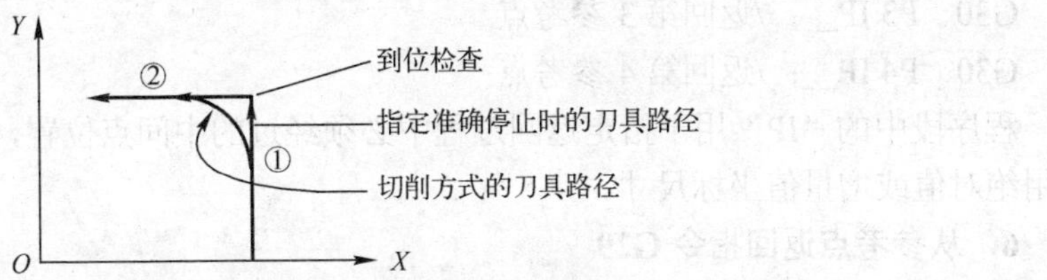

图 3-16　自动加减速使转角处形成小圆角

但若要求在转角处加工成尖锐时（即转角处实际刀具路径与程序路径相同），则可使用 G09 或 G61 准确停止检验指令，命令刀具定位于程序所指定的位置，并执行定位检查。两者的差别在于 G09 为非模态指令，而 G61 具有持续有效机能，为模态指令，如图 3-16 所示（图中①、②为刀具走刀路线）。

2．攻螺纹模式指令 G63

当使用切削螺纹指令（如 G33、G74、G84）时，控制器会自动执行 G63 指令（又称为攻螺纹模式），使“进给速率调整钮”无效（即固定在 100%），以避免切削螺纹时，因误旋转“进给速率调整钮”而改变切削螺纹的进给速率使刀具断裂，或切削出螺距不等的螺纹。

3．暂停指令 G04

格式：G04　P__；或 G04　X__；

说明：1）该指令功能是在两个程序段之间产生一段时间的暂停。常用于钻孔、切深槽加工中。

2）地址 P 或 X 给定暂停的时间，P 以毫秒为单位，X 以秒为单位，范围是 0.001～9999.999s。如果没有 P 或 X，G04 在程序中的作用与 G09 相同。

4．返回参考点指令 G28

返回参考点是指刀具经过中间点沿着指定轴自动地移动到参考点。

指令格式：G28　IP__；

程序段中的“IP”指定返回过程中必须经过的中间点位置，即图 3-17 中 B 点位置。如 G28 X1000.0　Y500.0；是经过中间点 X1000.0　Y500.0，再返回到参考点。

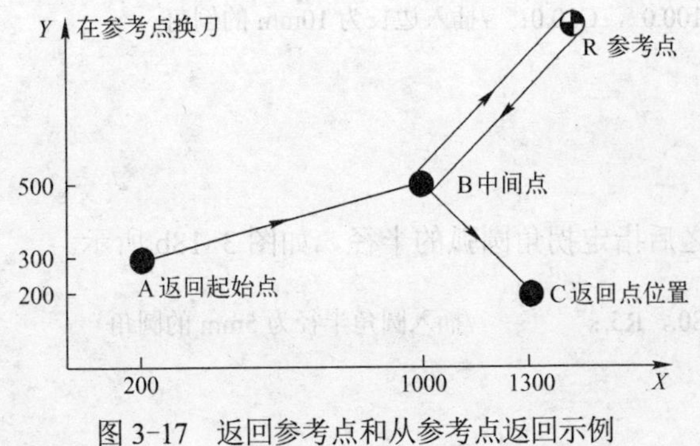

图 3-17　返回参考点和从参考点返回示例

在加工中心换刀时，常用 G91 G28 Z0 程序段自动返回参考点，再执行换刀指令 M06 T××。

5．返回到第 2、3、4 参考点指令 G30

格式：

G30　P2 IP__；/返回第 2 参考点（P2 可以省略）

G30　P3 IP__；/返回第 3 参考点

G30　P4 IP__；/返回第 4 参考点

程序段中的“IP”用于指定返回过程中必须经过的中间点位置，即图 3-17 中 B 点，可以用绝对值或增量值坐标尺寸。

6．从参考点返回指令 G29

从参考点返回是指刀具从参考点经过中间点（G28 指令中的中间点）沿着指定轴自动地移动到指定的目标点。

格式：G29　IP__；

程序段中的“IP”用于指定从参考点返回到的目标点位置，即图 3-17 中 C 点，可以用绝对值或增量值坐标尺寸。对于增量值编程，G29 中目标点的指令值是离开中间点的增量值。

例 3-8　如图 3-17 所示，换刀点在参考点，刀具从 A 点返回到参考点，换刀后，刀具从参考点经过中间点移动到指定点，程序如下。

```
G28  G90  X1000.0  Y500.0;      /编程从 A 经过中间点 B，到参考点 R 的移动
M06  T08;                       /在参考点换刀
G29  X1300.0  Y200.0;           /编程从参考点 R 经过中间点 B，到返回点 C 的移动
```

7．任意角度倒角与倒圆

倒角与倒圆的指令加在直线插补指令 G01 或圆弧插补指令 G02 或 G03 程序段的末尾时，加工中自动在拐角处加上倒角或过渡圆弧。倒角和拐角圆弧过渡的程序段可连续指定，不必单独编程倒角、倒圆指令。

（1）倒角

格式：，C__；

说明：在地址 C 后的值，表示拐角起点和终点延伸到虚拟拐点的距离。如图 3-18a 所示。

```
G91  G01  X100.0 , C10.0;  /插入边长为 10mm 的倒角
X100.  Y100.;
```

（2）倒圆过渡

格式：，R__；

说明：在地址 R 之后指定拐角圆弧的半径，如图 3-18b 所示。

```
G91  G01  X80., R5.;       /插入圆角半径为 5mm 的圆角
X120.  Y110.;
```

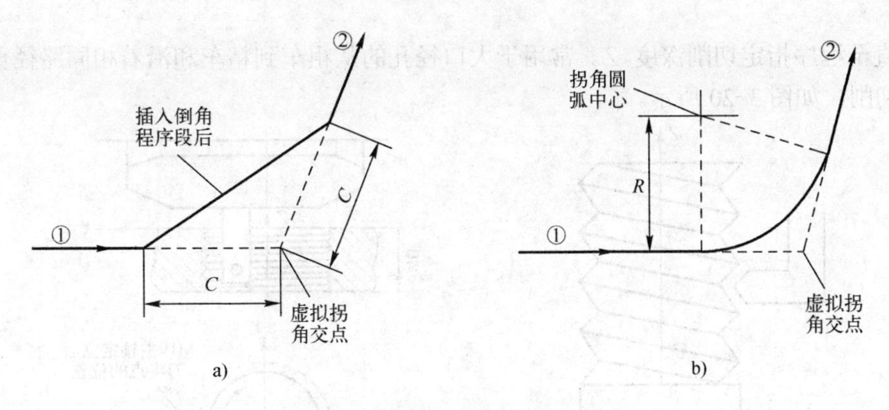

图 3-18　任意角度倒角、倒圆功能

例 3-9　加工如图 3-19 所示工件外形，采用倒角、倒圆过渡编程，加工程序如下。

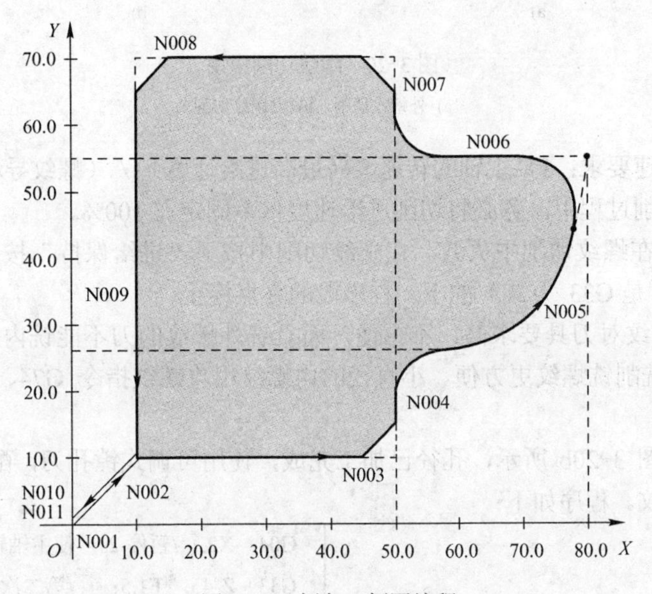

图 3-19　倒角、倒圆编程

```
O1234
G54   G90   G00   X0   Y0;
N1   Z-5.   M03   S1000;
N2   G00   G42   X10.   Y10.   D01;
/建立刀具半径右补偿
N3   G01   X50.   F10.，C5.;    /倒角
N4   Y28.0，R8.;      /倒圆
N5   G03   X80.   Y55.   R30.，R8.;   /倒圆
N6   G01   X50，R8.;   /倒圆
N7   Y70.，C5.;     /倒角
N8   X10.，C5.;     /倒角
N9   Y10.;
N10   G00   G40   X0   Y0;   /取消刀具半径补偿
N11   M30;
```

8．螺纹切削指令 G33

螺纹切削指令 G33 可以进行等导程的直线螺纹切削。

格式：G33　Z＿　F＿;

说明：1）Z：螺纹切削深度；F：纵轴方向导程。主轴每转一圈，*Z* 轴同时下降一个螺距 F，直至程序指定切削深度 Z。常用于大口径孔的从粗车到精车和沿着相同路径重复进行螺纹的切削，如图 3-20 所示。

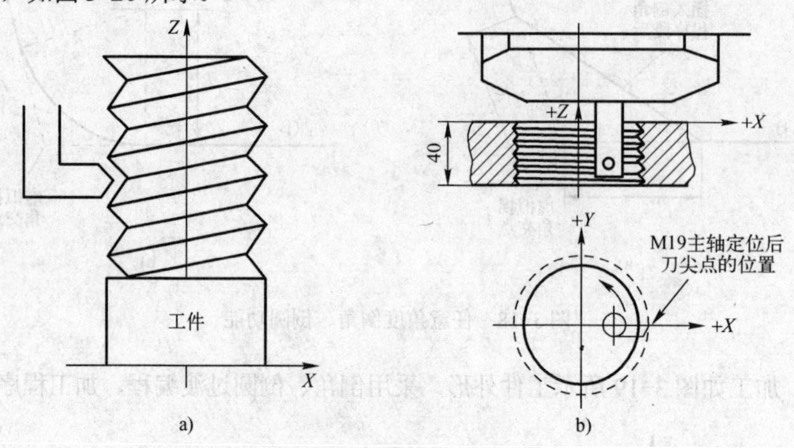

图 3-20　螺纹切削应用

a) 外螺纹切削　b) 内螺纹切削

2）主轴的转速要求：1≤主轴的转速≤（最高进给速度）/（螺纹导程）

3）在螺纹切削过程中，务必将切削进给速度倍率固定在 100%。

4）进给保持在螺纹切削中失效。在螺纹切削中按下“进给保持”按钮时，机床会在螺纹切削结束（不再是 G33 方式）的下一程序段的终点停止。

5）G33 铣螺纹对刀具要求高，不方便，而且铣外螺纹的刀不能铣内螺纹。现在一般用 G2/G3 通过螺旋铣削铣螺纹更方便。小直径的内螺纹用攻螺纹指令 G74、G84（参考固定循环指令）加工。

例 3-10　如图 3-20b 所示，孔径已加工完成，使用可调式镗孔刀，配合 G33 指令切削 M60×1.5 的内螺纹。程序如下：

```
O2222
G54;
M03  S400;
G00  G90  X0  Y0;
G43  Z10.  H01; /刀长补正，使刀具定位至工件上方 10 mm 处，准备切削螺纹
G33  Z-45.  F1.5; /第一次切削螺纹
M19;  /主轴定向停止
G00  X-5.; /主轴中心偏移，防止抬刀时碰撞工件
Z10.; /抬刀
X0  M00; /刀具移至孔中心后，程序停止，调整镗孔刀的螺纹切削深度
M03;
G04  X2.; /暂停 2s，使主轴转速稳定在 400 r/min
G33  Z-45.  F1.5;  /第二次切削螺纹
M19;
G00  X-5.;
Z10.;
X0  M00;  /刀具移至孔中心后，程序停止，调整镗孔刀的螺纹切削深度
M03;
G04  X2.;
G33  Z -45.  F1.5;  /第三次切削螺纹
M19;
G00  X-5.;
Z10.;
M30;
```

3.3　刀具补偿功能指令

3.3.1　刀具半径补偿指令 G40、G41、G42

铣削刀具的刀位点在刀具（主轴）中心线上，如果以零件轮廓为编程轨迹，则在实际加工时会过切一个刀具半径，如图 3-21a 所示。为了加工出要求的零件轮廓，刀具中心轨迹应该偏移零件轮廓表面一个刀具半径值，即进行刀具半径补偿，如图 3-21b 所示。

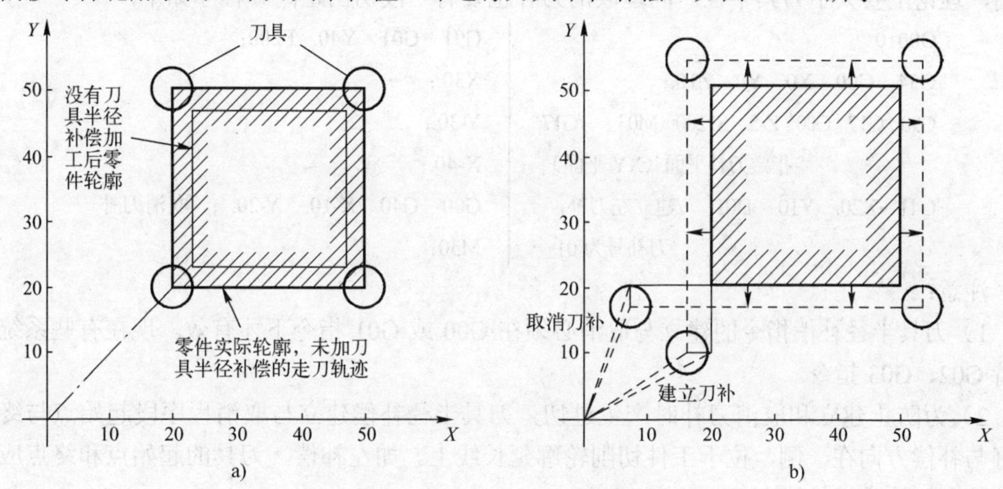

图 3-21　刀具补偿作用

a) 未加刀具补偿切削　b) 加刀具补偿切削

1. 格式及说明

格式：G17　G40/G41/G42　G00/G01　X__　Y__　D__；

或 G18　G40/G41/G42　G00/G01　X__　Z__　D__；

或 G19　G40/G41/G42　G00/G01　Y__　Z__　D__；

说明：1）G41 是沿刀具前进方向看，刀具在工件左侧进行补偿，称为左刀补，这时相当于顺铣。G42 是沿刀具前进方向看，刀具在工件右侧进行补偿，称为右刀补，这时相当于逆铣，如图 3-22 所示。从刀具寿命、加工精度、表面粗糙度而言，顺铣效果较好，因此 G41 使用较多。

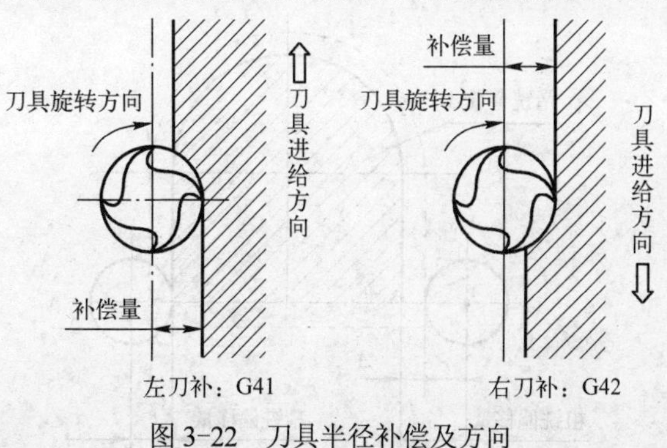

图 3-22　刀具半径补偿及方向

2）D 是刀补号地址，是系统中记录刀具半径的存储器地址，后面跟的数值是刀补号，用来调用内存中刀具半径补偿的数值。刀补号地址有 D01～D99 共 100 个地址。其中的值可以用 MDI 方式预先输入在内存刀具表中相应的刀具号位置上。进行刀具补偿时，要用 G17/G18/G19 选择刀补平面，默认状态是 *XY* 平面。

3）G40 用于取消刀具半径补偿功能。所有平面上取消刀具半径补偿的指令均为 G40。

4）G40、G41、G42 都是模态代码，它们可以互相注销。

2．刀具半径补偿的建立与取消

例 3-11 加工如图 3-21b 所示零件，刀具走刀路径为虚线所示。建立刀补要有一段切入距离，理论上要大于刀具半径。同理取消刀补也要有一段切出距离。程序如下：

O0010	G91 G01 Y40. F200；
G54 G00 X0 Y0 Z10.；	X30.；
G90 G17 G00 Z-5. S1200 M03； /G17 指定刀补平面（XY 平面）	Y-30.；
	X-40.；
G41 X20. Y10. D01； /建立左刀补，刀补号为 01	G00 G40 X-10. Y-20. ； /取消刀补
	M30；

注意：

1）刀具半径补偿指令的建立与取消必须在 G00 或 G01 指令下才有效。现在有些系统也支持 G02、G03 指令。

2）为防止建立和取消刀补时产生过切，刀具半径补偿建立与取消程序段起始点与终点最好与补偿方向在一侧，位于工件切削轮廓延长线上。如左补偿，刀具的起始点和终点应在工件的左侧轮廓延长线上。

3）在建立刀补模式下，不允许有两段以上的没有移动指令或存在非指定平面轴的移动指令段（如 M、S、T、G04 指令等），否则可能产生进刀不足或进刀超差。其原因是进入刀补状态后，只能读出连续两段程序，这两段都没有进给，也就作不出矢量，确定不了前进的方向。

4）刀具半径左、右补偿切换时，一定要先用 G40 取消刀补后再进行。

5）利用 G41、G42 指令可以调整加工轮廓尺寸，进行粗、精加工。

例如通过改变刀具补偿量，就能实现增大轮廓尺寸的加工。如图 3-23 所示，*r* 为刀具半径值，*Δ* 为精加工余量。粗加工时，刀具半径补偿量设定为 *r*+*Δ*，刀具加工出虚线轮廓，留下精加工余量为 *Δ*；精加工时，程序和刀具均不变，仅把半径补偿量改为 *r*（切削时刀具中心位置如图 3-23 右侧所示），刀具加工出实线轮廓。可以将剩下的余量 *Δ* 切除。

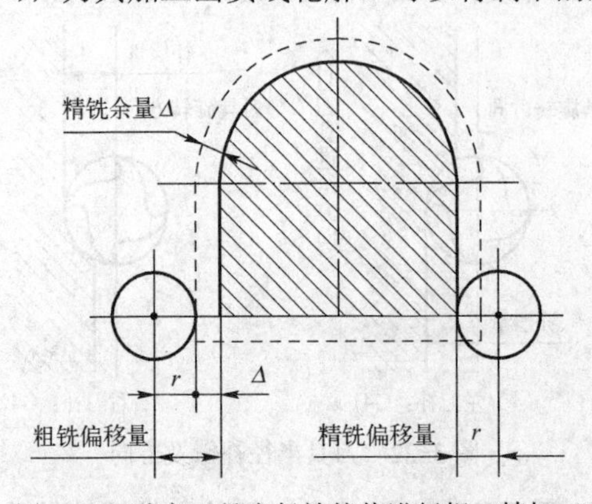

图 3-23 改变刀具半径补偿值进行粗、精加工

6）采用正/负刀具半径补偿加工外轮廓和内腔。

如果 D 地址偏置量输入的是负值，则 G41 和 G42 互换，即如果刀具中心正围绕工件的外轮廓移动，它将绕着内腔移动，相反亦然。如图 3-24 所示，一般情况下偏置量是正值，刀具轨迹为外圆补偿，当偏置量改为负值时刀具轨迹变成内腔补偿。

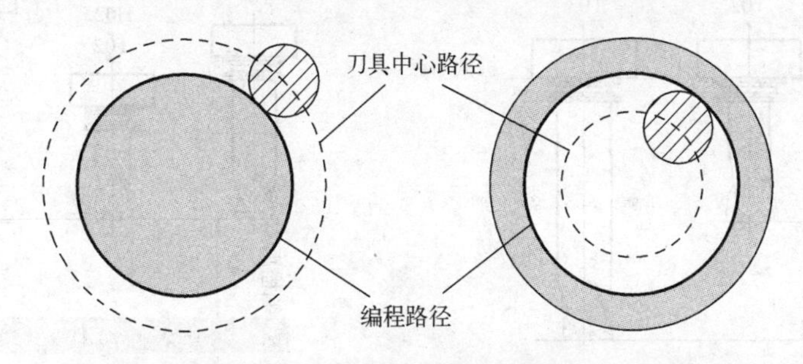

图 3-24　正、负刀具半径补偿值下的刀具中心轨迹

3.3.2　刀具长度偏置补偿指令 G43、G44、G49

数控加工中心刀库中有多把刀具，在同一个工件坐标系同一个 *Z* 坐标指令下，不同的刀具应该进刀到同一位置，但因每把刀具的夹持长度不同，不可以换刀后直接就加工，除非每把刀都建立自己的工件坐标系，这样程序又变复杂了。为此，使用建立一个刀具的长度补偿指令，事先测定每一把刀的长度，输入到刀具长度补偿地址 H 中，这样调用该指令就能保证每把刀加工出来的深度一致。

1．格式与说明

格式：　G43 /G44/ G49　Z__　H__；

说明：1）G43 指令为刀具长度正向补偿；G44 指令为刀具长度负向补偿；G49 指令为刀具长度补偿取消。

2）H 为刀具长度补偿地址，例如 H01，表示刀具长度补偿号码为 01 号，H00 表示补偿值为零。补偿号码内的数据为正值时，刀具向上补偿；若为负值时，刀具向下补偿。

3）使用 G43 或 G44 刀具长度补偿指令时，只能有 *Z* 轴的移动量，若有其他轴向的移动，则会出现警示画面。

2．度量刀具长度方法

1）把工件放在工作台面上。

2）调整基准刀具位置，使它接近工件上表面，将相对坐标清零。

3）更换要度量的刀具，把该刀具的前端调整到工件表面上。

4）此时 *Z* 轴的相对坐标系的坐标作为刀具偏置值输入内存。

5）编程时一般只用 G43 指令表示长度补偿。如果刀具短于基准刀具时，偏置值被设置为负值；如果长于基准刀具则为正值。

例 3-12　用刀具长度差值设定偏移值。在一个加工程序中同时使用三把刀，它们的长度各不相同，如图 3-25a 所示。现把第一把刀作为基准刀具，经对刀操作并测量，第二把刀

（T02）较第一把刀短 15mm，而第三把刀（T03）较第一把刀长 17mm。这三把刀的长度补偿量分别为“0”“-15”“17”。

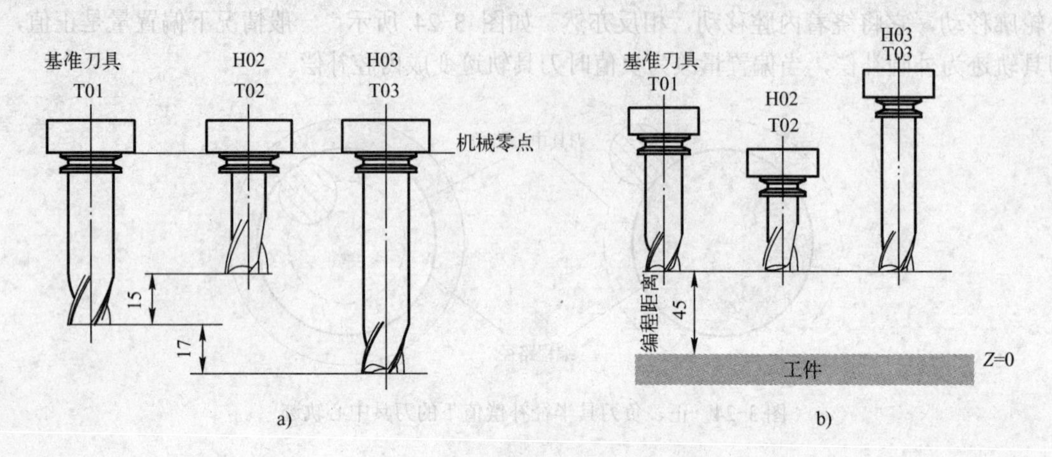

图 3-25　刀具长度补偿差值

在程序中加入刀具长度补偿指令：

G90　G43　Z45.0　H02；

执行本段程序，从 Z 指令值中减去 15mm（H02 中的值），*Z* 实际值为“30”，实际上是将 T02 刀具端面伸长至 Z=45 处。

G90　G43　Z45.0　H03；

执行本段程序，在 Z 指令值上加上 17mm（H03 中的值），Z 实际值为“52”，实际上是将 T03 刀具端面缩短至 Z=45 处。

经过刀具长度补偿，使三把长度不同的刀具处于同一个 *Z* 向高度（Z=45 处），如图 3-25b 所示。

另一种设定刀具长度补偿的方法是将每把刀具长度值设为长度偏移值。首先将刀具装入刀柄，然后在对刀仪上测出每把刀具前端到刀柄校准面（即刀具锥部的基准面）的距离，将此值作为刀具补偿值，最后把刀补值输入到刀具长度存储地址（H××）中。

例 3-13　钻削如图 3-26 所示零件的三个孔。刀具长度偏置值 H01=-4.0。程序中所标序号为图 3-26 中对应标注的走刀路线。

```
O0012
G54  M3  S200;
G91  G00  X120.0  Y80.0;   ①
G43  Z-32.0  H01;          ②
G01  Z-21.0  F80;          ③
G04  P2000;                ④
G00  Z21.0;                ⑤
X30.0  Y-50.0;             ⑥
G01  Z-41.0;               ⑦
G00  Z41.0;                ⑧
X50.0  Y30.0;              ⑨
G01  Z-25.0;               ⑩
G04  P2000;                ⑪
G00  Z57.0  H00;           ⑫
X-200.0  Y-60.0;           ⑬
M30;
```

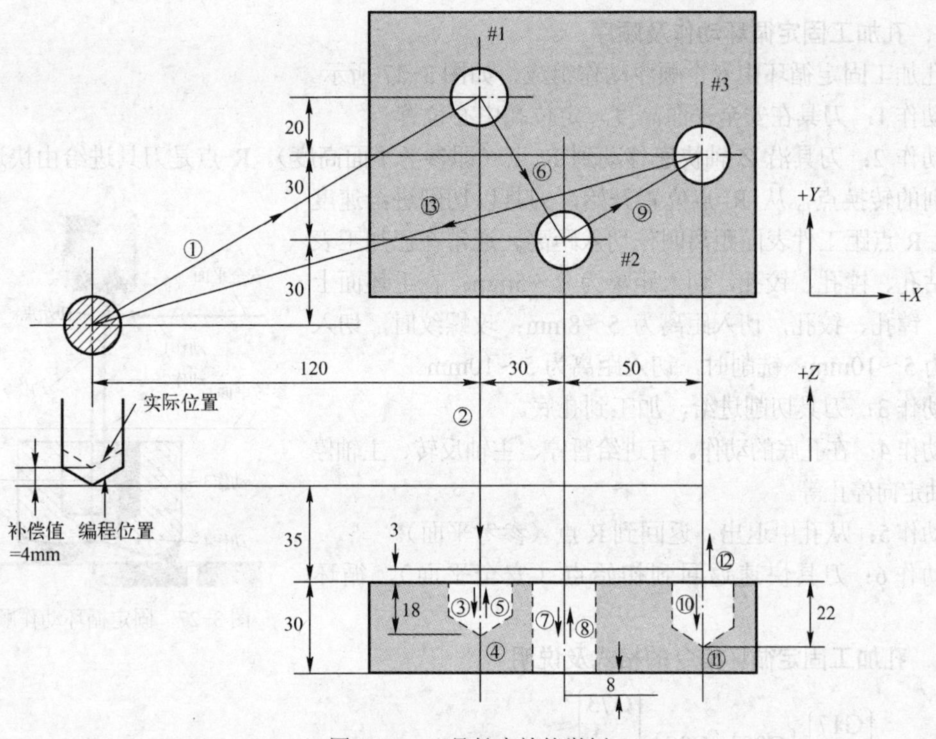

图 3-26 刀具长度补偿举例

3.4 孔加工固定循环指令

3.4.1 孔加工固定循环指令概述

数控铣床或数控加工中心加工孔时，采用固定循环功能，能够缩短程序，节省存储器内存，使某些加工的编程更简单。表 3-7 中列出了 FANUC 数控系统孔加工固定循环 G 功能指令。

表 3-7 孔加工固定循环

G 代码	加工运动（Z 轴负向进刀）	孔底动作	返回运动（Z 轴正向退刀）	应　用
G73	分次，切削进给	无	快速定位进给	高速深孔钻削
G74	切削进给	暂停—主轴正转	切削进给	左螺纹攻丝
G76	切削进给	主轴定向，让刀	快速定位进给	精镗循环
G80	无	无	无	取消固定循环
G81	切削进给	无	快速定位进给	普通钻削循环
G82	切削进给	暂停	快速定位进给	钻削或粗镗削
G83	分次，切削进给	无	快速定位进给	深孔钻削循环
G84	切削进给	暂停—主轴反转	切削进给	右螺纹攻丝
G85	切削进给	无	切削进给	镗削循环
G86	切削进给	主轴停	快速定位进给	镗削循环
G87	切削进给	主轴正转	快速定位进给	反镗削循环
G88	切削进给	暂停—主轴停	手动	镗削循环
G89	切削进给	暂停	切削进给	镗削循环

1．孔加工固定循环动作及顺序

孔加工固定循环由 6 个顺序动作组成，如图 3-27 所示。

动作 1：刀具在安全平面高度，定位孔中心位置。

动作 2：刀具沿 Z 轴快速移动到 R 点（即参考平面高度）。R 点是刀具进给由快速转变为切削的转换点，从 R 点位置开始，刀具以切削进给速度下刀。R 点距工件表面距离叫作切入距离。通常在已加工表面上钻孔、镗孔、铰孔，切入距离为 2～5mm；在毛坯面上钻孔、镗孔、铰孔，切入距离为 5～8mm；攻螺纹时，切入距离为 5～10mm；铣削时，切入距离为 5～10mm。

动作 3：刀具切削进给，加工到孔底。

动作 4：在孔底的动作。有进给暂停、主轴反转、主轴停或主轴定向停止等。

动作 5：从孔中退出，返回到 R 点（参考平面）。

动作 6：刀具快速返回到初始点（安全平面），循环结束。

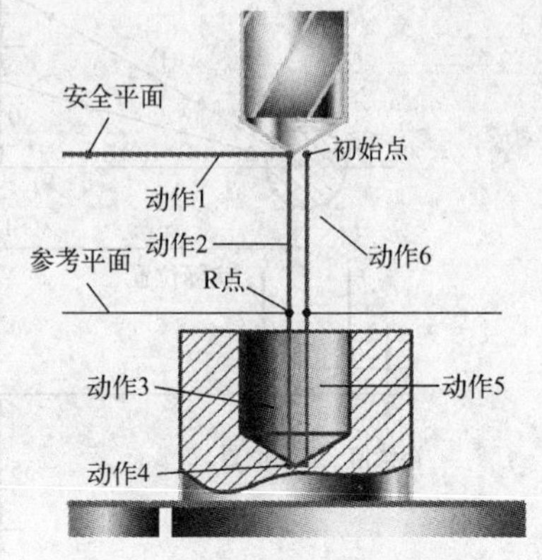

图 3-27　固定循环动作顺序

2．孔加工固定循环指令的格式及说明

$$\begin{Bmatrix} G17 \\ G18 \\ G19 \end{Bmatrix} \begin{Bmatrix} G90 \\ G91 \end{Bmatrix} \begin{Bmatrix} G98 \\ G99 \end{Bmatrix} \begin{Bmatrix} G73 \\ \cdots \\ G89 \end{Bmatrix} X\_\ \ Y\_\ \ Z\_\ \ R\_\ \ P\_\ \ Q\_\ \ F\_\ \ K\_;$$

在 G73/G74/G76/G81～G89 后面，给出孔加工参数，格式如下：

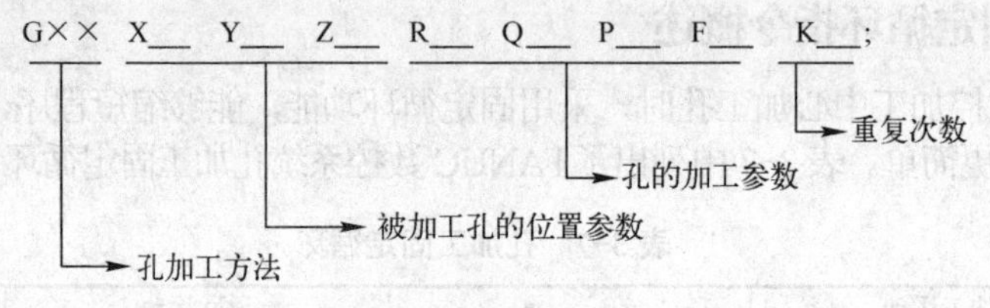

表 3-8　说明了各地址指定的加工参数的含义。

表 3-8　固定循环程序段参数说明

孔加工方式 G	见表 3-7
G90、G91	G90 用绝对坐标值编程；G91 用增量坐标值编程
G98、G99	G99 指刀具从孔底返回到 R 平面；G98 指刀具从孔底返回到安全平面，如图 3-28 所示
孔位置参数 X、Y	指定被加工孔中心的位置
孔加工参数 Z	绝对值方式下指 Z 轴孔底的位置，增量值方式下指从 R 点到孔底的向量
孔加工参数 R	绝对值方式下指 R 点的位置，增量值方式下指从初始点到 R 点的向量
孔加工参数 Q	指定 Z 向每次的进刀量； G76 和 G87 中退刀的偏移量（无论 G90 或 G91 模态，总是增量值指令）
孔加工参数 P	孔底动作，指定暂停时间，单位为毫秒
孔加工参数 F	切削进给速率。从初始点到 R 点及从 R 点到初始点的运动以快速进给的速度进行，从 R 点到 Z 点的运动以 F 指定的切削进给速度进行
重复次数 K	指定当前定位孔的重复次数，如果不指定 K，默认 K=1

G98（返回到安全平面）
G99（返回到R平面）
安全平面
R点平面

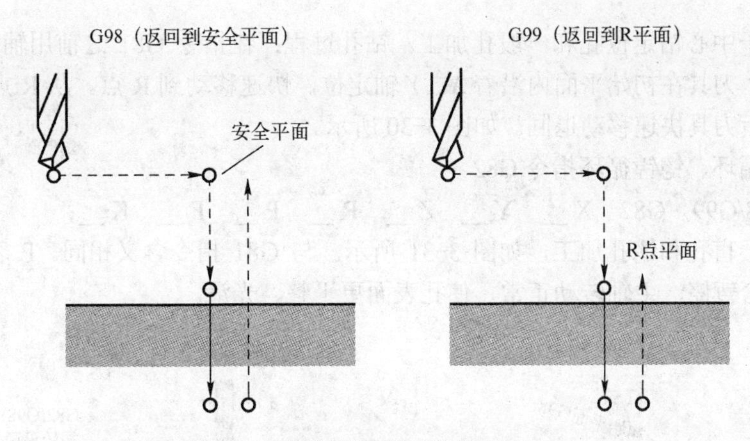

图 3-28　选择返回平面指令 G98、G99

注意：由 G××指定的孔加工方式是模态的。使用 G80 或 01 组的 G 指令（见表 3-7）可以取消固定循环。孔加工参数（K 除外）也是模态的，在被改变或固定循环被取消之前也会一直保持。

例 3-14　根据表 3-9 中程序内容，写出程序注释。

表 3-9　固定循环程序段注释

序　号	程序内容	注　释
1	S600　M03；	给出转速，主轴正向旋转
2	G81　X__　Y__　Z__　R__　F__K__；	快速定位到 X、Y 指定点，以 Z、R、F 给定孔加工参数，使用 G81 孔加工方式进行加工，并重复 K 次
3	Y__；	*X* 轴不动，*Y* 轴快速定位到第二个孔后开始加工，孔加工参数及孔加工方式保持上段程序的模态值。K 值不起作用
4	G82　X__　P__　K__；	孔加工方式被改变，孔加工参数 Z、R、F 保持模态值，给定 P 为孔底暂停时间，并指定重复 K 次
5	G80　G00　X__　Y__；	固定循环被取消，除 F 以外的所有孔加工参数被取消
6	G85　X__　Y__　Z__　R__　P__；	孔加工方式被改变，孔加工参数除 F 之外重新给定
7	X__　Z__；	*X* 轴定位到下一个孔的位置开始加工，Z（孔深）被改变
8	G89　X__　Y__；	定位到 XY 指令点进行孔加工，孔加工方式被改变为 G89。R、P、Z 由上面程序段指定
9	G01　X__　Y__；	固定循环模态被取消，除 F 外所有的孔加工参数都被取消

3.4.2　固定循环指令格式及应用

1．钻孔加工循环指令 G81、G82、G73、G83

下面分别解释钻孔固定循环指令，示意图中使用符号如图 3-29 所示。

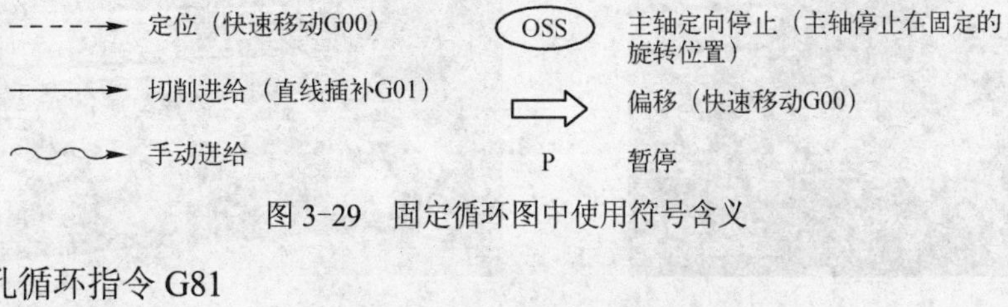

定位（快速移动G00）
切削进给（直线插补G01）
手动进给
OSS
主轴定向停止（主轴停止在固定的旋转位置）
偏移（快速移动G00）
P
暂停

图 3-29　固定循环图中使用符号含义

（1）钻孔循环指令 G81

格式：G98/G99　G81　X__　Y__　Z__　R__　F__　K__；

说明：用于中心钻定位孔和一般孔加工。钻孔过程：在指令 G81 之前用辅助功能 M 代码使主轴旋转，刀具在初始平面内沿着 *X*、*Y* 轴定位，快速移动到 R 点。从 R 点到 Z 点执行钻孔加工。然后刀具快速移动退回。如图 3-30 所示。

（2）钻孔循环、锪镗循环指令 G82

格式：G98/G99　G82　X__　Y__　Z__　R__　P__　F__　K__；

说明：用于盲孔和锪孔加工，如图 3-31 所示。与 G81 指令含义相同。P 表示暂停。由于在孔底有进给暂停，主轴转动正常，使孔表面更平整、光滑。

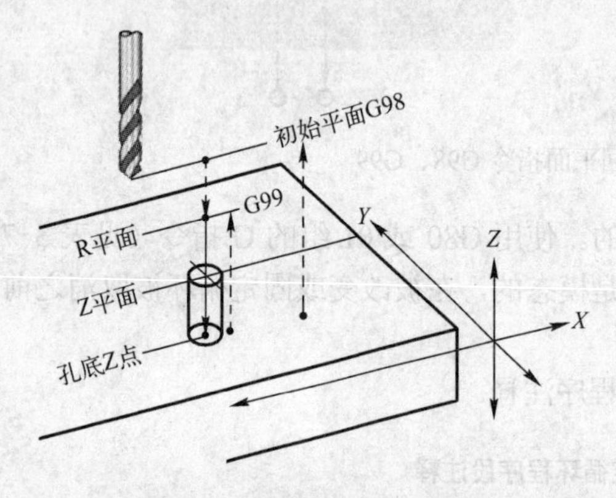

图 3-30　钻孔循环指令 G81

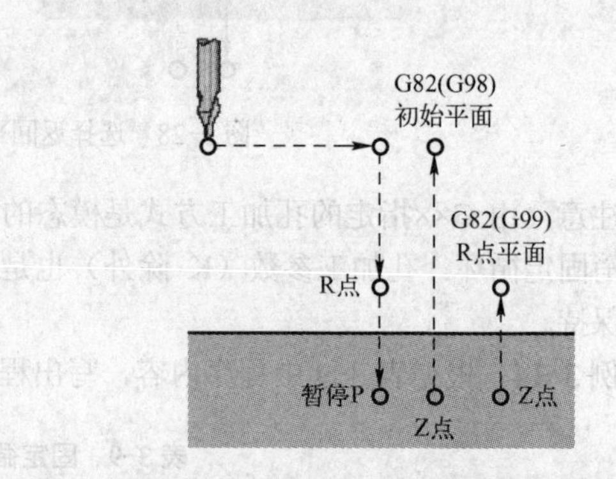

图 3-31　钻孔循环、锪镗循环指令 G82

例 3-15　在如图 3-32 所示零件上钻削两个ϕ20 与平面成 70° 的斜孔。为了能够在三轴立式数控铣床上加工，夹具选用精密可调角度虎钳，调整角度为 90° −70°＝20°，夹紧侧面。刀具采用成形钻头一次完成钻削加工；工件坐标系建立在上孔中心。程序如下：

```
O111
N10  G54  G90  G40  G49；/建立工件坐标系
N20  G0  Z100.0；  /定位到初始平面
N30  M3  S2000；
N40  M08；
N50  G81  X0  Y0  Z-19.5  R2.0  F150；
/定位孔中心，钻削第一个孔
N60  X55.0  R22.0  Z1.1；  /钻削第二个孔，注意R安全平面高度和Z切深
N70  G80；  /取消钻削循环
N80  G0  Z100.0  M09；  /返回初始平面
N90  M30；
```

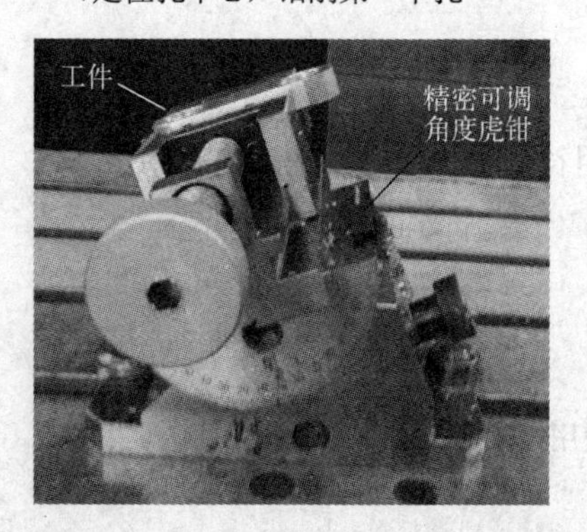

图 3-32　钻孔循环零件加工

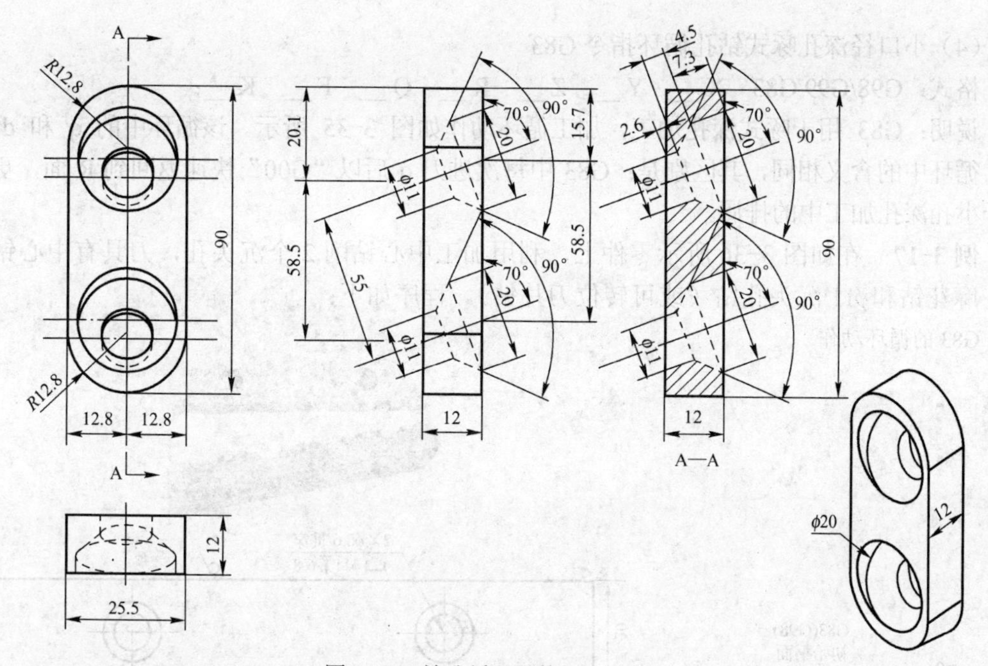

图 3-32 钻孔循环零件加工（续）

（3）高速深孔钻削循环指令 G73

该循环以间歇方式切削进给到达孔底，一边将金属碎屑从孔中清除出去，一边进行加工。格式：G98/G99 G73 X__ Y__ Z__ R__ Q__ F__ K__；

说明：G73 高速深孔钻循环指令使刀具沿着 *Z* 轴往复间歇进给，循环动作如图 3-33 所示。每次进给深度为 q，d 为回退抬刀量（由参数 No.5114 设定），这使切屑容易从孔中排出。

例 3-16 在如图 3-34 所示零件上高速钻削 3 个孔，程序如下：

```
O1122
G54  G80  G40;        /建立工件坐标系
M3  S2000;            /主轴起动
G90  G99  G73  X40.  Y120.  Z35.
R110.  Q10.  F120;  /定位后，钻孔 1，
                     返回到 R 点平面
Y30.0; /定位后，钻孔 2，然后返回到 R 点平面
G98  X90.0; /定位后，钻孔 3，然后返回到初始平面
G80  G28  G91  X0  Y0  Z0;  /返回到参考点
M5; /主轴停止
M30;
```

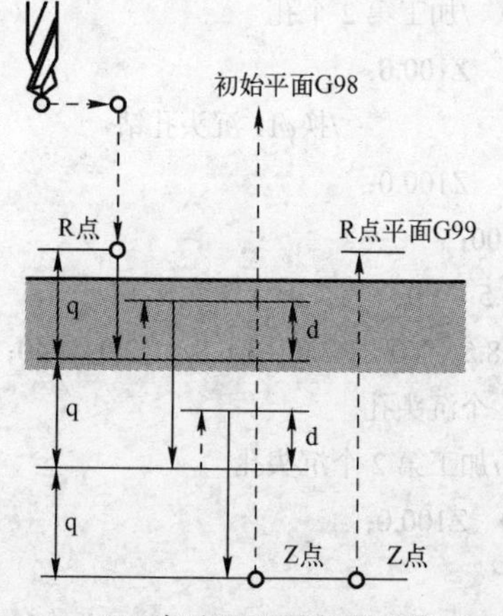

图 3-33 G73 高速深孔钻削循环指令动作

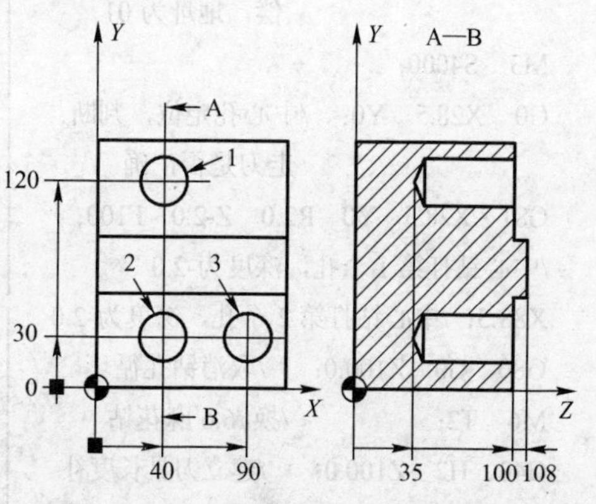

图 3-34 G73 高速深孔钻削加工零件图

（4）小口径深孔啄式钻孔循环指令 G83

格式：G98/G99 G83　X__　Y__　Z__　R__　Q__　F__　K__;

说明：G83 用于啄式深孔加工，加工循环动作如图 3-35 所示。该循环中的 q 和 d 与 G73 循环中的含义相同，其区别是：G83 中每次进刀 q 后以“G00”快速返回到 R 面，更有利于小孔深孔加工中的排屑。

例 3-17　在如图 3-36 所示零件上，利用加工中心钻削 2 个沉头孔，刀具有中心钻、ϕ6.6 麻花钻和 ϕ11 沉头孔钻（或可转位刀片钻）。程序如下：

G83 的循环动作

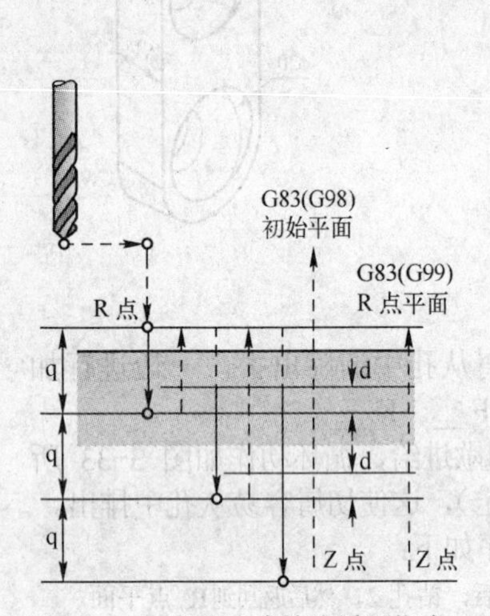

图 3-35　深孔啄式钻孔循环指令

2×ϕ6.6 贯穿
⌴ ϕ11 ↧ 6.8

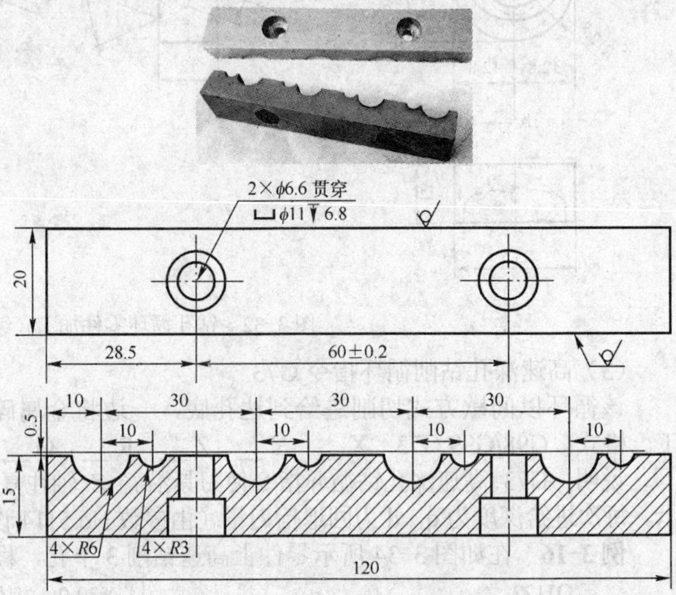

图 3-36　钻削循环加工零件

```
O2222
M6  T1;      /换中心钻
G54  G90  G80  G40  G49  G17;
/建立工件坐标系，取消刀补
G43  H1  Z100.0; /建立刀具长度补
                  偿，地址为 01
M3  S4000;
G0  X28.5  Y0;  /中心孔定位，判断
                  走刀是否正确
G81  X28.5  Y0  R2.0  Z-2.0  F100;
/中心钻打第 1 个孔，深度为-2.0
X88.5; /中心钻打第 2 个孔，深度为-2.0
G80  G0  Z100.0;    /取消钻孔循环
M6  T2;              /换φ6.6 麻花钻
G43  H2  Z100.0;    /建立刀具长度补
                      偿，地址为 02
M03  S600;
G0  X28.5  Y0;
G83  X28.5  Y0  R2.0  Z-18.0  Q2.0  F40;
/G83 小口径深孔钻削循环加工第 1 个孔
X88.5;    /加工第 2 个孔
G80  G0  Z100.0;
M6  T3;              /换φ11 沉头孔钻
G43  H3  Z100.0;
M03  S400;
G0  X28.5  Y0;
G83  X28.5  Y0  R2.0  Z-6.8  Q2.0  F40;
/加工第 1 个沉头孔
X88.5;  /加工第 2 个沉头孔
G80  G0  Z100.0;
M05;
M30;
```

2．攻螺纹循环指令 G84、G74

（1）攻右旋螺纹循环指令 G84

格式：G98/G99　G84　X＿　Y＿　Z＿　R＿　P＿　F＿　K＿；

说明：此指令需先使主轴正转，再执行指令，丝锥先快速定位至 X、Y 所指定的坐标位置，再快速定位到 R 点，接着以 F 所指定的进给速率攻螺纹至 Z 孔底，主轴转换为反转且同时向 *Z* 轴正方向退回至 R 点，之后主轴恢复原来的正转。如图 3-37 所示。

（2）攻左旋螺纹循环指令 G74

格式：G98/G99　G74　X＿　Y＿　Z＿　R＿　P＿　F＿　K＿；

说明：1）此指令需先使主轴反转，再执行指令，丝锥先快速定位至 X、Y 所指定的坐标位置，再快速定位到 R 点，接着以 F 所指定的进给速率攻螺纹至 Z 孔底，主轴转换为正转且同时向 *Z* 轴正方向退回至 R 点，之后主轴恢复原来的反转。如图 3-38 所示。

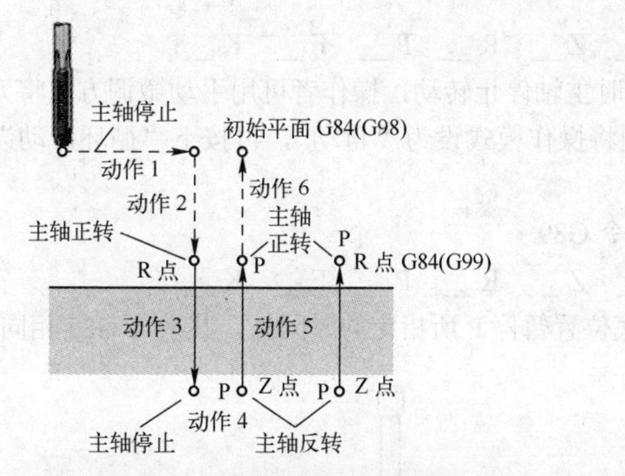

图 3-37　攻右旋螺纹循环指令 G84

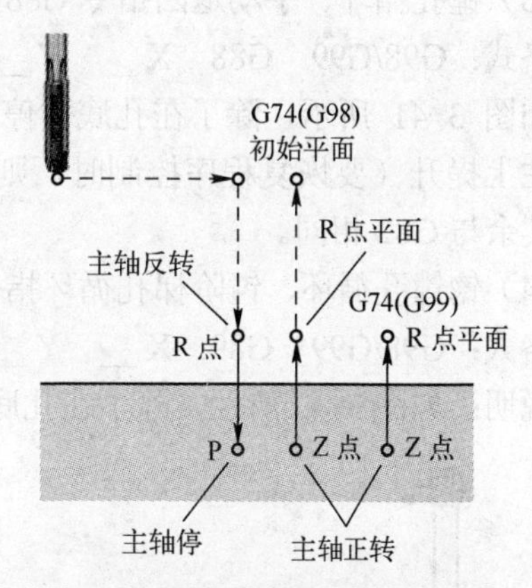

图 3-38　攻左旋螺纹循环指令 G74

2）在攻螺纹循环指令 G74、G84 执行中，“进给速率调整”钮无效；加工过程中按下“进给暂停”键，循环在回复动作结束之前也不会停止。

（3）将 FANUC 参数 NO.5200#0 设置为 1，固定循环 G84/G74 变为刚性攻丝指令（高速高精度），编程格式相同，但主轴必须是伺服主轴。刚性攻丝时进给速度 F 有两种（G94/G95）方式：

1）进给速率（mm / min）＝ 导程（mm / r）×主轴转速（r / min）；

2）进给速率（mm / r）＝ 导程（mm / r）。

3．镗（铰）孔循环指令（G85/G86/G87/G88/G89/G76）

（1）镗（铰）孔循环指令 G85

格式：G98/G99　G85　X＿　Y＿　Z＿　R＿　F＿　K＿；

说明：如图 3-39 所示，镗（铰）刀先快速定位至 X、Y 所指定的坐标位置，再快速定位至 R 点，接着以 F 所指定的进给速率向下镗（铰）削至 Z 所指定的孔底位置，然后仍以切削进给速度向上退刀。此指令适宜铰孔。

（2）镗孔循环指令 G86

格式：G98/G99　G86　X＿　Y＿　Z＿　R＿　F＿　K＿；

如图 3-40 所示，除了在孔底位置主轴停止并以进给速度向上退刀外，其余与 G81 指令相同。

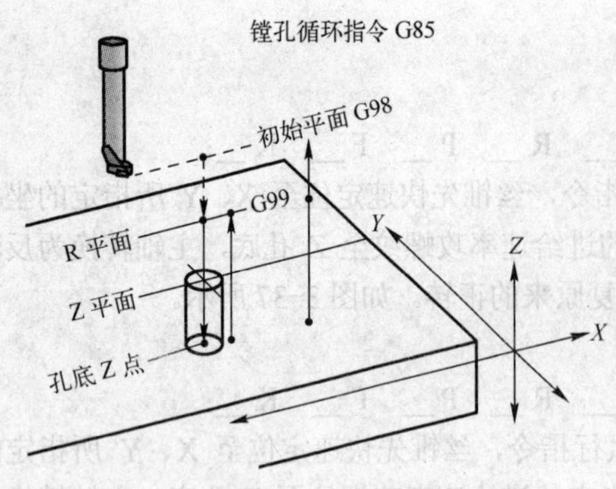

图 3-39　镗（铰）孔循环指令 G85

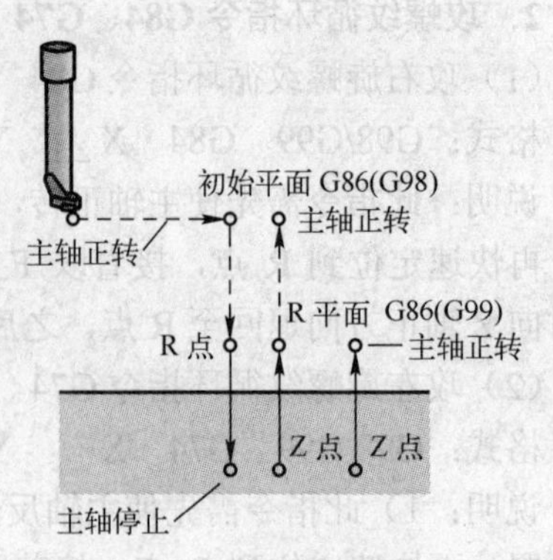

图 3-40　镗孔循环指令 G86

（3）镗孔循环、手动退回指令 G88

格式：G98/G99　G88　X__　Y__　Z__　R__　P__　F__　K__；

如图 3-41 所示，除了在孔底暂停时主轴停止转动，操作者可用手动微调方式将刀具偏移后往上提升（要恢复程序控制时，则将操作模式设为"自动"，再按下"循环启动"键）外，其余与 G82 相同。

（4）锪镗孔循环、镗阶梯孔循环指令 G89

格式：G98/G99　G89　X__　Y__　Z__　R__　P__　F__　K__；

说明：如图 3-42 所示，除了在孔底位置暂停 P 所指定的时间外，其余与 G85 相同。

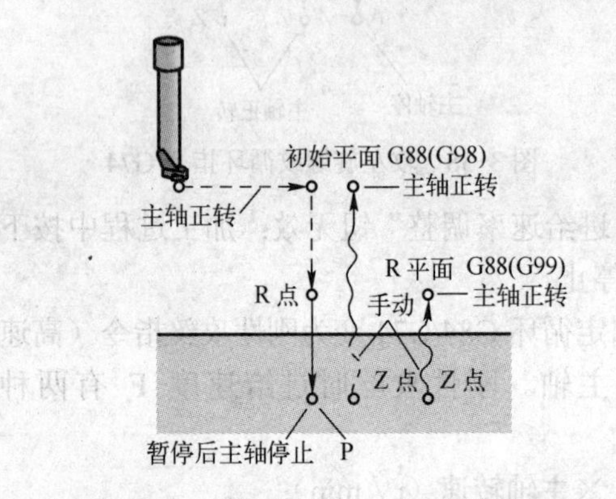

图 3-41　镗孔循环、手动退回指令 G88

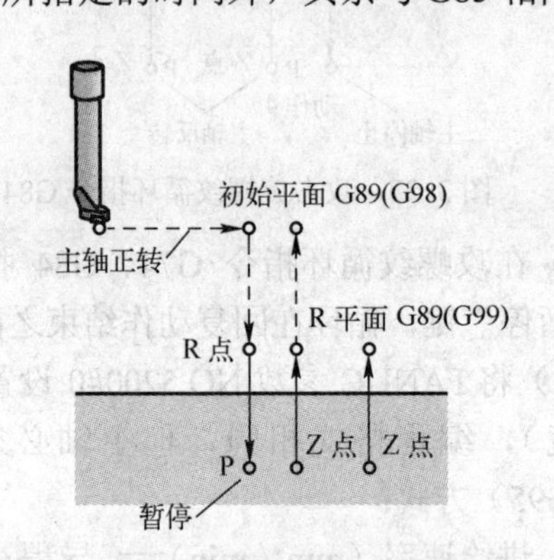

图 3-42　镗阶梯孔循环 G89

（5）精镗孔循环指令 G76

格式：G98/G99　G76　X__　Y__　Z__　R__　Q__　P__　F__　K__；

说明：如图 3-43a 所示，镗孔刀先快速定位至 X、Y 坐标点，再快速定位到 R 点，接着以 F 指定的进给速率镗孔至 Z 指定的深度后，主轴定向停止，使刀尖指向一固定的方向后，镗孔刀中心偏移使刀尖离开加工孔面，如图 3-43b 所示，这样当镗孔刀快速退出孔外时，才不至于刮伤孔面。当镗孔刀退回到 R 点或初始平面时，刀具中心即回复原来位置，且主轴恢复转动。

图 3-43b 所示的偏移量用 Q 指定。Q 值一定是正值（Q 不可用小数点方式表示数值，如要偏移 1.0 mm 应写成 Q1000），偏移方向可用参数设定选择+X、+Y、-X 及-Y 中的任何一个。指定 q 值时不能太大，以免碰撞工件。

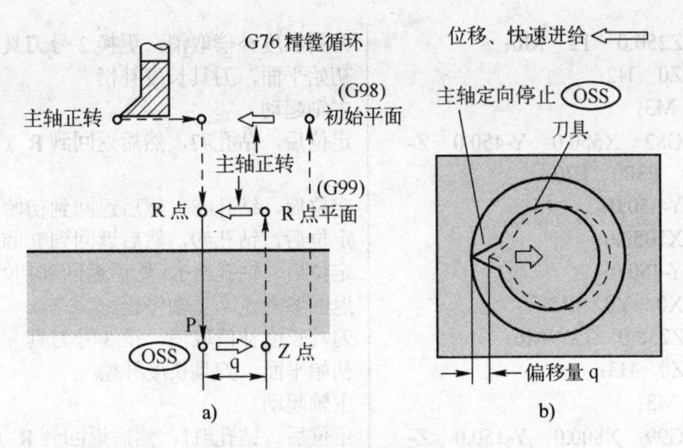

图 3-43　精镗循环指令 G76

a) 循环动作　b) 孔底动作

(6) 反（背）镗孔循环指令 G87

格式：G98/G99　G87　X__　Y__　Z__　R__　Q__　P__　F__　K__；

说明：反镗削循环也称为背镗循环，指令为 G87。如图 3-44 所示，刀具运动到起始点 B（X，Y）后，主轴定向停止，刀具沿刀尖所指的反方向偏移 Q 值，然后快速移动到孔底位置，接着沿刀尖所指方向偏移回 E 点，主轴正转，刀具向上进给运动，到 R 点，主轴又定向停止，刀具沿刀尖所指的反方向偏移 Q 值，快退，沿刀尖所指正方向偏移到 B 点，主轴正转，本加工循环结束，继续执行下一段程序。Q 值孔底动作与 G76 指令相同，如图 3-43b 所示。

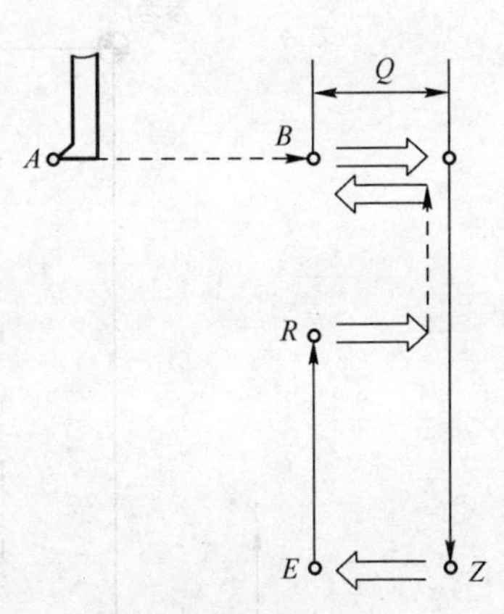

图 3-44　反（背）镗孔循环指令 G87

例 3-18　数控加工中心加工如图 3-45 所示铝合金工件，将刀具长度设置为长度补偿值。在偏置号 1 处设置偏置量为+200.0，在偏置号 2 处设置偏置量为+190.0，在偏置号 3 处设置偏置量为+150.0。程序如下：

程　序	说　明
O1234，	
N001　G92　X0　Y0　Z0；	在参考点设定坐标系
N002　G90　G00　Z250.0　T1　M6；	换刀点换 1 号刀具
N003　G43　Z0　H1；	初始平面，刀具长度补偿
N004　S300　M3；	主轴正转
N005　G99　G81　X400.0　Y-350.0　Z-153.0　R-97.0　F120；	定位后，钻孔#1
N006　Y-550.0；	定位后，钻孔#2，然后返回到 R 点平面
N007　G98　Y-750.0；	定位后，钻孔#3，然后返回到初始平面
N008　G99　X1200.0；	定位后，钻孔#4，然后返回到 R 点平面
N009　Y-550.0；	定位后，钻孔#5，然后返回到 R 点平面
N010　G98　Y-350.0；	定位后，钻孔#6，然后返回到初始平面
N011　G00　X0　Y0　M5；	返回参考点，主轴停止

N012　G49　Z250.0　T2　M6；	刀具长度补偿取消，更换 2 号刀具
N013　G43　Z0　H2；	初始平面，刀具长度补偿
N014　S200　M3；	主轴起动
N015　G99　G82　X550.0　Y-450.0　Z-130.0　R-97.0　P300　F70；	定位后，钻孔#7，然后返回到 R 点平面
N016　G98　Y-650.0；	定位后，钻孔#8，然后返回到初始平面
N017　G99　X1050.0；	定位后，钻孔#9，然后返回到 R 点平面
N018　G98　Y-450.0；	定位后，钻孔#10，然后返回到初始平面
N019　G00　X0　Y0　M5；	返回参考点，主轴停止
N020　G49　Z250.0　T3　M6；	刀具长度补偿取消，换 3 号刀具
N021　G43　Z0　H3；	初始平面，刀具长度补偿
N022　S100　M3；	主轴起动
N023　G85　G99　X800.0　Y-350.0　Z-153.0　R47.0　F50；	定位后，钻孔#11，然后返回到 R 点平面
N024　G91　Y-200.0　K2；	定位后，钻孔#12、#13，然后返回到 R 点平面
N025　G28　X0　Y0　M5；	返回参考点，主轴停止
N026　G49　Z0；	刀具长度补偿取消
N027　M30；	程序结束

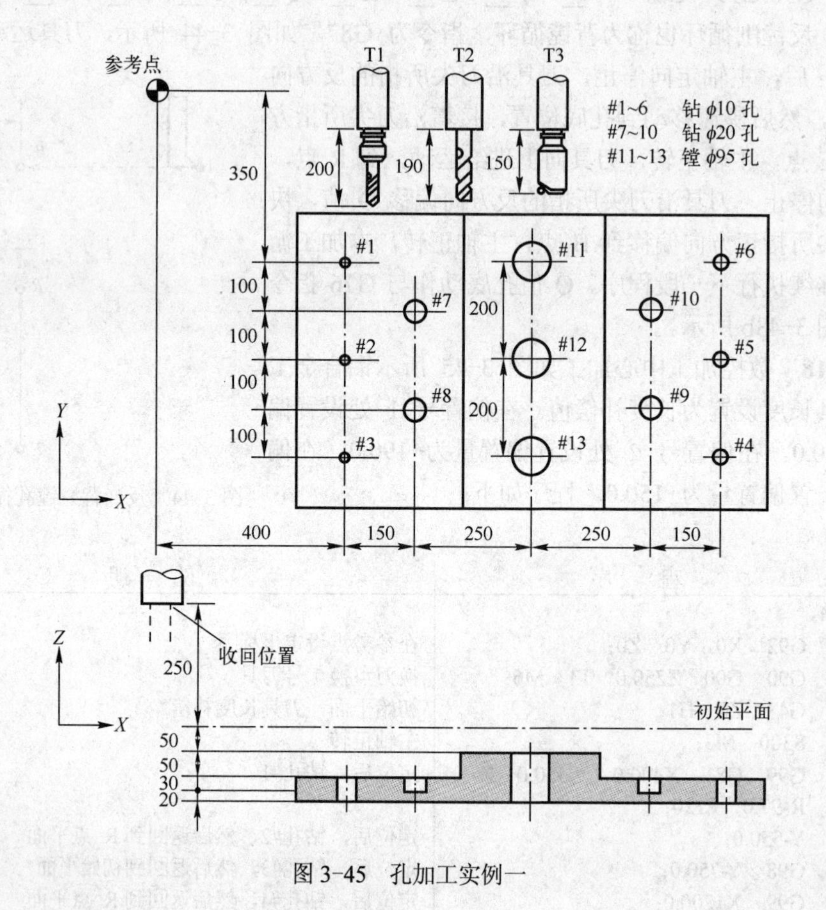

图 3-45　孔加工实例一

例 3-19　数控加工中心加工如图 3-46 所示工件（45#钢），利用 G81、G83 指令钻孔，G82 指令钻沉头孔，G85 指令铰孔，G86 指令镗孔，G87 指令背镗孔加工。使用刀具见表 3-10。

表 3-10　刀具参数表

刀具号	刀　具	主轴转速/（r/min）	进给速度/（mm/min）
T01	ϕ3 mm 中心钻头	4000	1000
T02	ϕ6 mm 钻头	1200	150
T03	ϕ7.8 mm 钻头	1000	100
T04	ϕ8H7 铰刀	400	80
T05	ϕ11 可转位刀片钻	800	100
T06	ϕ30 mm 钻头	180	60
T07	可调式镗孔刀	500	50
T08	可调式背镗孔刀	500	50

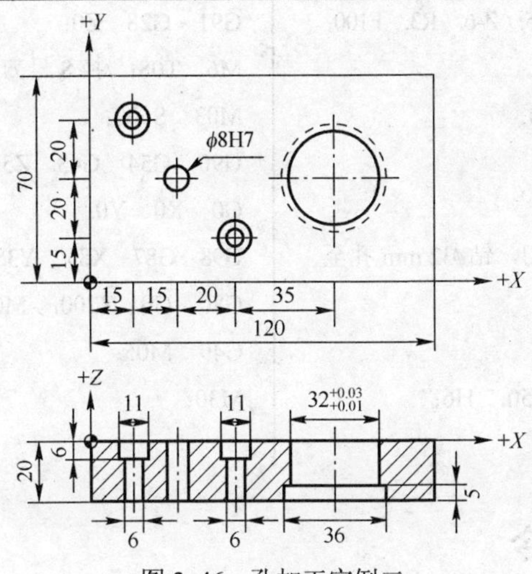

图 3-46　孔加工实例二

```
O0001
G90  G40  G80  G49;
M6  T01; /选 1 号刀，钻中心孔
M03  S4000;
G54  G90  G43  Z50.0  H1;
G0  X0  Y0  M08;
G99  G81  X15.  Y55.  R3.0  Z-5.  F1000;
X30.  Y35.;
X50.  Y15.;
G98  X85.  Y35.;
G80  G00  X0  Y0;
G49  M05;
G91  G28  Z0;
T02  M6; /换 2 号刀，钻φ6 mm 孔
M03  S1200;
G90  G43  Z50.0  H2;
G0  X15.  Y55.;
G99  G83  Z-24.0  R3.0  Q5.0  F150;
G98  X50.  Y15.;
G80  G00  X0  Y0;
G49  M05;
G91  G28  Z0;
M6  T03; /换 3 号刀，钻φ7.8 mm 孔
M03  S1000;
G90  G43  Z50.0  H3;
G0  X0  Y0;
G98  G73  X30.  Y35.  Z-24.  R3.  Q5.0  F100;
G80  G00  X0  Y0;
G49  M05;
G91  G28  Z0;
M6  T04; /换 4 号刀，铰孔
M03  S400;
```

```
G90  G54  G43  Z50.0  H04;
G0  X0  Y0;
G98  G85  Z-24.  R3.  F80;
G80  G00  X0  Y0;
G49  M05;
G91  G28  Z0;
M6  T05; /换5号刀，钻φ11沉头孔
M03  S800;
G90  G54  G43  Z50.  H05;
G0  X0  Y0;
G99  G82  X15.  Y55.  Z-6.  R3.  F100;
G98  X50.  Y15.;
G80  G00  X0  Y0;
G49  M05;
G91  G28  Z0;
M6  T06; /换6号刀，钻φ32 mm孔至
       φ30 mm
M03  S180;
G90  G54  G43  Z50.  H6;
G0  X0  Y0;
G98  G81  X85.  Y35.  Z-31.  R3.  F60;
G80  G00  X0  Y0;
G49  M05;
G91  G28  Z0;
M6  T07; /换7号刀，镗φ32mm孔至精度
M03  S500;
G90  G54  G43  Z50.  H7;
G98  G86  X85.  Y35.  Z-22.  R3.  F50;
G80  G00  X0  Y0;
G49  M05;
G91  G28  Z0;
M6  T08; /换8号刀，镗φ36 mm孔
M03  S500;
G90  G54  G43  Z50.  H8;
G0  X0  Y0;
G98  G87  X85.  Y35.  R-15.  Z-25.  Q1.  F50;
G80  G0  Z200.  M09;
G49  M05;
M30;
```

3.5 子程序编程指令

3.5.1 子程序调用指令 M98、M99

为了简化程序的编制，当一个工件上有相同的加工要素时，常用调用子程序的方法进行编程。调用子程序的程序叫作主程序。子程序的编号与一般程序基本相同，只是用 M99 表示子程序结束，并返回到调用子程序的主程序中。

1．子程序的结构

```
O1234    /子程序名
…        /子程序段内容
M99;     /程序结束，从子程序返回到主程序
```

2．子程序调用

格式：M98 P__ __;

说明：式中，P 表示子程序调用情况。P 后共有 8 位数字，前四位为调用次数，省略时为调用一次；后四位为所调用的子程序号，数字前导为 0 可省略。

例如：M98 P61020；表示调用 1020 号子程序，重复调用 6 次（执行 6 次）。

3．子程序嵌套调用

子程序可以由主程序调用，被调用的子程序也可以调用另一个子程序，称为子程序嵌套。

被主程序调用的子程序称为是一级子程序，被一级子程序调用的子程序称为二级子程序，以此类推，对于子程序调用，先进的数控系统可以嵌套 10 级，如图 3-47 所示。

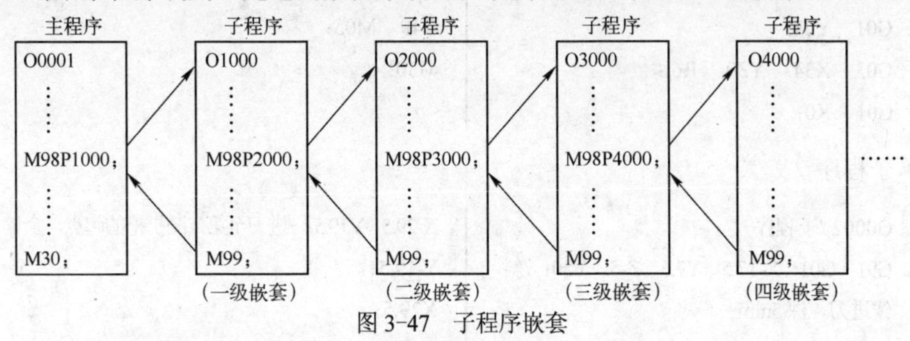

图 3-47　子程序嵌套

3.5.2　子程序调用编程应用

例 3-20　加工内轮廓型腔如图 3-48 所示，要求对该型腔进行粗、精加工。材料为 45# 钢。编制程序如下：

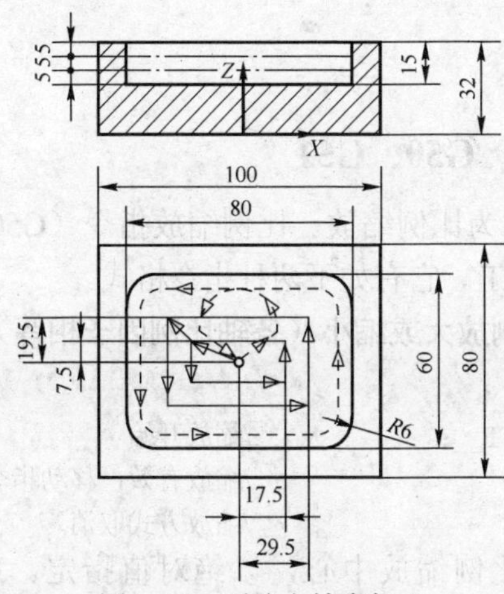

图 3-48　型腔内轮廓加工

（1）主程序

```
O0001 /粗铣削型腔
M06  T01；/换 1 号刀，ϕ20mm 立铣刀
G54  G90  G43  Z50.  H01；
G0  X0  Y0；
S1000  M03；
Z34.；
G01  Z32.  F200  M08；
M98  P30002；/调用子程序O0002，执行 3 次
G49  G00  Z50.  M09；
M05；
G91  G28  Z0；
M06  T02；/换 2 号刀，ϕ10mm
G90  G43  Z50.  H02；
S1500  M03；
G0  X0  Y0  M08；
Z32.；
G01  Z17.  F100.；/慢速下刀至底面
G41  G01  X10.  Y20.  D02；/建立刀具半径补偿，补偿值为 5mm
G03  X0  Y30.  R10.；/精铣型腔起点
G01  X-34.；
G03  X-40.  Y24.  R6.；
G01  Y-24.；
G03  X-34.  Y-30.  R6.；
```

```
G01  X34.;                               G03  X-10.  Y20.  R10.;  / 1/4 圆弧轨迹切出
G03  X40.  Y-24.  R6.;                   G40  G00  X0  Y0;  /取消刀具半径补偿
G01  Y24.;                               G49  M05;
G03  X34.  Y30.  R6.;                    M30;
G01  X0;
```

（2）子程序

```
O0002 /子程序
G91  G01  X-17.5  Y7.5  Z-5.  F50;  /斜线进刀，深 5mm
G90  Y-7.5;
X17.5;
Y7.5;
X-17.5;  /第一圈加工结束
X-29.5  Y19.5;  /进刀至第二圈扩槽的起点，余量 0.5mm
Y-19.5;
X29.5;
Y19.5;
X-29.5;  /第二圈扩槽加工结束
X0  Y0;  /返回 X、Y 起点
M99;  /子程序结束，返回主程序
```

3.6 坐标变换编程指令

3.6.1 比例缩放与镜像指令 G50、G51

加工轨迹的放大和缩小称为比例缩放。比例缩放指令（G50、G51）在编程中用于对加工程序指定的轨迹进行缩放加工。它有如下两种指令格式。

1. 各坐标轴以相同的比例放大或缩小（各轴比例因子相等）

格式：

```
G51  X__  Y__  Z__  P__;        /缩放开始
…                               /缩放有效，移动指令按比例缩放
G50;                            /缩放方式取消
```

说明：1）X、Y、Z：比例缩放中心，以绝对值指定。P：缩放比例，范围为 1～999999，即 0.001～999.999 倍。

如图 3-49 所示，P_1～P_4：程序中指令坐标尺寸图形；P_1'～P_4'：经比例缩放后的图形。P_0：比例缩放中心点（由 X__ Y__ Z__规定）。

2）比例缩放功能不能缩放偏置量，如刀具半径补偿量、刀具长度补偿量、刀具偏置量等。如图 3-50 所示，编程图形缩小 1/2，刀具半径补偿量不变。

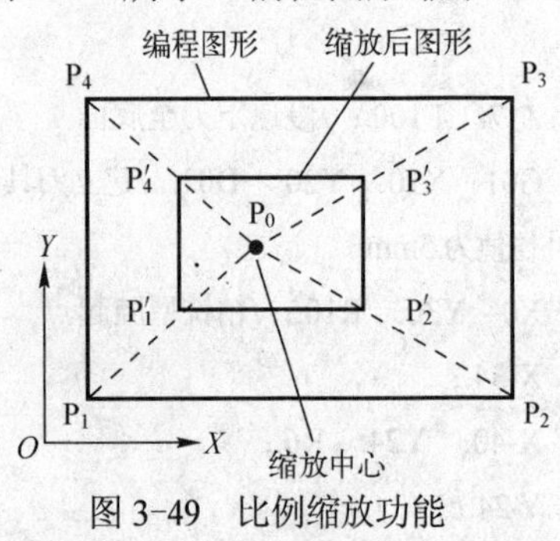

图 3-49 比例缩放功能

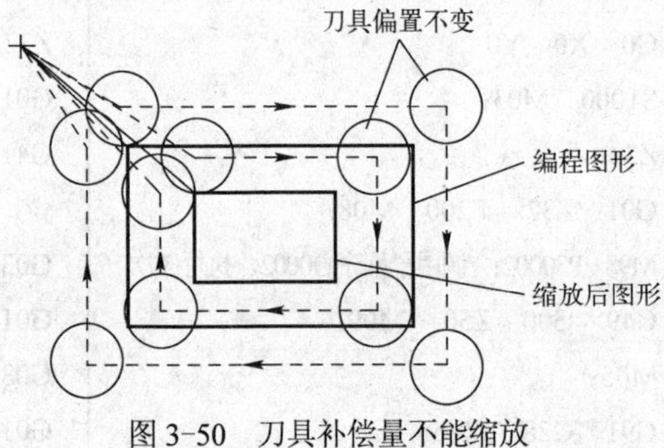

图 3-50 刀具补偿量不能缩放

2．各轴比例因子单独指定

通过对各轴指定不同的比例，可以按各自比例缩放各轴。

格式：

```
G51  X__  Y__  Z__  I__  J__  K__;          /缩放开始
…                                            /缩放有效（缩放方式）
G50;                                         /缩放取消
```

说明：1）X、Y、Z：比例缩放中心坐标，以绝对值形式指定。

2）I、J、K：分别与 *X*、*Y* 和 *Z* 各轴对应的缩放比例（比例因子）。I、J、K 取值范围为±1～±999999 即±0.001～±999.999 倍。小数点编程不能用于指定比例 I、J、K。

例如运行比例缩放程序后的图形如图 3-51 所示。图中 X、Y 的比例因子不同。*X* 轴比例系数为 a/b；*Y* 轴比例系数为 c/d。比例缩放中心为 O。

例 3-21　加工如图 3-52 所示的零件轮廓，已知三角形 A′B′C′ 是三角形 ABC 的缩放图形，缩放系数为 0.5。程序如下：

```
O1234  /主程序                      G01  Z6.0;
G54  G90  G0  X0  Y0  Z50.0;        G51  X50.0  Y50.0  P0.5;   /缩放 0.5 倍
M3  S1200;                          M98  P4321;
X110.0  Y0;                         G50;   /取消缩放
G01  Z0  F300;                      G0  Z50.0;
M98  P4321;                         M30;

O4321  /子程序                      X90.0  Y30.0;
G41  G00  Y30.0  D01;               G40  X110.0  Y0;
G01  X10.0;                         M99;
X50.0  Y110.0;
```

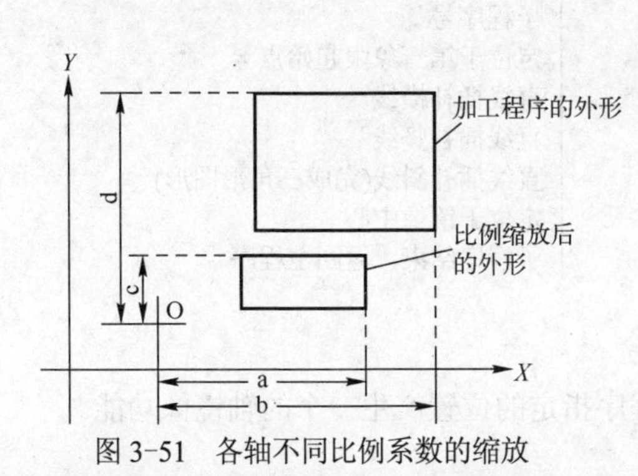

图 3-51　各轴不同比例系数的缩放

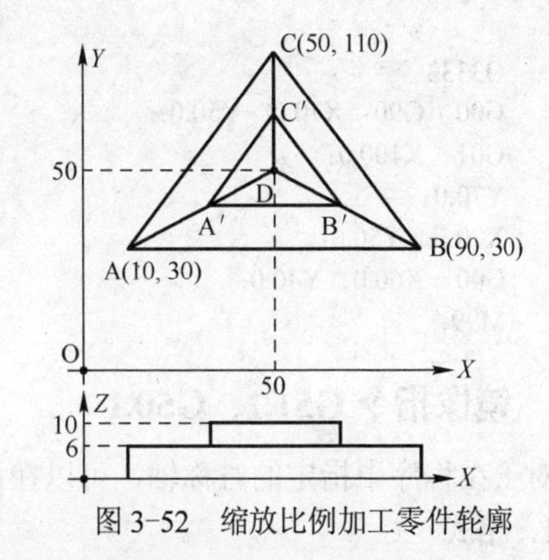

图 3-52　缩放比例加工零件轮廓

3．比例缩放功能使用时的注意事项

1）在单独程序段指定 G51，比例缩放之后必须用 G50 取消。

2）比例缩放的无效。在深孔钻循环指令 G83、G73 的切深 Q 和返回值 d，精镗循环指令 G76、G87 中 *X* 轴和 *Y* 轴的偏移值 Q 等固定循环中，*Z* 轴的移动缩放无效。

4．G51 指令镜像功能

1）各坐标轴比例缩放指令 G51 在使用中，当指定各轴比例因子为负值时，将执行镜像加工，以比例缩放中心为镜像的对称中心。

2）注意事项：当在指定平面有一个轴执行镜像时，其结果如下。

① 圆弧指令旋转方向反向，即由 G02 变为 G03，G03 变为 G02。

② 刀具半径补偿，偏置方向反向。即由 G41 变为 G42，G42 变为 G41。

③ 坐标系旋转，旋转角度反向。

例 3-22 如图 3-53 所示零件刻线编程，实现镜像加工。

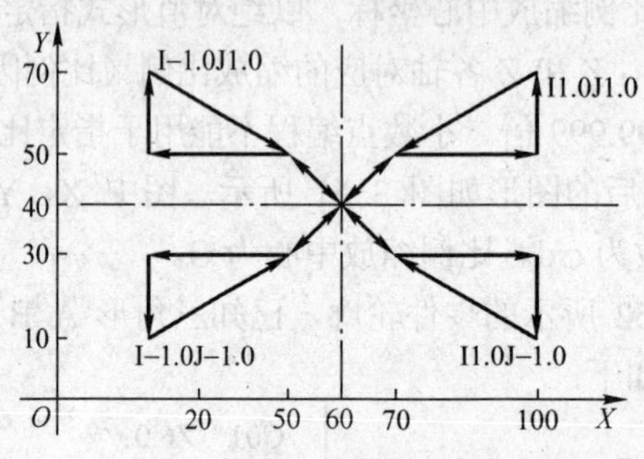

图 3-53 零件刻线编程

程 序	说 明
O2222	主程序号
N10 G54 G90 G00 X60.0 Y40.0;	建立工件坐标系
N20 M98 P3333;	调用子程序，加工第一象限图形
N30 G51 X60.0 Y40.0 I-1000 J1000;	镜像中心（X60，Y40），*X* 轴镜像
N40 M98 P3333;	调用子程序，加工第二象限图形
N50 G51 X60.0 Y40.0 I-1000 J-1000;	镜像中心（X60，Y40），*X*、*Y* 轴镜像
N60 M98 P3333;	调用子程序，加工第三象限图形
N70 G51 X60.0 Y40.0 I1000 J-1000;	镜像中心（X60，Y40）*X* 取消镜像、*Y* 轴镜像
N80 M98 P3333;	调用子程序，加工第四象限图形
N90 G50	取消比例缩放方式（取消镜像）
O3333	子程序号
G00 G90 X70.0 Y50.0;	定位于第一象限起始点
G01 X100.0;	直线插补横线
Y70.0;	直线插补竖线
X70.0 Y50.0;	直线插补斜线(完成三角形图形)
G00 X60.0 Y40.0;	定位于镜像中心
M99;	子程序结束，返回主程序

3.6.2 镜像指令 G51.1、G50.1

对于在程序中指定的对称轴，可以在程序指定的位置产生一个的轴镜像功能。

1. 格式

```
G51.1  X__  Y__;          /建立镜像
M98  P__
...
G50.1  X__  Y__;          /取消镜像
```

使用镜像功能编制如图 3-54 所示轮廓的加工程序，a 为原先的程序，b 为在 X50 处应用可编程镜像的程序，c 为在 X50、Y50 处应用可编程镜像的程序，d 为在 Y50 处应用可编程镜像的程序。

2．镜像指令 G51.1、G50.1 应用

例 3-23 加工如图 3-55 所示零件轮廓，设刀具起点距工件上表面 50mm，切削深度为 5mm，程序如下：

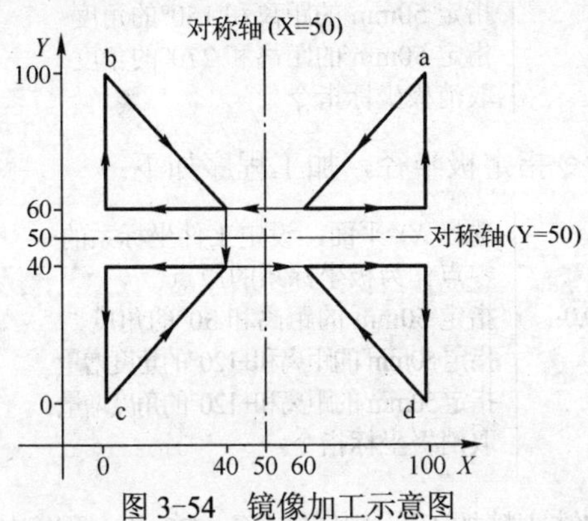

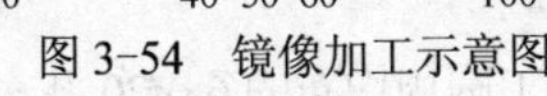
图 3-54 镜像加工示意图

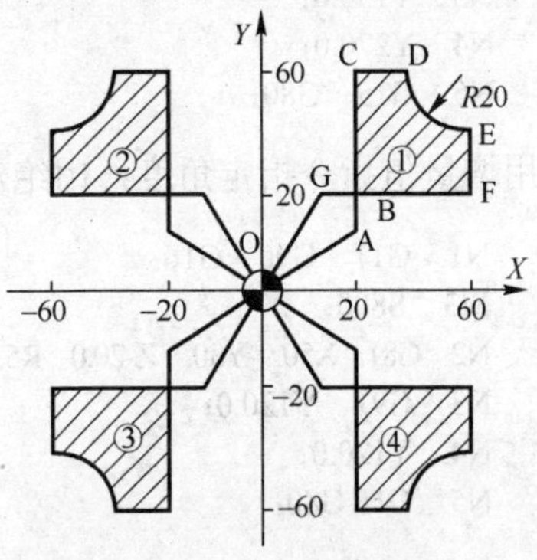

图 3-55 镜像加工实例

```
O888
G92   X0   Y0   Z50.0;
G90   G17   M03   S600
M98   P999;      /加工①
G51.1   X0;      /Y 轴镜像，镜像位置为 X=0
M98   P999;      /加工②
G51.1   Y0;      /X、Y 轴镜像，镜像位置为(0，0)
M98   P999;      /加工③
G50.1   X0;      /X 轴镜像继续有效，取消 Y 轴镜像
M98   P999;      /加工④
G50.1   Y0;      /取消镜像
M30;
```

```
O999      /子程序(①的加工程序)
G43   Z10.0   H01;
G41   G00   X20.0   Y10.0   D01;   /O→A
G01   Z-5.0   F300;
G91   Y50.0;      /A→C
X20.0;      /C→D
G03   X20.0   Y-20.0   I20.0   J0;   /D→E
G01   Y-20.0;      /E→F
X-50.0;      /F→G
G49   G00   Z55.0;
G40   X-10.0   Y-20.0;
M99;
```

3.6.3 极坐标指令 G15、G16

除直角坐标外，坐标值也可以用极坐标（半径和角度）输入。G16 为开始极坐标指令，G15 为取消极坐标指令。角度的正向是所选平面的第 1 轴正向的逆时针方向，而负向是顺时针方向。半径和角度两者可以用绝对值指令 G90 或增量值指令 G91。对圆弧插补或螺旋线切削（G02、G03）用 R 指定半径。

例 3-24 用极坐标编制钻 3×ϕ10mm 孔的程序。零件图如图 3-56 所示。

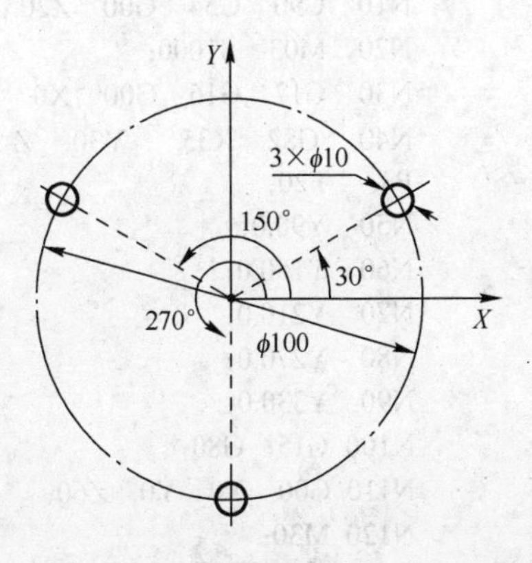

图 3-56 极坐标编程加工 3 孔零件图

1）用绝对值指令指定角度和极半径，加工程序

如下：

N1 G17 G90 G16; M3 S800;	选择 *XY* 平面，设定了工件坐标系的零点作为极坐标系的原点
N2 G81 X50.0 Y30.0 Z-20.0 R5.0 F100.0;	指定 50mm 的距离和 30°的角度
N3 Y150.0;	指定 50mm 的距离和 150°的角度
N4 Y270.0;	指定 50mm 的距离和 270°的角度
N5 G15 G80;	取消极坐标指令

2）用增量值指令指定角度，用绝对值指令指定极半径，加工程序如下：

N1 G17 G90 G16; M3 S800;	选择 *XY* 平面，设定工件坐标系的零点作为极坐标系的原点
N2 G81 X50. Y30. Z-20.0 R5.0 F100.0;	指定 50mm 的距离和 30°的角度
N3 G91 Y120.0;	指定50mm 的距离和+120°的角度增量
N4 Y120.0;	指定50mm 的距离和+120°的角度增量
N5 G15 G80;	取消极坐标指令

例 3-25 在如图 3-57 所示工件上，用数控铣床精加工圆周均布的 6×ϕ20 孔。程序如下：

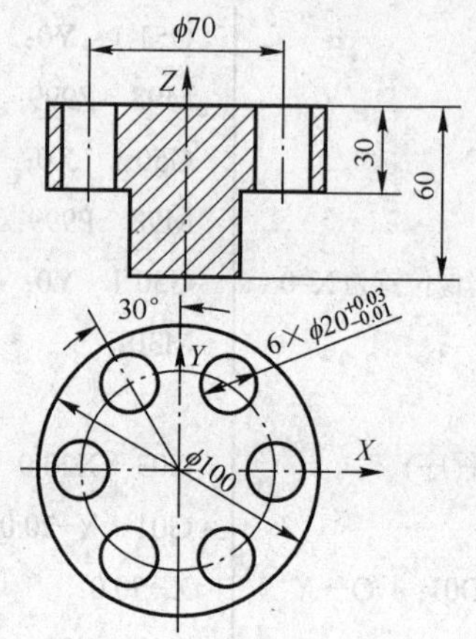

图 3-57 钻加工孔系

加工程序	说 明
O0009	程序名
N10 G90 G54 G00 Z20.;	设定编程坐标系，快速移至初始平面
N20 M03 S1000;	起动主轴，转速为 1000r/min
N30 G17 G16 G00 X0 Y0;	选择*XY*面，极坐标系，编程零点为极坐标零点
N40 G82 X35. Y30. Z-30. R3. P3. F20;	钻孔循环，加工 35mm 距离和 30°的角度的孔
N50 Y90.0;	加工 35mm 距离和 90° 的孔
N60 Y150.0;	加工 35mm 距离和 150° 的孔
N70 Y210.0;	加工 35mm 距离和 210° 的孔
N80 Y270.0;	加工 35mm 距离和 270° 的孔
N90 Y330.0;	加工 35mm 距离和 330° 的孔
N100 G15 G80;	取消极坐标指令，取消镗孔固定循环
N110 G00 X0 Y0 Z60;	返回初始点
N120 M30;	程序结束

3.6.4 坐标系旋转指令 G68、G69

坐标系旋转功能是把编程位置旋转到某一角度。坐标系旋转功能的用途：一是可以将编程形状旋转某一指定的角度；二是如果工件的形状由许多相同的图形单元组成，且分布在由图形单元旋转便可达到的位置上，则可将图形单元编成子程序，然后用主程序的旋转指令旋转图形单元，可以得到工件整体形状，这样可简化编程，省时、省存储空间。

1．格式与说明

如图 3-58 所示，利用坐标系旋转功能可把编程形状旋转到某一角度。其指令格式为：

$$\begin{Bmatrix} G17 \\ G18 \\ G19 \end{Bmatrix} G68\alpha\_\_\ \beta\_\_\ R\_\_;$$ /坐标系开始旋转

… /坐标系旋转方式（坐标系被旋转）

G69 /坐标系旋转取消

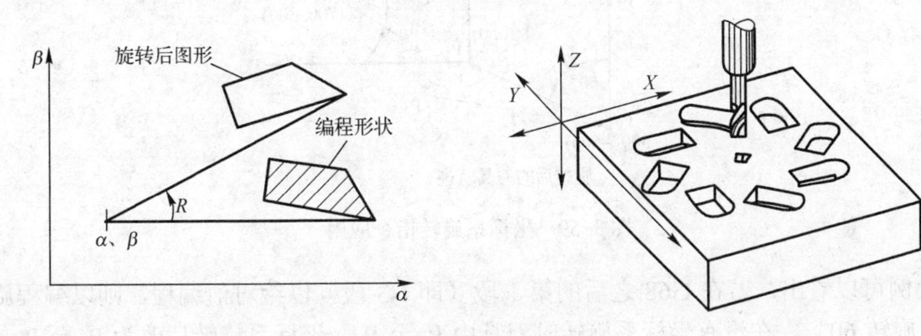

图 3-58 坐标系旋转功能

1）α、β：旋转中心的坐标值（绝对值指定）。旋转中心的两个坐标轴与 G17、G18、G19 坐标平面一致。若省略 α、β，则 G68 指令使用时的刀具位置被设定为旋转中心。在坐标系旋转指令后，使用绝对值指令，旋转中心由 G68 程序段中的尺寸字规定；若用增量值指令，则旋转中心是刀具所在位置。

2）R：旋转角度。正值表示逆时针旋转，既可以是绝对值，也可以是增量值。旋转角度的指令范围为-360000～360000，单位为 0.001°。

3）坐标系旋转指令 G68 的程序段之前必须先指定平面选择代码 G17（G18 或 G19），平面选择代码不能在坐标系旋转方式中指定。

4）G68 中不能指定返回参考点有关代码 G27、G28、G29、G30 等和坐标系有关的代码 G52～G59、G92 等。如果需要这些代码，必须在取消坐标系旋转方式以后才能指定。

5）取消坐标系旋转指令 G69 用于恢复编程指令形状的位置。紧跟在 G69 指令后的第一个移动指令必须用绝对值指定，如果是增量值，将不会正确移动。

2．坐标系旋转指令 G68、G69 应用

例 3-26 如图 3-59 所示，坐标系旋转程序如下：

…

N1 G92 X-500.0 Y-500.0 G69 G17; /刀具在 P_0

```
N2  G90  G68  X700.  Y300.0  R60000;          /旋转中心在P4，转角60º
N3  G90  G01  X0  Y0  F200;                   /进刀至P1
(G91  G01  X500.0  Y500.0  F200;)             /若用增量值，则旋转中心在P0
N4  G91  X1000.0;
N5  G02  Y1000.0  R1000.0;
N6  G03  X-1000.0  I-500.0  J-500.0;
N7  G01  Y-1000.0;
N8  G69  G90  G00  X-500.0  Y-500.0;          /取消旋转方式，返回P0
M02;
```

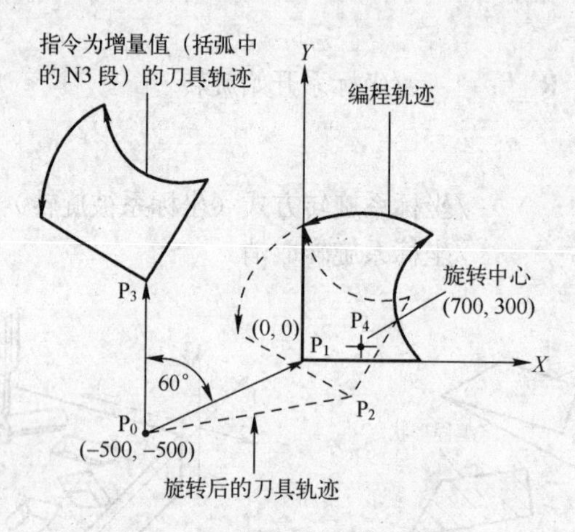

图 3-59　坐标系旋转指令应用

从上例可以看出，若在G68之后的第1段（即N3段）以绝对值编程，则以编程旋转中心（P_4）旋转60°。在没有坐标系旋转时刀具由P_0至P_1，坐标系旋转后改为P_0至P_2。若在G68之后的第1段（即N3段）以增量值编程，则忽略编程旋转中心（P_4），而以G68程序段刀具所在位置（P_0）为旋转中心，旋转60°，刀具从P_0至P_3，按旋转后轨迹加工。

3.6.5 坐标系变换综合编程举例

例 3-27　加工如图3-60所示工件平底偏心圆弧槽，材质为45#钢、已经调质处理。加工部位为工件上表面两平底偏心槽，槽深10mm。

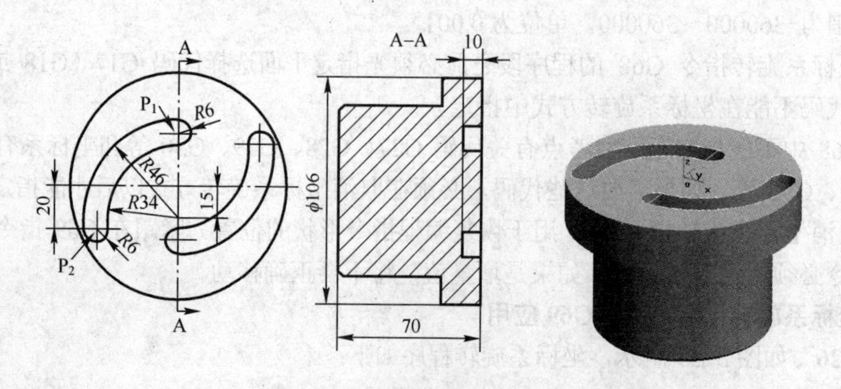

图 3-60　平底偏心圆弧槽加工

工件原点定在ϕ106 轴线与工件上表面交点，采用ϕ12 高速钢键槽铣刀，切削用量为每层切深 1mm，主轴转速 S 为 1500r/min、进给速度 F 为 60mm/min。确定编程数据点：P_1（0，25）和 P_2（-39.686，-20）。程序如下：

加工程序	说 明
O0001	主程序，程序名为 O0001
N10 G54 G90 G17 G00 Z60. M03 S1500;	设定工件坐标系，快速移到初始平面，起动主轴
N20 M98 P0002;	调用子程序 O0002，执行一次
N30 G90 G68 X0. Y0. R180000;	坐标系旋转，旋转中心为（0，0），角度为 180°
N40 M98 P0002;	调用子程序 O0002，执行一次
N50 G69 G00 X0 Y0 Z60.;	取消坐标系旋转，快速回到起始点
N60 M05;	主轴停止
N70 M30;	程序结束
O0002	子程序，程序名为 O0002
N10 G90 G00 X0. Y25.;	在初始平面上快速定位于（0，25）
N20 Z2.;	快速下刀至慢速下刀高度
N30 G01 Z0. F60;	切削到工件上表面
N40 M98 P50003;	调用子程序 O0003，执行 5 次（总计切深 10mm）
N50 G90 Z60.;	退到初始平面
N60 X0. Y0.;	回到起始点
N70 M99;	子程序结束，返回到主程序
O0003	子程序，程序名为 O0003
N10 G91 G01 Z-1.0 F30.0;	增量值编程，切深工件 1mm
N20 G90 G03 X-39.686 Y-20. R40. F60.0;	绝对值编程，逆圆插补切削 R40mm 圆弧
N30 G91 G01 Z-1.0. F30.0;	增量值编程，切深工件 1mm
N40 G90 G02 X0. Y25. R40. F60.0;	绝对值编程，顺圆插补切削 R40mm 圆弧
N50 M99;	子程序结束，返回

例 3-28 数控铣床加工如图 3-61 所示工件上表面斜四方和圆环，材质为 LY12，刀具为ϕ12 立铣刀。程序如下：

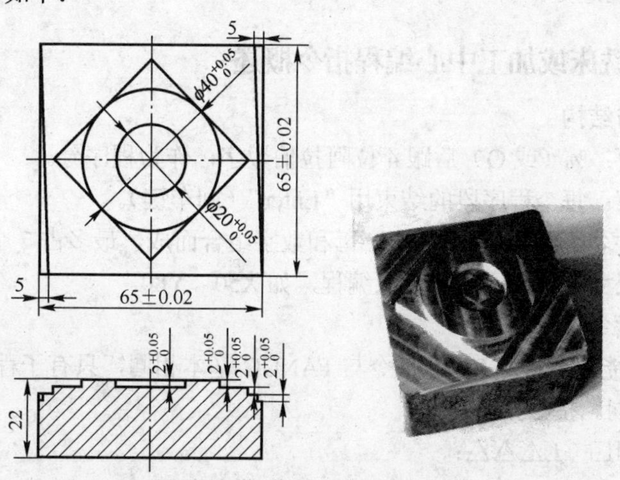

图 3-61 工件上表面斜四方和圆环加工

```
O88
G54   G90   G40   G49;
M03   S2000;
G0   Z50.0;
X0   Y0;
Z2.0;
G01   Z-2.0   F100; /硬铝，直接下刀
G41   G01   X0   Y10.0   D01;
G03   X0   Y10.0   J-10.0;   /铣 ø20 孔
G01   Z2.0;
G40   X50.0   Y0;
Z-2.0;
G42   G01   X20.0   Y0   D01;
G03   X20.0   Y0   I-20.0;   /铣外圆环
X0   Y20.0   R20.0;
G01   Z2.0;
G40   X50.0   Y0;
Z-4.0;
G68   X0   Y0   R45.0;   /坐标旋转 45°
G41   G01   X20.0   Y0   D01;   /铣方台
Y-20.0;
X-20.0;
Y20.0;
X20.0;
Y-10.0;
Z2.0;
G69   G40   X50.0   Y50.0;   /取消坐标旋转
Z-6.0;
G41   G01   X27.5   Y32.5   D01;   /铣斜台
X32.5   Y-32.5;
X-27.5;
X-32.5   Y32.5;
X35.0;
Z2.0;
G40   G00   X0   Y0   Z50.0;
M05;
M30;
```

3.7 华中数控铣床或加工中心编程指令

华中数控铣床或加工中心的编程指令与 FANUC 数控系统的编程指令基本相同，本节仅介绍两者之间的不同之处。

3.7.1 华中数控铣床或加工中心编程指令概述

1．编程方法与结构

1）程序起始符：%（或 O）后跟 4 位阿拉伯数字，作为程序号。

2）程序段结束：每个程序段的结束用“Enter”（回车键）。

3）程序的文件名可以由 26 个英文字母和数字组合而成，最多占 7 个字符。

4）程序中的尺寸字可以不用小数点编程，如 X50   Y80。

2．辅助功能指令

常见的辅助功能指令 M、S、T 指令与 FANUC 基本相同，只有子程序调用指令 M98 的格式与 FANUC 不同。指令如下：

M98   P□□□□   L△△△;

□□□□：被调用的子程序号用 4 位阿拉伯数字表示； △△△：子程序重复调用的次数。子程序调用最多可嵌套 8 级。

3．插补指令

插补指令中线性进给（G00、G01）、圆弧进给（G02、G03）与 FANUC 数控系统的编程指令基本相同。不同之处如下。

圆柱螺旋线插补格式如下（华中 8 型数控系统）：

与 *XY* 平面上圆弧同时移动：

G17 $\begin{Bmatrix}G02\\G03\end{Bmatrix}$ X__　Y__　Z__ $\begin{Bmatrix}I-J-\\L-\end{Bmatrix}$ F__；

与 *ZX* 平面上圆弧同时移动：

G18 $\begin{Bmatrix}G02\\G03\end{Bmatrix}$ X__　Z__　Y__ $\begin{Bmatrix}I-k-\\L-\end{Bmatrix}$ F__；

与 *YZ* 平面上圆弧同时移动：

G19 $\begin{Bmatrix}G02\\G03\end{Bmatrix}$ Y__　Z__　X__ $\begin{Bmatrix}J-K-\\L-\end{Bmatrix}$ F__；

其中，L 为螺旋线旋转圈数（不带小数点的正数）。

如图 3-62 所示螺旋线编程的程序如下：

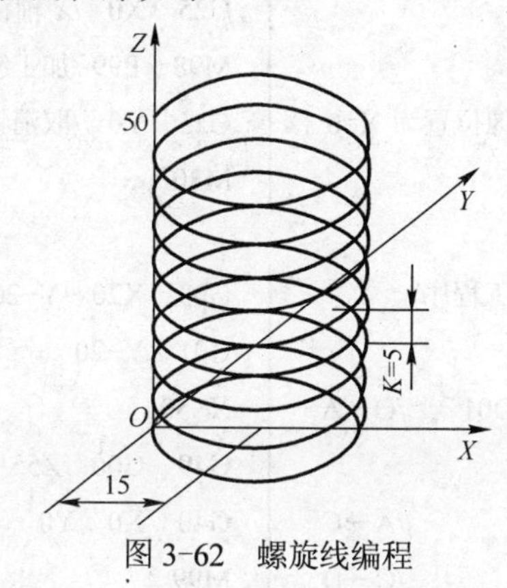

图 3-62　螺旋线编程

1）绝对值编程：

G17　G01　X30　Y0　Z0　F1000；

G90　G03　X0　Y0　Z50　I-15　J0　K0　L10；

2）增量值编程：

G17　G01　X30　Y0　Z0　F1000；

G91　G03　X-30　Y0　Z50　I-15　J0　K0　L10；

4．建立坐标系指令

建立工件坐标系指令 G92、G54～G59 与 FANUC 系统编程相同。不同在于，机床坐标系编程指令 G53 是以机床坐标系作为工件坐标系。

格式：G53　IP_；

IP 为机床坐标系的目标位置，采用绝对值编程。在调用 G53 之前，系统必须先返回参考点建立机床坐标系。

5．刀具半径和长度补偿指令

刀具半径和长度补偿指令 G40、G41、G42、G49、G43、G44 与 FANUC 系统基本相同。

6．简化编程功能指令

简化编程功能指令中缩放功能的 G50、G51 的含义与 FANUC 系统基本相同。而镜像指令 G24、G25 和旋转变换功能指令 G68、G69 则与其不同。区别如下：

（1）镜像指令 G24、G25 格式

G24 IP__；或 G24α_ β_； /建立镜像。IP 为镜像轴位置；α、β 指定镜像的对称轴，通过指定 α 可以建立 β 轴对称镜像。α、β 中只能且必须指定一个，如对称轴 x=50，则 G24α50。

…

G25 IP0；或 G25α0/β0 /取消镜像

如指定 G24 X0 Y0 则建立的是中心点对称镜像，可通过指定 G25 X0 取消 *Y* 轴对称镜像，仅指定 *X* 轴对称镜像。

例 3-29 如图 3-55 所示轮廓加工，设刀具起点距工件上表面 50mm，切削深度为 5mm。程序如下：

```
%88                                  G24  Y0  /X、Y轴镜像，镜像位置为(0，0)
G92  X0  Y0  Z50.0                   M98  P99 /加工③
G90  G17  M03  S600                  G25  X0  /X轴镜像继续有效，取消Y轴镜像
M98  P99 /加工①                      M98  P99 /加工④
G24  X0  /Y轴镜像，镜像位置为X=0       G25  Y0  /取消镜像
M98  P99 /加工②                      M30

%99       /子程序(①的加工程序)          G03  X20  Y-20  I20  J0   /D→E
G43  Z10  H01                        G01  Y-20                 /E→F
G41  G00  X20  Y10  D01  /O→A        X-50                      /F→G
G01  Z-5  F300                       G49  G00  Z55
G91  Y50                 /A→C        G40  X0  Y0
X20                      /C→D        M99
```

（2）旋转变换功能指令 G68、G69 格式

G68 IP__ P__； /建立旋转变换

…

G69 /取消旋转变换

其中 IP 为旋转中心坐标，P 为旋转角度，单位为度。

7. 钻孔固定循环指令

华中数控系统的钻孔固定循环指令与 FANUC 数控系统钻孔固定循环指令进给动作基本一致，字地址含义略有不同，其区别如下：

G98/G99 G__ X__ Y__ Z__ R__ Q__ P__ I__ J__ K__ F__ L__；

说明：

G98：返回初始平面；

G99：返回 R 点平面；

G_：固定循环代码 G73、G74、G76 和 G81～G89 之一；

X、Y：加工起点到孔位的距离（G91）或孔位坐标（G90）；

R：初始点到 R 点的距离（G91）或 R 点的坐标（G90）；

Z：R 点到孔底的距离（G91）或孔底坐标（G90）；

Q：每次进给深度（G73/G83）；

I、J：刀具在轴反向位移增量（G76/G87）；

P：刀具在孔底的暂停时间单位：s, 华中 8 型系统单位：ms；

F：切削进给速度；

L：固定循环的次数。

G73、G74、G76 和 G81～G89、Z、R、P、F、Q、I、J、K 均是模态指令。G80、G01～G03 等代码可以取消固定循环。

（1）普通钻孔循环指令 G81、G82

1）G98/G99 G81 X__ Y__ Z__ R__ F__ L__；其中 L 表示重复次数，L=1 时可省略。华中数控系统的循环指令中 L 的含义相同。

2）G98/G99 G82 X__ Y__ Z__ R__ P__ F__ L__；

（2）深孔加工循环指令 G73 和 G83

1）高速深孔钻削循环 G98/G99 G73 X__ Y__ Z__ R__ Q__ P__ K__ F__ L__；

其中 Q 为每次向下的钻孔深度，增量值，取负；K 表示每次向上的退刀量，增量值，取正。

注意：Z、K、Q 移动量为零时，该指令不执行。以下均相同。

2）深孔间歇进给钻削循环：G98/G99 G83 X__ Y__ Z__ R__ Q__ P__ K__ F__ L__；该指令参数与 G73 相同。

（3）攻螺纹循环指令 G84、G74

1）攻丝循环：G98/G99 G84 X__ Y__ Z__ R__ P__ F__ L__；

2）反向攻丝循环：G98/G99 G74 X__ Y__ Z__ R__ P__ F__ L__；

（4）镗孔循环指令 G76、G85、G86、G87、G88、G89

1）精镗孔循环：G98/G99 G76 X__ Y__ Z__ R__ I__ J__ P__ F__ L__；其中 I 为 *X* 轴刀尖反方向偏移量；J 为 *Y* 轴刀尖反方向偏移量，都只能为正值。

2）粗镗孔循环：G98/G99 G85 X__ Y__ Z__ R__ F__ L__；

3）粗镗孔循环：G98/G99 G86 X__ Y__ Z__ R__ F__ L__；孔底主轴停止转动，快速回退。

4）反镗孔循环：G98/G99 G87 X__ Y__ Z__ R__ I__ J__ P__ F__ L__；

如图 3-63 所示，反镗孔循环中 R 点为孔底坐标，Z 点为反向镗孔终点坐标。

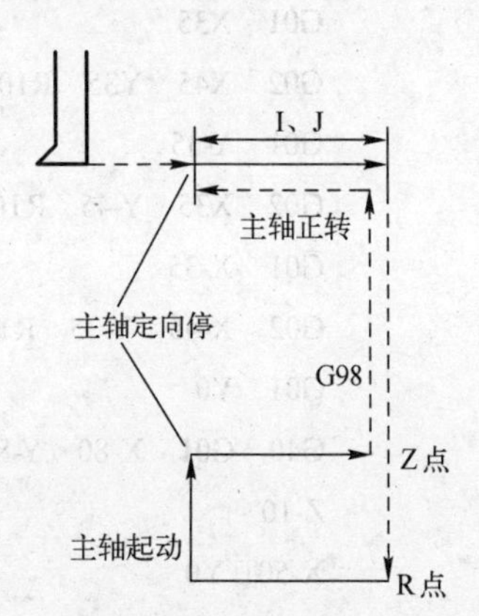

图 3-63 反镗孔循环动作

5）手动镗孔循环：G98/G99 G88 X__ Y__ Z__ R__ P__ F__ L__；当镗孔到终点后机床停止运行，工作方式转换为“手动”，然后手动操作抬刀。用此指令一般铣床就可以完成精镗孔，不需要主轴有准停功能。

6）镗孔循环：G98/G99 G89 X__ Y__ Z__ R__ P__ F__ L__；孔底执行暂停。

3.7.2　华中数控铣床或加工中心编程应用

（1）利用华中数控加工中心加工如图 3-64 所示零件，材料为 45#钢。未注表面精度为 *Ra*1.6μm。毛坯：100×100×60，工件坐标系为上表面中心。程序如下：

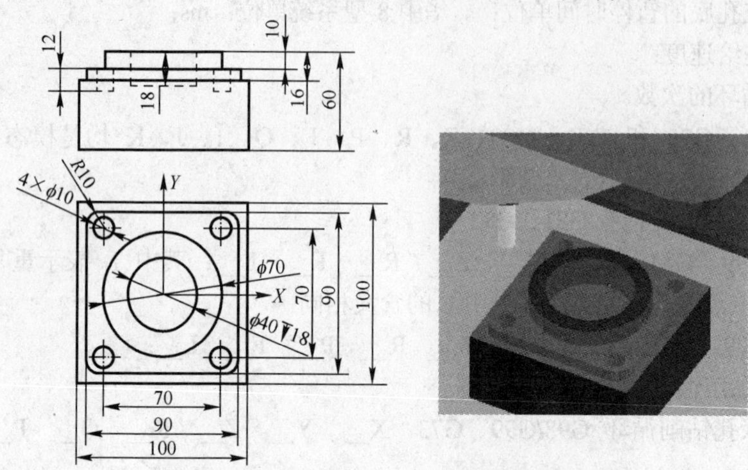

图 3-64　华中数控加工中心编程实例

```
%456
G54  G40  G80  G49
M6  T01  /换φ20 硬质合金立铣刀
M03  S1500
G90  G43  Z10  H01
X-50  Y-80
Z-16
G41  G01  X-45  Y-50  D01  F300
G01  Y35
G02  X-35  Y45  R10
G01  X35
G02  X45  Y35  R10
G01  Y-35
G02  X35  Y-45  R10
G01  X-35
G02  X-45  Y-35  R10
G01  Y0
G40  G01  X-80  Y-80
Z-10
X-50  Y0
G02  I50  J0  /粗加工φ70 圆台外轮廓
G41  G01  X-35  D01  F150
G02  X-35  Y0  I35  J0 /精加工φ70 圆台外轮廓
G40  G01  X-80
G00  Z50  M05
G91  G28  Z0
M06  T02  /换φ20 键槽立铣刀
M3  S1800
G90  G00  X0  Y0
G00  G43  Z20  H02
G01  Z0  F300
M98  P789  L9  /子程序调用
G90  G00  Z50  M05
G91  G28  Z0
M06  T03  /换φ10 钻头
M3  S1000
G90  G43  Z20  H03
G99  G81  X35  Y-35  Z-22  R2  F60
X35  Y35
X-35  Y35
X-35  Y-35
G80  G00  Z100
M30
```

```
%789   /子程序              G02   I10   J0
G91   G01   Z-2 F100        G01   X0
G90   X-10                  M99
```

（2）利用华中数控加工中心加工如图 3-65 所示零件，材料为 45#钢。未注表面精度为 *Ra*1.6μm。毛坯：100×100×35，工件坐标系为上表面中心。程序如下：

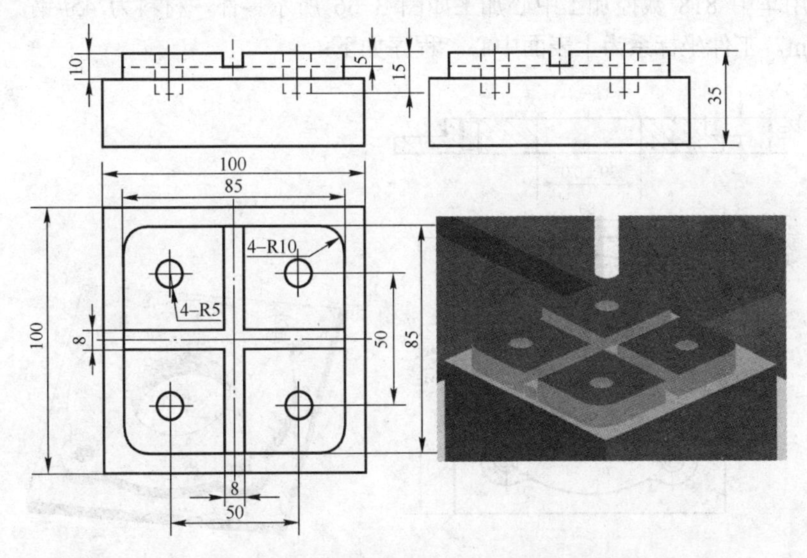

图 3-65　华中数控加工中心编程实例

```
%1234
G54   G40   G80   G49
M6   T01   /换φ20 硬质合金立铣刀
M03   S1500
G90   G43   Z20   H01
G00   X-50   Y-80
Z-10
G41   G01   X-42.5   Y-50   D01   F150
Y32.5
G02   X-32.5   Y42.5   R10.   F100
G01   X32.5   F150
G02   X42.5   Y32.5   R10.   F100
G01   Y-32.5
G02   X32.5   Y-42.5   R10.   F100
G01   X-32.5
G02   X-42.5   Y-32.5   R10.   F100
G01   Y0
G40   G00   X-80
Z50
M05
M6   T02   /换φ8 硬质合金立铣刀
M03   S1500
G90   G43   Z20   H02
G00   X-60   Y0
Z-10
G01   X60   F100
G0   Z5
Y60
Z10
G01   Y-60
G00   Z50   M05
M6   T03   /换φ10 麻花钻
M03   S1000
G90   G43   Z20   H03
```

```
G99 G81 X25 Y25 Z-15 R5 F80
X25 Y-25
X-25 Y-25
X-25 Y25
G80 G00 Z50
M30
```

3.8 数控铣床或加工中心编程实例

（1）利用华中 818 数控加工中心加工如图 3-66 所示零件，材料为 45#钢。未注表面精度为 *Ra*1.6μm。工件坐标系为上表面中心。程序如下：

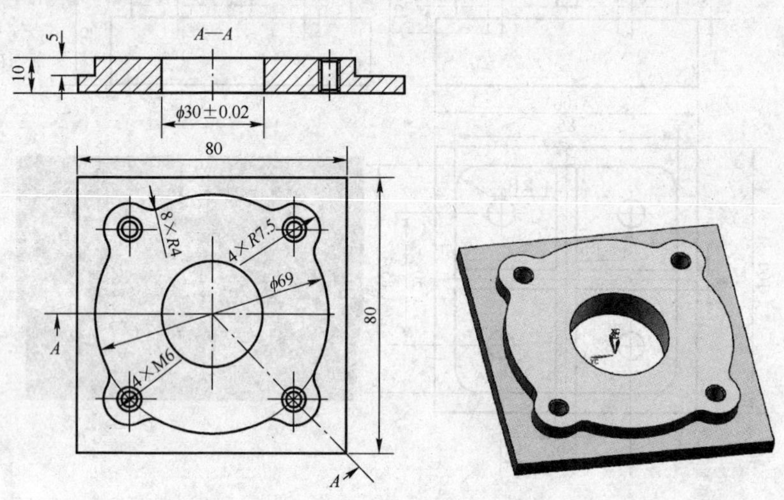

图 3-66 华中 818 数控加工中心编程实例

```
%789
T01 M06      /换ϕ16HSS 立铣刀，粗加
             工外轮廓
G90 G54 G00 X0 Y0 S1500 M03
G43 Z50 H01
X0 Y-52
Z5
G01 Z-5 F500 M08
D01 M98 P222 L1 /D01=8
G91 G28 Z0
T02 M06  /换ϕ6HSS 立铣刀，二次开粗
G90 G54 G00 X0 Y0 S2000 M3
G43 Z50 H02
X0 Y-41
Z5
G01 Z-5 F100
D02 M98 P333 L1      /D02=3.3，留
0.3mm 精加工余量
G68 X0 Y0 P90 /坐标旋转 90°
D02 M98 P333 L1
G68 X0 Y0 P180
D02 M98 P333 L1
G68 X0 Y0 P270
D02 M98 P333 L1
G69
G91 G28 Z0
T03 M06   /换ϕ3 中心钻
G90 G54 G00 X0 Y0 S4000 M3
G43 Z50 H03
G99 G81 X0 Y0 R3 Z-5 F80
X-24.4 Y24.4
X-24.4 Y-24.4
X24.4 Y-24.4
X24.4 Y24.4
```

```
G80
G91   G28   Z0
T04   M06      /换φ29.5 麻花钻
G90   G54   G00   X0   Y0   S800   M3
G43   Z50   H04
G99  G73  X0  Y0  R5  Z-15  Q-5 K2  F80
G91   G28   Z0
T05   M06      /换φ5 麻花钻
G90   G54   G00   X0   Y0   S1500   M3
G43   Z50   H05
G99   G73   X-24.4   Y24.4   R5   Z-15
Q-3   K2   F50
X-24.4   Y-24.4
X24.4   Y-24.4
X24.4   Y24.4
G91   G28   Z0
T06   M06      /换 M6 丝锥，攻螺纹
G90   G54   G00   X0   Y0   S100   M3
G43   Z50   H06
G99  G95  G84  X-24.4  Y24.4  Z-12  R5
P1000  F100
X-24.4   Y-24.4
X24.4   Y-24.4
X24.4   Y24.4
G80
G91   G28   Z0
T07   M06      /换φ30 精镗刀
G90   G54   G00   X0   Y0   S800   M3
G43   Z50   H07
G99  G76  X0  Y0  Z-11  R3  P2000  I0.2  J0  F50
G80
G91   G28   Z0
T08   M06      /换φ6 硬质合金立铣刀
G90   G54   G00   X0   Y0   S2000   M03
G43   Z50   H08
X0   Y-41
Z5
G01   Z-5   F120
D08   M98 P333   L1    /D08=3，精加工外轮廓
G68   X0   Y0   P-90     /坐标旋转 90°
D02   M98   P333   L1
G68   X0   Y0   P-180
D02   M98   P333   L1
G68   X0   Y0   P-270
D02   M98   P333   L1
G69
G49   G00   Z5   M09
G91   G28   Z0
M30

%222     /粗加工外轮廓子程序
G01   X0   Y-52
G41   G01   Y-35
X-35   R8
Y35   R8
X35   R8
Y-35   R8
X0
G40   G01   Y-52
M99

%333     /精加工外轮廓子程序
G01   X0   Y-41
G41   Y-34.5
G02   X-16.19   Y-30.47   R34.5
G03   X-20.27   Y-30.66   R4
G02   X-30.66   Y-20.27   R7.5
G03   X-30.47   Y-16.19   R4
G02   X-34.5   Y0   R34.5
G40   G01   Y-41
M99
```

（2）零件如图 3-67 所示。在数控铣床铣削 *XY* 平面上 4 个尺寸相同的键槽，键槽的尺寸为：长度为 30mm，宽度为 10mm，深度为 20mm。槽相互间成 90° 角。

要求利用极坐标指令 G16、G15 编程，切削深度方向每层 2mm。用ϕ10 键槽铣刀加工键槽。工件坐标系建立在工件上表面中心，且旋转 45° 。程序如下：

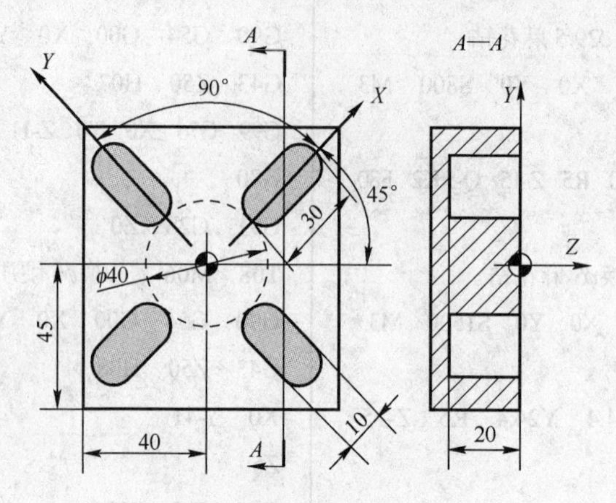

图 3-67 极坐标指令编程加工

程序	说明
%1111	主程序号
G54 G90 G17 G40 G49 G80	设定工件坐标系
G00 X0 Y0 Z100.0 S1000 M03	起动主轴
X25 Y0 Z30	刀具到安全面高度，下刀点
G00 Z5	刀具到 R 面高度
G16 G00 Y0	极坐标系有效，定位到极角 0º
M98 P2222	调用子程序%2222，切削第 1 槽
G00 Y90	定位到极角 90º
M98 P2222	调用子程序%2222，切削第 2 槽
G00 Y180	定位到极角 180º
M98 P2222	调用子程序%2222，切削第 3 槽
G00 Y270	定位到极角 270º
M98 P2222	调用子程序%2222，切削第 4 槽
G15 G90 G00 Z30	取消极坐标，回到安全高度
X0 Y0	回到起始点
M05	
M30	程序结束
%2222	子程序
G90 G01 Z0 F100	切削到工件上表面
M98 P3333 L10	调用子程序%3333，执行 10 次（切深至槽底）
G90 G00 Z5	返回到 R 平面
M99	子程序结束
%3333	子程序，切全槽（切深 2mm）
G91 G01 Z-2 F100	
G90 X45	切削全槽
X25.0	反向进给，再一次切削全槽
M99	子程序结束

（3）如图 3-68 所示某箱体零件，小批量生产。在箱体的平面上有 6 个螺纹孔，有一定的位置精度要求，平面已经加工平整。

1）刀具选择：中心钻 T 1 钻出中心孔；再用 T2ϕ8.5mm 钻头钻盲孔，再进行 T3 倒角刀倒角，最后用 T4 丝锥对孔位进行攻螺纹。

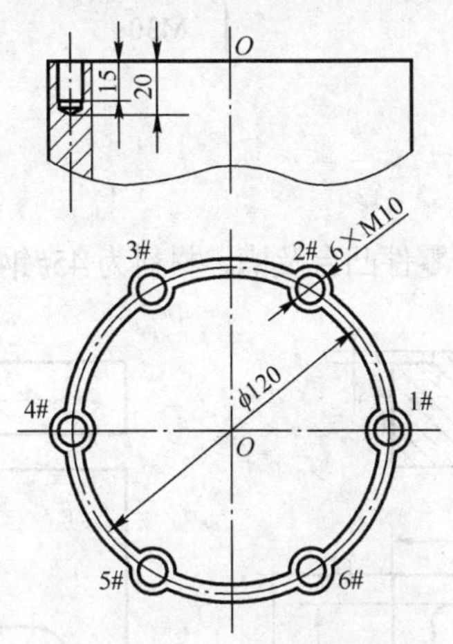

图 3-68　加工箱体螺纹孔

2）编写加工程序如下：

```
O0001 /钻中心孔
G90  G54;
M06  T01;
G43  Z50.0  H01;
G00  X0  Y0;
S4000  M03;
G99  G81  X60.  Y0  R3.  Z-3.  F120;
X30.  Y51. 962;
X-30.  Y51. 962;
X-60.  Y0;
X-30.  Y-51.962;
X30.  Y-51.962;
G0  Z50.;
G80  X0  Y0;
M05;
G91  G28  Z0;
M06  T02;    /钻孔，φ8.5 钻头
S800  M03;
G43  Z50.  H02;
G99  G83  X60.  Y0  R3.  Z-20.  Q1.  F50.;
X30.  Y51.962;
X-30.  Y51.962;
X-60.  Y0;
X-30.  Y-51.962;
G98  X30.  Y-51.962;
G80  G00  X0  Y0;
M05;
G91  G28  Z0;
M06  T03;  /倒斜角
S800  M03;
G43  Z50.  H03;
G81  X60.  Y0  R3.  Z-5.  F60;
X30.  Y51.962;
X-30.  Y51.962;
X-60.  Y0;
X-30.  Y-51.962;
G98  X30.  Y-51.962;
G80  G00  X0  Y0;
M05;
G91  G28  Z0;
M06  T04;    /攻螺纹
S500  M03;
G43  Z50.  H04;
G84  X60.  Y0  R3.  Z-15.  F500.;
X30.  Y51.962;
X-30.  Y51.962;
```

```
X-60.  Y0;                    G80  G00  X0  Y0;
X-30.  Y-51.962;              M05;
G98  X30.  Y-51.962;          M30;
```

习题

（1）加工如图 3-69 所示两个零件凸台及槽，材料为 45#钢，未注表面精度为 *Ra*1.6μm。

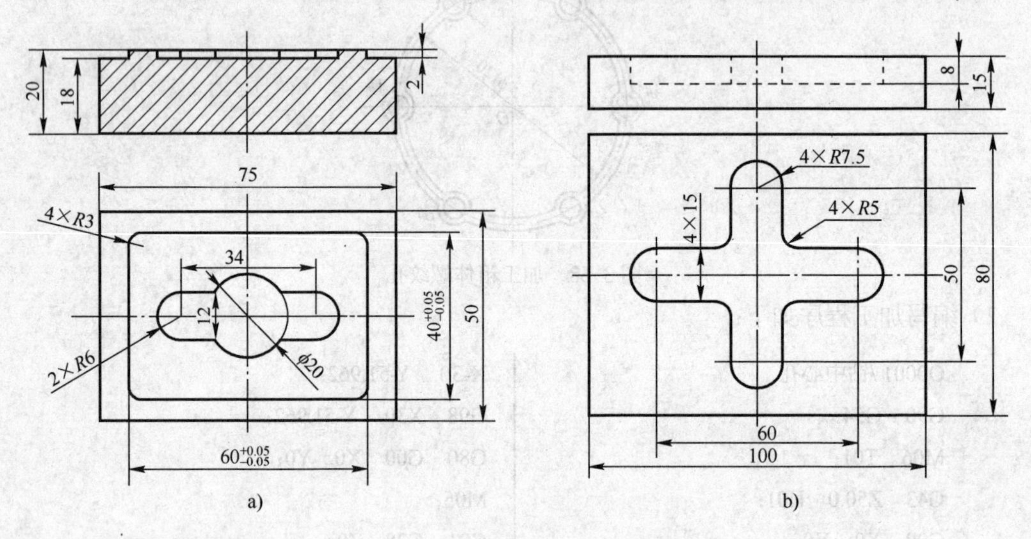

图 3-69　加工两个零件凸台及槽

（2）加工如图 3-70 所示零件凸台，材料为 LY12，要求建立刀具半径补偿，去除所有余量。未注表面精度 *Ra*3.2μm。

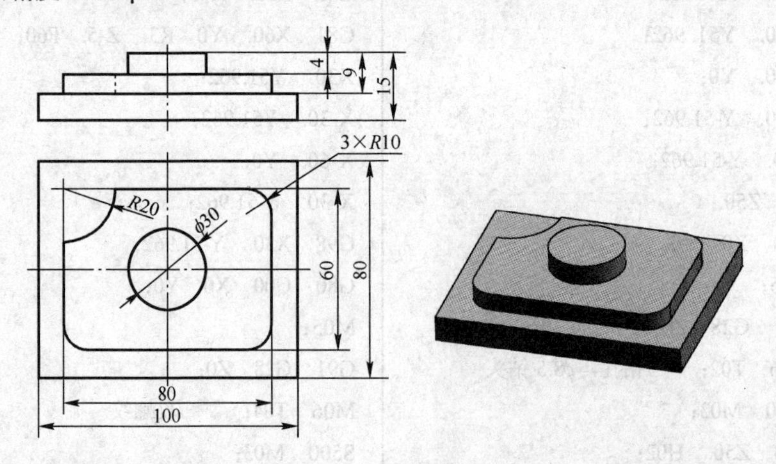

图 3-70　加工零件凸台

（3）加工如图 3-71 所示零件凸台及内孔，材料为 LY12，四周及上下底面已加工完毕。要求保证内孔的精度。

（4）加工如图 3-72 所示零件六边形凸台及内槽，材料为 LY12，四周及上下底面已加工完毕。要求保证配合槽的精度。

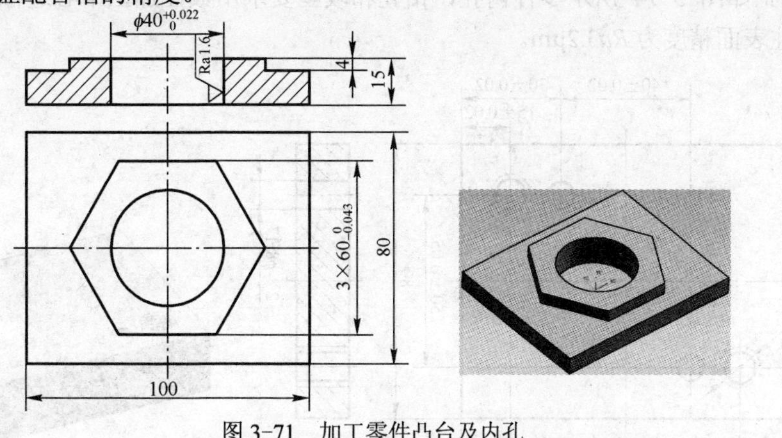

图 3-71 加工零件凸台及内孔

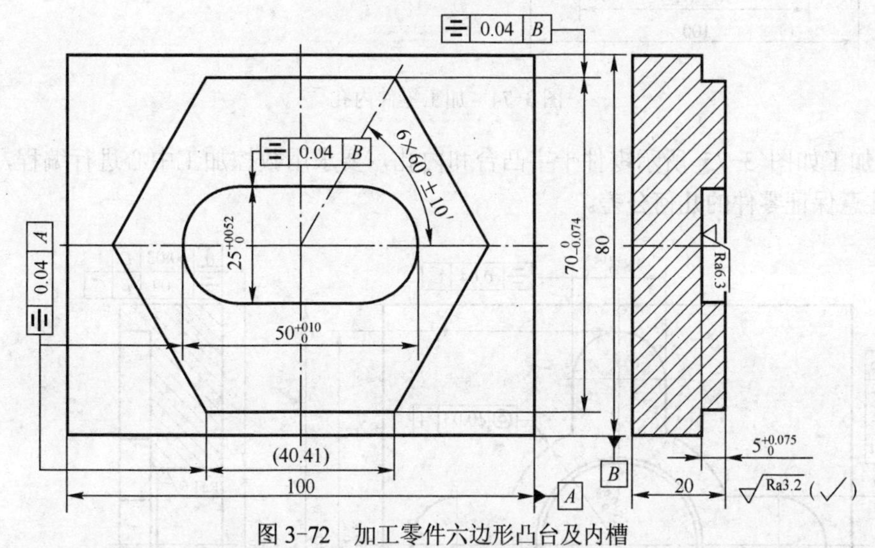

图 3-72 加工零件六边形凸台及内槽

（5）加工如图 3-73 所示零件凸台及内槽，材料为 LY12，四周及上下底面已加工完毕。*R*10、*R*6 对应的圆弧为 1/4 圆弧，未注表面精度为 *Ra*3.2μm。

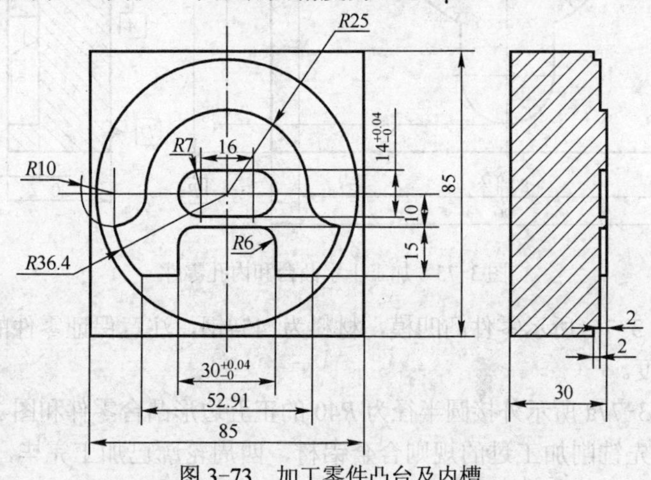

图 3-73 加工零件凸台及内槽

（6）加工如图 3-74 所示零件内孔，钻孔和攻丝要求用数控加工中心进行编程，材料为 45#钢，未注表面精度为 *Ra*3.2μm。

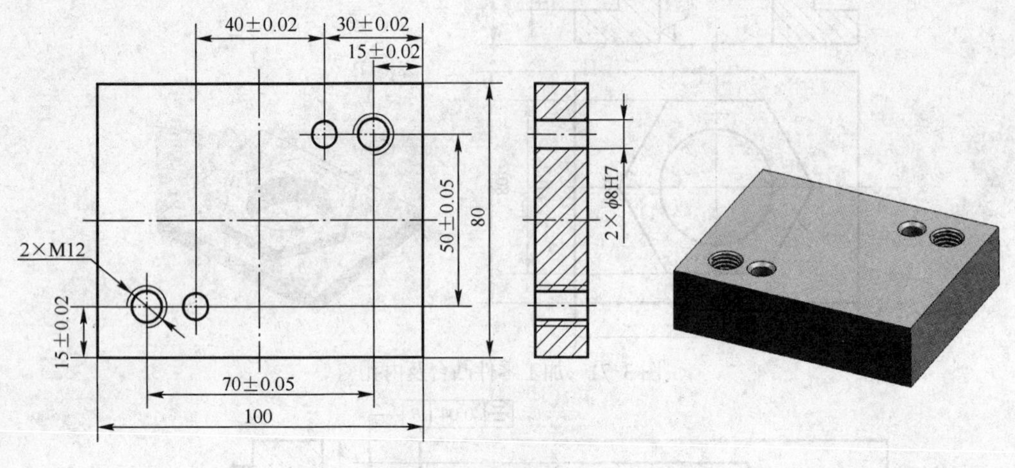

图 3-74　加工零件内孔

（7）加工如图 3-75 所示零件十字凸台和内孔，要求用数控加工中心进行编程，材料为 45#钢，注意保证零件的几何公差。

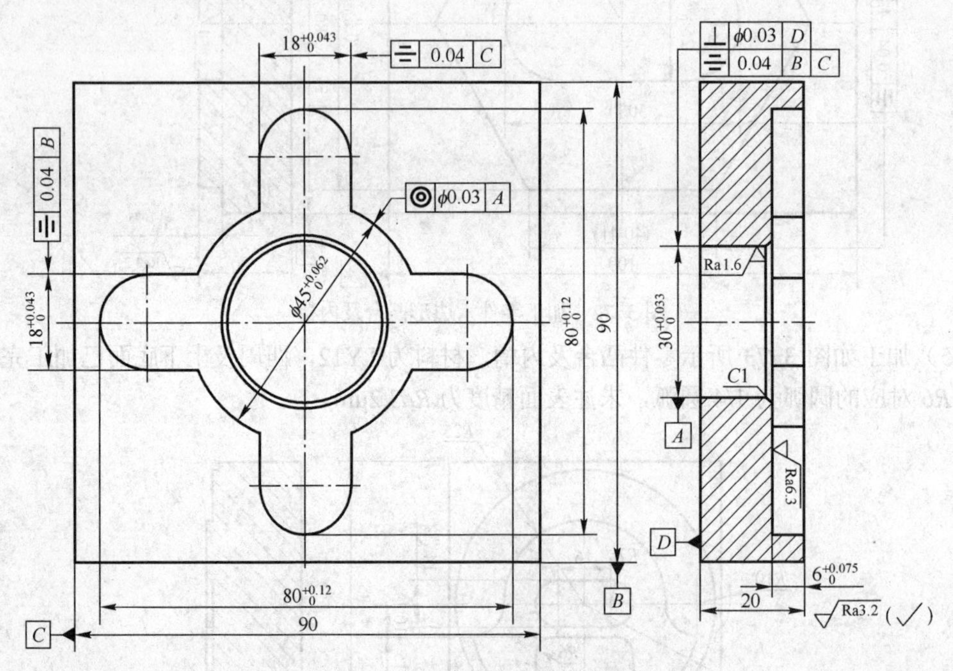

图 3-75　加工十字凸台和内孔零件

（8）加工如图 3-76 所示零件凸凹模，材料为 45#钢，注意保证零件的几何公差，保证凸凹模间隙配合精度。

（9）加工如图 3-77a 所示外接圆半径为 *R*40 的正五边形凸台零件和图 3-77b 所示凸盖零件，毛坯是经过预先铣削加工过的规则合金铝材，四周轮廓已加工完毕，未注表面精度为 *Ra*3.2μm。

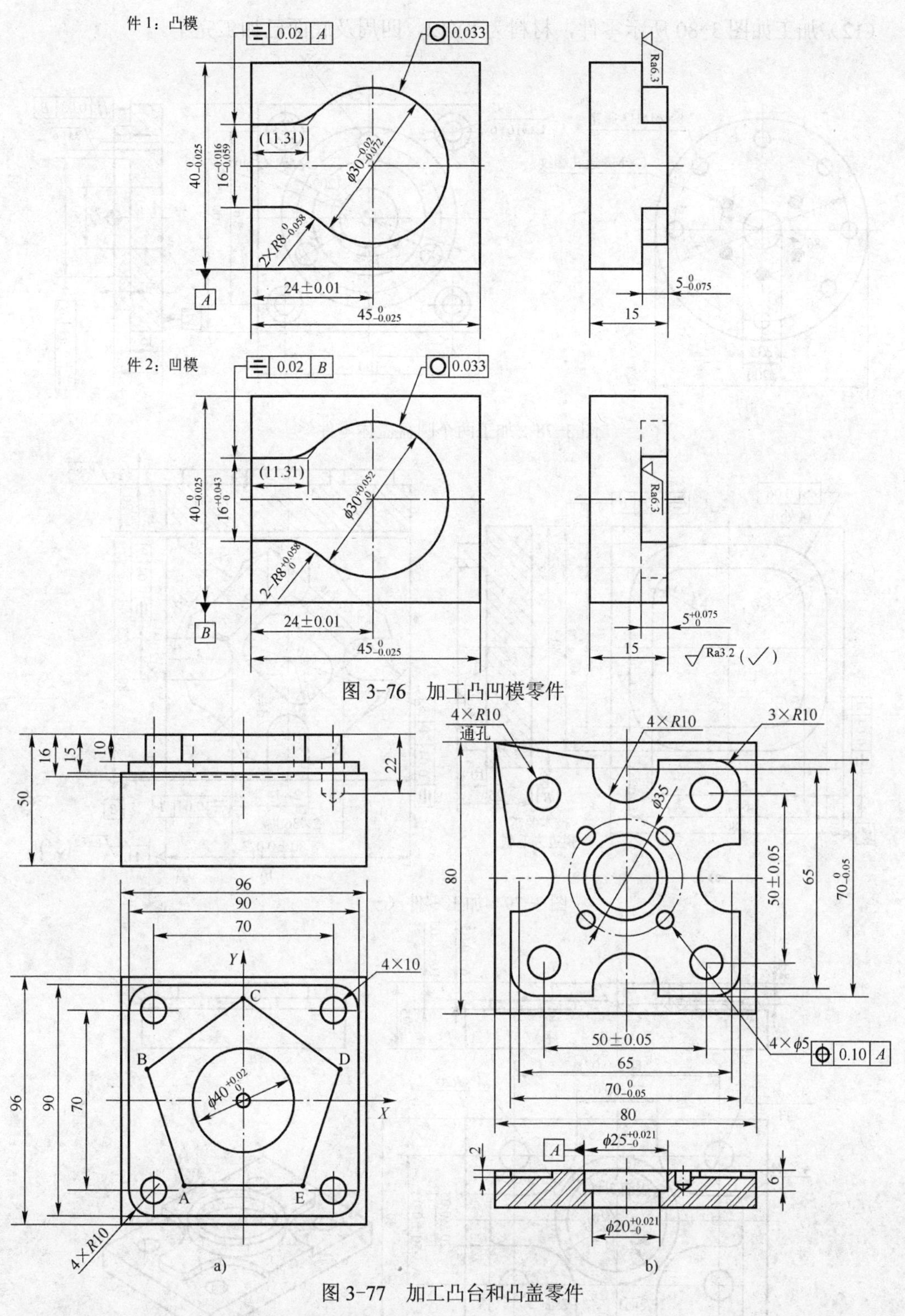

图 3-76 加工凸凹模零件

图 3-77 加工凸台和凸盖零件

（10）加工如图 3-78 所示两个圆盘盖体零件，要求编写加工程序，盖体厚度为 22mm，所有孔均为通孔，未注孔表面精度 $Ra3.2\mu m$。

（11）加工如图 3-79 所示零件，材料为 45#钢。基准面 A、B 已经加工完毕。

（12）加工如图 3-80 所示零件，材料为 LY12。四周及底面已加工完毕。

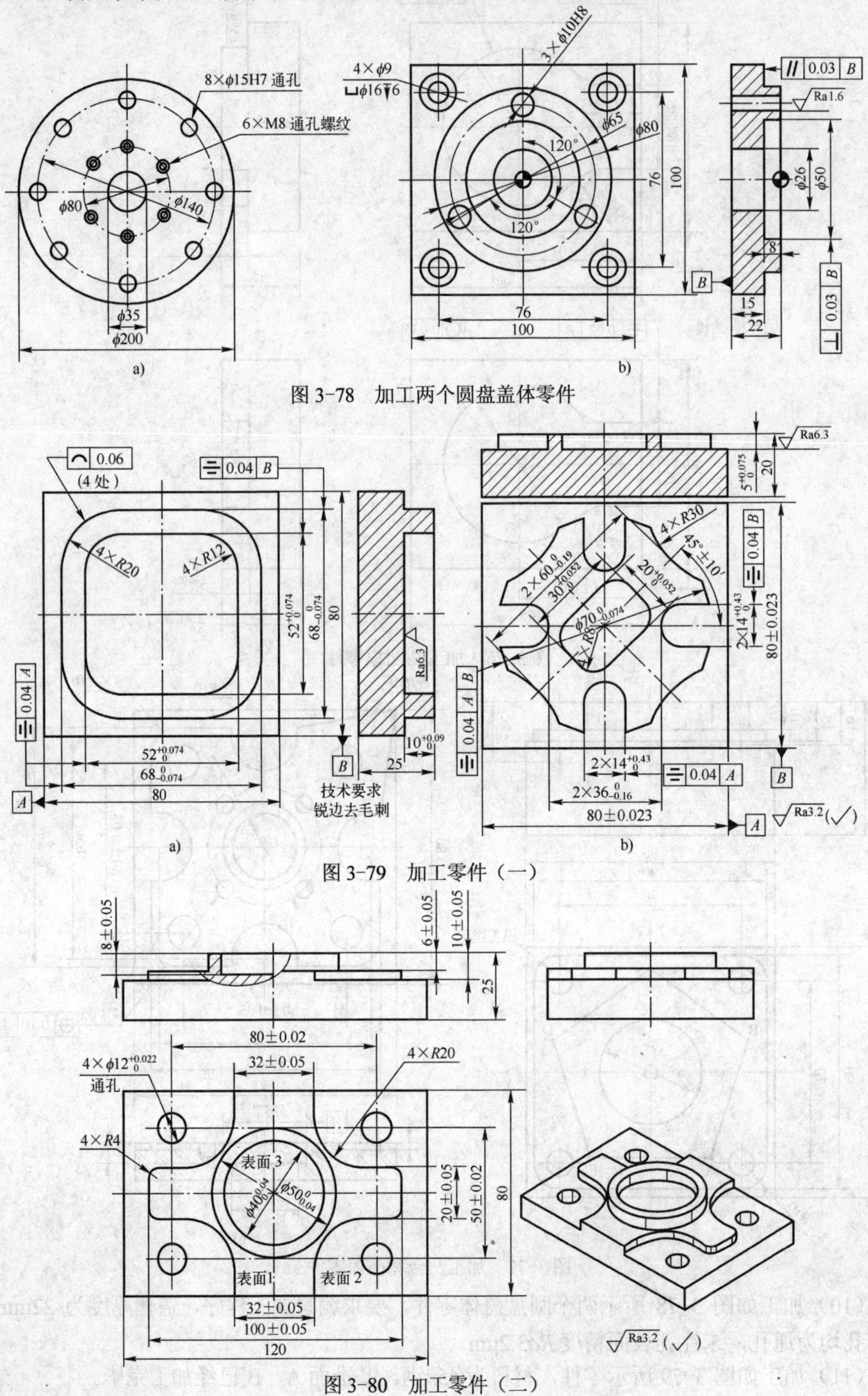

图 3-78　加工两个圆盘盖体零件

图 3-79　加工零件（一）

图 3-80　加工零件（二）

第 4 章　用户宏程序编程

4.1　宏程序编程基础

4.1.1　宏程序编程方法

1．宏程序概念

“宏程序”一般是指含有变量的程序，宏程序由宏程序体和程序中调用宏程序的指令即宏指令构成。它主要应用于抛物线、椭圆、双曲线等各种数控系统没有插补指令的轮廓二次曲线编程，目的是为了扩展数控机床的应用范围。

用户宏程序有两个要点：一是在宏程序中存在变量；二是宏程序能依据变量完成某个具体操作。

2．宏程序编程基本原理

宏指令编程是用户用变量作为数据进行编程，变量在编程中充当“媒介”作用，在后续程序中可以重新再赋值，原来内容将被新的赋值所取代，利用系统对变量值进行计算和可以重新赋值的特性，使变量随程序的循环自动增加并计算，实现加工过程的自动循环。实际上就是将非圆二次曲线轮廓拟合成无数个密集的点，自动计算出这些密集点的坐标值，再用宏程序变量不断赋值、计算，最后用直线插补或圆弧插补指令沿坐标值走刀，去逼近理想的曲线轮廓，形成非圆二次曲线轮廓的编程加工。

3．宏程序编程基本方法

1）首先将变量赋初值，也就是将变量初始化。

2）编制加工程序，若程序较复杂，用的变量多，可设子程序，使主程序简单明了。

3）修改赋值变量，重新计算变量值。

4）语句判断是否加工完毕，若没有，则返回继续执行加工程序，若执行完，则程序结束。其流程如图 4-1 所示。

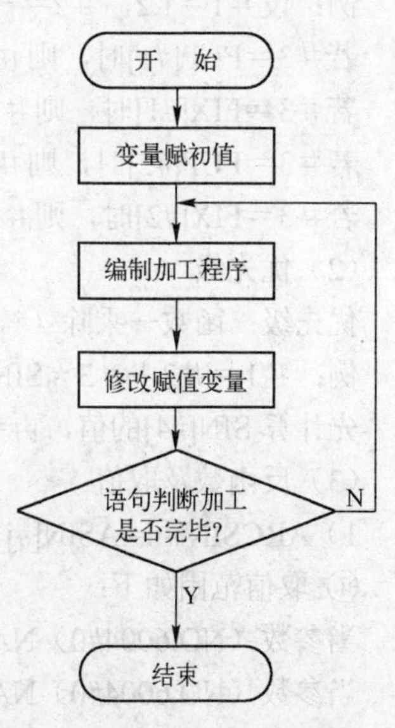

图 4-1　宏程序编程流程

4.1.2　算术和逻辑运算

用户宏程序中的变量可以进行算术和逻辑运算。表 4-1 中列出的运算即可在变量中执行。运算符右边的表达式可以是常量，也可以是由函数和运算符组成的变量（表达式中的变量#j 和#k 可以用常数赋值）；左边的变量也可以用表达式赋值。表 4-2 中列出了 FANUC 宏程序的条件表达式运算符。

表 4-1　算术和逻辑运算

功　　能	格　　式	备　　注
定义	#I=#j	
加法 减法 乘法 除法	#I=#j+#k; #i=#j-#k; #i=#j*#k; #i=#j/#k;	
正弦 反正弦 余弦 反余弦 正切 反正切	#i=SIN[#j]; #i=ASIN[#j]; #i=COS[#j]; #i=ACOS[#j]; #i=TAN[#j]; #i=ATAN[#j];	函数 SIN，COS，ASIN，ACOS，TAN 和 ATAN 的角度单位是度。如 30°30′ 表示为 30.5°
平方根 绝对值 舍入 下取整 上取整 自然对数 指数函数	#i=SQRT[#j]; #i=ABS[#j]; #i=ROUND[#j]; #i=FIX[#j]; #i=FUP[#j]; #i=LN[#j]; #i=EXP[#j];	
或 异或 与	#i=#j OR #k; #i=#j XOR #k; #i=#j AND #k;	逻辑运算一位一位地按二进制数执行
从 BCD 转为 BIN 从 BIN 转为 BCD	#i=BIN[#j]; #i=BCD[#j];	用于与 PMC 的信号交换

表 4-2　宏程序的条件表达式运算符

运 算 符	含　　义	运 算 符	含　　义
EQ	等于	GE	大于或等于
NE	不等于	LT	小于
GT	大于	LE	小于或等于

（1）取整

例：设＃1＝1.2，＃2＝-1.2 时

若＃3＝FUP[#1]时，则＃3＝2.0；/小数部分进位

若＃3＝FIX[#1]时，则＃3＝1.0；/小数部分舍去

若＃3＝FUP[#2]时，则＃3＝-2.0；

若＃3＝FIX[#2]时，则＃3＝-1.0；

（2）优先级

优先级：函数→乘除（*，/，AND）→加减（+，-，OR，XOR）。

例：＃1＝＃2＋＃3＊SIN[＃4]；

先计算 SIN[#4]的值，再乘以#3，最后加上#2。

（3）反函数及取值

1）ARCSIN＃i= ASIN[#j] 。

① 取值范围如下：

当参数（NO.6004#0）NAT 位设为 0 时，270°～90°；

当参数（NO.6004#0）NAT 位设为 1 时，-90°～90°。

② 当#j 超出-1～1 的范围时，发出 P/S 报警 NO.111。

③ 常数可替代变量#j。

2）ARCCOS #i＝ACOS[#j]。

取值范围从 180°～0°。当#j 超出-1～1 的范围时，发出 P/S 报警 NO.111。常数可替代变量#j。

4.1.3 变量与赋值

1．变量表示法

用一个可赋值的代号“# i”其中（ i = 1、2、3、4 …）来代替具体的坐标值或数据，这个代号“# i”就称为变量。

变量用变量符号“#”作为变量的标志，和后面的数值即变量的标号来表示，用于区分各变量。如# 1、# 28 等，其后面的数值不允许带小数点。

变量能够在宏程序体中进行使用，可以包含复杂的表达式，并在宏程序中完成很复杂的计算。而普通加工程序直接用“G 代码”或“数值”编写即可，如“G00 X100 Z100”；而用户宏程序在编写时，数值可以直接指定或用变量指定，如“G01 X [# 1 + # 1] Y[# 3] F500”。

2．局部变量与全局变量

（1）局部变量

局部变量又称为内部变量，它只在本复合语句范围内有效，也就是说只有在本复合语句内才能使用它们，在此以外（如子程序）是不能使用这些变量的。常用的内部变量如下：

1）#0 为空变量，该变量总是空，没有值能赋给该变量。

2）#1～#33 为局部变量，局部变量只能在当前宏程序中存储数据，例如运算结果，当断电时，局部变量被初始化为空。调用宏程序时，自变量对局部变量赋值。

（2）全局变量

全局变量又称为公共变量。一个程序中可以包含一个或若干个循环语句，在循环语句之外定义的变量称为外部变量，外部变量也是全局变量。全局变量可以为该程序中其他变量所公用，也可以在主程序和子程序中分别使用，变量值含义是一样的。常用的全局变量如下：

#100～#199，#500～#999 公共变量在不同的宏程序中的意义相同，当断电时，变量#100～#199 初始化为空，变量#500～#999 的数据能够保存。

3．变量表达式

用运算符连接起来的常数、宏变量称为变量表达式。

变量表达式中可以包含“+”“-”“*”“/”“[ ]”等，也可以包含一些函数如“SIN”“COS”“TAN”“ATAN”“ABS[ ]”“SIGN”“ SQRT[ ]” 等。

注意：表达式必须用中括号括起来。

例如：175/COS55π/180 写作赋值变量形式为：175 / COS[55* PI/180]。

4．变量的赋值

变量的赋值形式主要是由参数赋值变量，在调用时，它们之间有参数或数据传递。赋值指令符号“=”的左边是被赋值的变量，右边是一个常数或数值表达式。

赋值格式：宏变量 = 常数或表达式

1）直接赋值：将数值 50 赋值于# 1 变量 即写成 # 1= 50。

2）间接赋值：用含有变量的表达式赋值，将表达式内的演算结果赋给某个变量。如 # 5 = [# 1 + # 1] * SQRT [1-# 2 * # 2 / # 3 * # 3]，即读作：将变量[# 1 + # 1] * SQRT [1-# 2

* # 2 / # 3 * # 3] 赋值于 # 5。

4.1.4 用户宏程序语句与调用

1. 循环嵌套

一个循环体内又包含另一个完整的循环结构，称为循环嵌套。内嵌的循环中还可以嵌套循环，称为多层循环。循环嵌套是编写宏程序时常用的方法。

对于一个较大的宏程序，一般由若干个程序模块组成，每一个模块用来实现一个特定的功能。这个特定功能是用一组指令所构成的子程序来实现的。实际就是一种带变量的子程序，其使用方法与子程序调用完全一样。

2. 循环语句

(1) 华中数控系统循环语句

1) WHILE 语句。当指定条件满足时，执行 WHILE…ENDW 之间的程序。当指定条件不满足时，执行 ENDW 后续的程序段，如图 4-2 所示。语句特点是：先判断表达式，后执行语句。

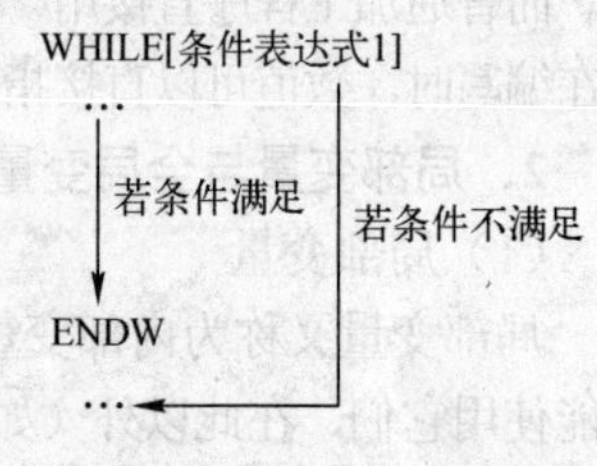

图 4-2 WHILE 语句

需要注意：在循环语句中应有使循环趋向于结束语句的条件表达式，即在 WHILE 后应有循环结束的条件。如 WHILE [# 2 GE 0] 若无此表达语句，则循环永不结束。

2) 条件判别语句 IF…ELSE…ENDIF。华中系统中的 IF 语句不常用，而且有的系统并不支持。它有两种如下格式：

格式一：IF[条件表达式]

…

ELSE

…

ENDIF

格式二：IF[条件表达式]

…

ENDIF

(2) FANUC 数控系统循环语句

1) 条件转移(IF 语句)。

条件转移语句中，IF 之后指定条件表达式，可有下面两种表达方式：

① IF[<条件表达式>]GOTO n。其格式流程如图 4-3 所示。

② IF[<条件表达式>] THEN…。

例如：如果#1 和#2 的值相同，则将 0 赋值给#3，语句表达式为。

IF [#1 EQ #2] THEN #3=0;

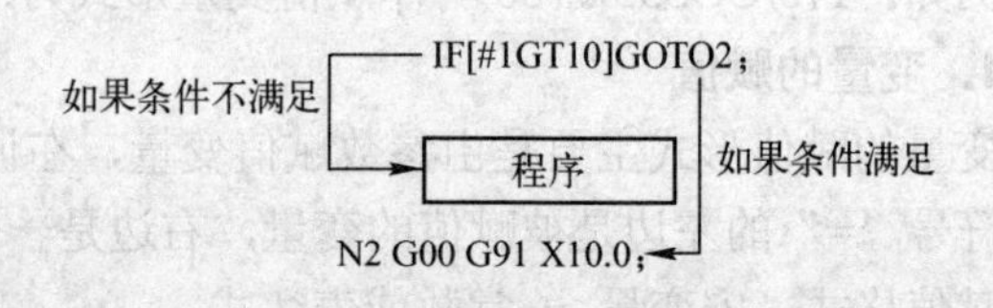

图 4-3 IF 循环语句流程图

2) WHILE 循环语句。

用 WHILE 引导的循环语句，在其后指定一个条件表达式，当指定条件满足时，执行从

DO 到 END 之间的程序，否则转到 END 后的程序段。其格式流程如图 4-4 所示。

当指定的条件满足时，执行 WHILE 从 DO 到 END 之间的程序。否则，转而执行 END 之后的程序段。这种指令格式也适用于 IF 语句，DO 后的“m”和 END 后的“m”是指定程序执行范围的标号，其值为 1、2、3。若用 1、2、3 以外的值会产生 P/S 报警。

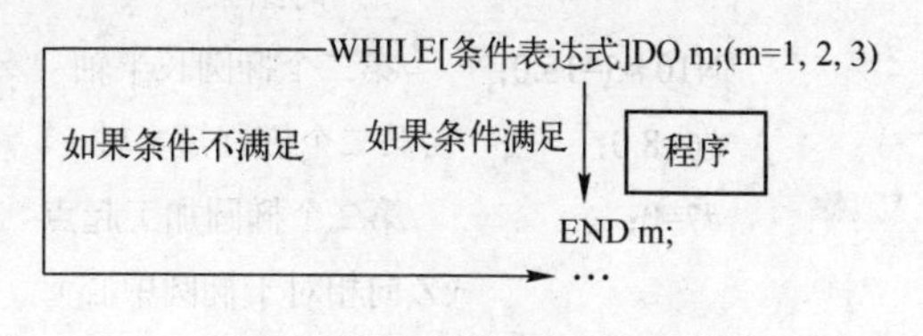

图 4-4　WHILE 循环语句流程图

3．宏程序编程实例

已知：某零件外轮廓由两个椭圆构成，如图 4-5 所示。试编写该零件加工程序。

设：原始毛坯为$\phi 45\times 100$，Z 轴步距有粗、精车 0.2mm、0.1mm 两种。

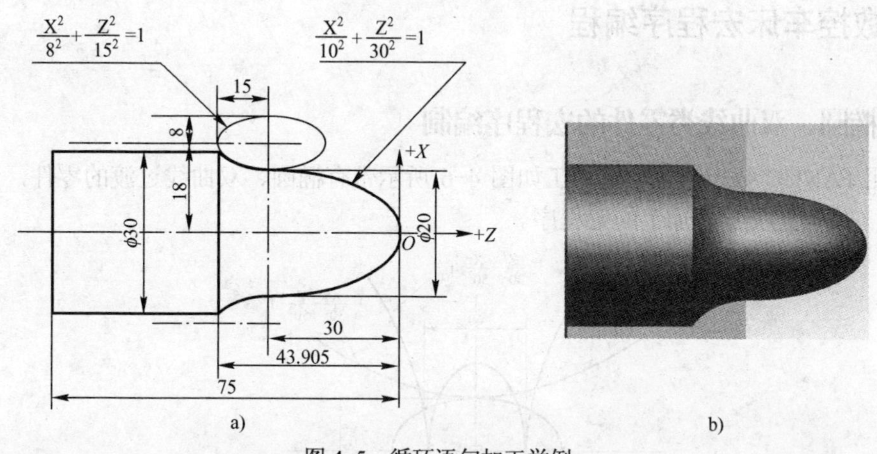

图 4-5　循环语句加工举例

a) 两个椭圆零件图　　b) 加工效果图

1）主程序：

```
O1
T0101;
G00  X50.0  Z50.0;
G96  S150  M03;
G50  S3000;
G00  X45.0  Z2.0;
G01  Z0  F20.0;
#150=45.0;    /毛坯尺寸，为全局变量
N2  M98  P0002;    /粗加工
N3 #150=#150-5.0;    /背吃刀量为 2.5
IF[#150GE0.5]GOTO2;    /精加工余量为 0.5
N5  G00  X45.0  Z2.0;
G01  Z0  F20.0;
#150=0;    /精加工余量为 0
M98  P0002;    /精加工
G00  X50.0;
Z50.0;
M30;
```

2）子程序：

```
O2
#1=30.0;    /第一个椭圆长半轴
#2=10.0;    /第一个椭圆短半轴
#3=30.0;    /第一个椭圆终点 Z 到工件
            坐标轴距离
N9 #4=10.0*SQRT[#1*#1-#3*#3]/30.0;    /椭圆曲
上 X 轴方向坐标计算
G01 X[2.0*#4+#150] Z[#3-30.0] F20.0;    /直线补“#150”
                                        为粗、精加工余量
#3=#3-0.2;    /Z 轴插补递减 0.2
```

```
IF[#3 GE0]GOTO9;        /加工到椭圆终点
                         时结束
N10 #5=15.0;        /第二个椭圆长半轴
#6=8.0;             /第二个椭圆短半轴
#7=0;               /第二个椭圆加工起点
                    （Z 向相对于椭圆中心）
N11 #8=8.0*SQRT[#5*#5-#7*#7]/15.0;
/椭圆曲上 X 轴方向坐标计算
G01  X[2.0*18.0-2.0*#8+#150]  Z[#7-
30.0]；  /直线插补，"#150"为粗、精加工余量
#7=#7-0.1;        /Z 轴插补递减 0.1
IF[#7GE-13.9054]  GOTO 11;   /第二个椭圆加工
                              到终点时结束
G01  W-31.0946;
G00  U3.0;
Z0;
M99;
```

4.2 数控车床宏程序编程

4.2.1 椭圆、双曲线类零件的宏程序编制

利用 FANUC 数控车床车削加工如图 4-6 所示带有椭圆、双曲线过渡的零件，使用变量（或参数）编制此类零件加工的宏程序。

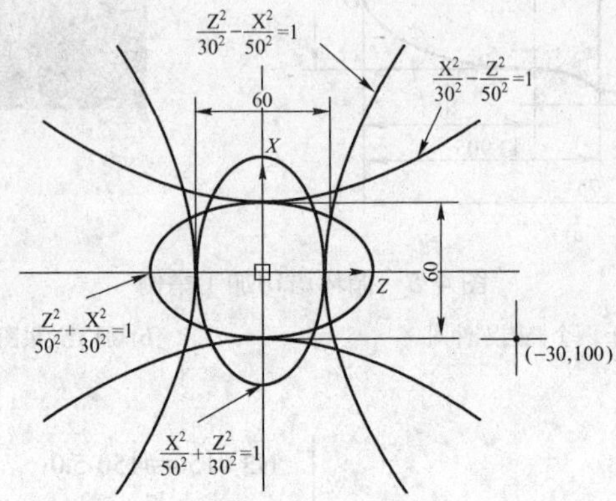

图 4-6　带有椭圆和双曲线零件示意图

1. 椭圆宏程序编制

假设椭圆 $\frac{Z^2}{50^2}+\frac{X^2}{30^2}=1$ 和 $\frac{X^2}{50^2}+\frac{Z^2}{30^2}=1$ 的中心为 *X*、*Z* 轴的坐标原点，则长半轴为 a=50，短半轴为 b=30。

1）工艺分析：车削椭圆的回转零件时，一般采用直线逼近（也叫作拟合）法，即在 *Z* 向（或 *X* 向）分段，以 0.05mm～0.2mm 为一个步距，并把 Z（或 X）作为自变量，X（或 Z）作为 Z（或 X）的函数。为了适应不同的椭圆（即不同的长短轴）、不同的起始点和不同的步距，可以编制一个只用变量而不用具体数据的宏程序，然后在主程序中调用该宏程序的用户宏指令，为上述变量赋值。这样，对于不同的椭圆、不同的起始点和不同的步距，不必更改程序，而只要修改主程序中用户宏指令段内的赋值数据就可以了。

2）编程计算

① 椭圆 $\frac{Z^2}{50^2}+\frac{X^2}{30^2}=1$ 的编程。

以该曲线一般方程 $\frac{Z^2}{a^2}+\frac{X^2}{b^2}=1$ 为例：

凸椭圆在第一、二象限内可转换为：X = b/a*SQRT[a*a−Z*Z]；

凹椭圆在第三、四象限内可转换为：X =−b/a*SQRT[a*a−Z*Z]。

用变量来表达上式为：#1=b/a * SQRT[a*a−#2*#2]或＃1=−b/a * SQRT[a*a−#2*#2] ；X 变量为#1、Z 变量为#2。直线插补指令为：G01 X[2.0*#1] Z[#2] F0.2;。

② 椭圆 $\frac{X^2}{50^2}+\frac{Z^2}{30^2}=1$ 的编程。

以该曲线的一般方程 $\frac{X^2}{a^2}+\frac{Z^2}{b^2}=1$ 为例：

右侧半椭圆在第一、四象限内可转换为：Z = b/a*SQRT[a*a−X*X]；

左侧半椭圆在第二、三象限内可转换为：Z =−b/a*SQRT[a*a−X*X]。

用变量来表达上式为：#2=b/a * SQRT[a*a−#1*#1]或＃2=−b/a * SQRT[a*a−#1*#1] ；X 变量为#1、Z 变量为#2。直线插补指令为：G01 X[2.0*#1] Z[#2] F0.2;。

③ 椭圆中心点不在工件坐标系原点的编程。

如图 4-6 所示，工件坐标系选择在椭圆 $\frac{Z^2}{50^2}+\frac{X^2}{30^2}=1$ 的右侧（−30，100）位置时，椭圆中心点在工件坐标系下的坐标变为（30，−100），则该椭圆 X 变量为#3，Z 变量为#4。在椭圆上拟合点的坐标为：

凸（一、二象限）椭圆为：#3＝2.0*#1+60.0；#4＝#2−100.0，原坐标加椭圆中心点坐标；

凹（三、四象限）椭圆为：#3＝2.0*#1+60.0；#4＝#2−100.0，原坐标加椭圆中心点坐标。

直线插补指令为：G01 X[#3] Z[#4] F0.2;。

同理，椭圆 $\frac{X^2}{50^2}+\frac{Z^2}{30^2}=1$ 的工件坐标系原点也为右侧点（30，−100），则该椭圆 X 变量为#3，Z 变量为#4 在椭圆上拟合点的坐标为：

凸凹椭圆均为：#3＝2.0*#1+60.0；#4＝#2−100.0；

直线插补语句为：G01 X[#3] Z[#4] F0.2;。

3）椭圆宏程序编程实例一。

已知：某零件轮廓由两个椭圆构成，如图 4-7 所示。试编写该零件加工程序。

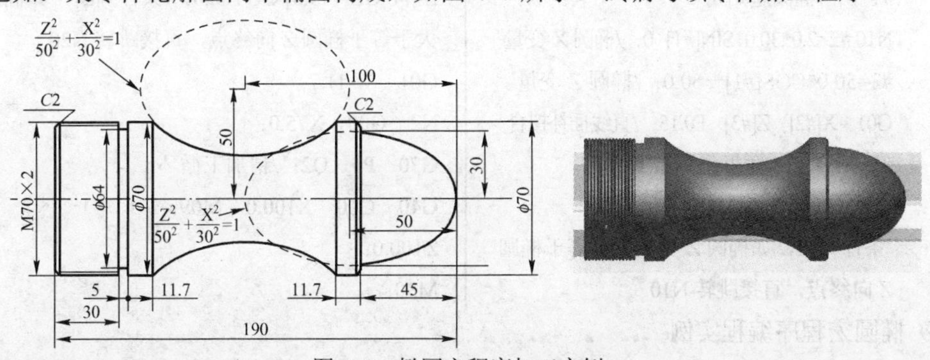

图 4-7　椭圆宏程序加工实例一

设：原始毛坯为ϕ75×200。

① 工艺分析，根据零件图样要求和毛坯情况，确定工艺方案及加工路线。用自定心卡盘夹持毛坯外圆，一次装夹依次完成工件左端 M70 外圆、ϕ70 外圆、槽和 M70 螺纹的粗、精加工。左端车削完毕后调头装夹ϕ70 外圆，粗、精车削右端所有外圆。

② 选择刀具。根据加工要求，选用三把刀具，T01 为粗、精加工外圆刀，选主偏角 93° 外圆车刀，T02 为标准 60° 角螺纹车刀，T03 为切断刀，刀刃宽为 5mm。

③ 工件编写程序如下：

左端：

```
O1234
G40  G90  G99  G97;
T0101;
M3  S800;
G00  X62.0  Z2.0;
G01  X69.74  Z-2  F0.15  M08;
Z-35.0; /M70 螺纹外圆加工
X70.0;
W-12.0;
X75.0  M09;
G0  Z100.0;
T0202;
G00  X72.0  Z2.0;
G92  X69.0  Z-32.0  F2.0; /M70 螺纹切削
X68.5;
X68.0
X67.6;
X67.4;
X67.4;
G00  X100.0;
Z100.0;
M30;
```

右端：

```
O4321
G40  G90  G99  G97;
T0101;
M3  S800;
G00  X80.0  Z2.0  M08;
G73  U20.0  W2.0  R10; /粗加工循环
G73  P1  Q2  U0.5  W0  F0.3;
N1  G42  G00  X0  Z1.0  S1500;
/精加工第一段程序
#1=0; /椭圆起始角
N10 #2=2.0*30.0*SIN[#1]+0; /椭圆 X 变量
#3=50.0*COS[#1]－50.0; /椭圆 Z 变量
G01  X[#2]  Z[#3]  F0.15; /直线插补拟合
#1=#1+0.5; /角度步距增量
IF[#3GE-45.0] GOTO10;
/条件判断，如椭圆 Z 变量大于等于椭圆 Z 向终点，直接跳转 N10
G01  X66.0;
X70.0  Z-47.0;
#5=43.3; /椭圆 Z 向起始点坐标（相对于椭圆中心）
N20 #6=-3.0/5.0*SQRT[50.0*50.0-#5*#5]; /椭圆 X 向起始点坐标（相对于椭圆中心）
#7=2.0*#6+100.0; /椭圆 X 变量（相对于工件坐标系）
#8=#5-100.0; /椭圆 Z 变量（相对于工件坐标系）
G01X[#7]Z[#8]; /直线插补拟合
#5=#5-0.1; /椭圆 Z 向步距增量
IF[#8 GE-143.3] GOTO20; /条件判断，如椭圆变量大于等于椭圆 Z 向终点，直接跳转 N20
G01  W-11.7;
N2  G00  X75.0;
G70  P1  Q2; /精加工循环
G40  G00  X100.0  M09;
Z100.0;
M30;
```

4）椭圆宏程序编程实例二。

加工如图 4-8 所示零件，毛坯尺寸为ϕ50mm×200mm，材料为铝合金，编写数控加工程序。

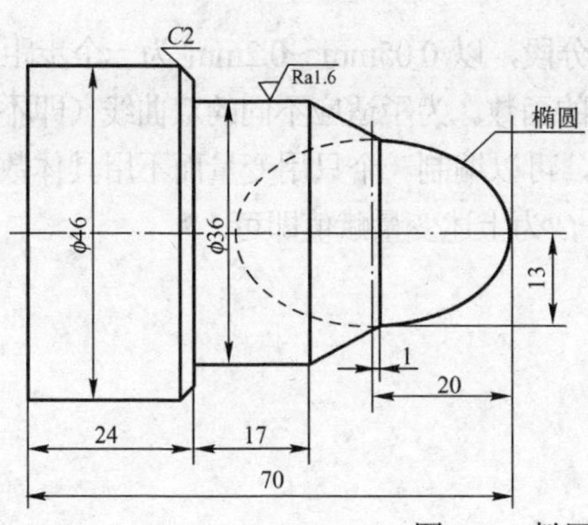

图 4-8 椭圆外形轮廓车削

① 变量设定。

#101=20.；/椭圆长半轴

#102=13.；/椭圆短半轴

#103=20.；/椭圆加工的 *Z* 轴起始尺寸（以椭圆中心开始计算，起点在右半轴的顶点处）

#104=SQRT[#101*#101-#103*#103]；

#105=13.*#104/20.； /*X* 轴变量

② 参考程序：

```
N10   G90   G98；
N20   T0101   M03   S800；
N30   G00   X51.   Z3.；
N40   G73   U15.   W10.   R15；
N50   G73   P60   Q210   U0.4   W0.1   F150；
N60   G01   X0；
N70   Z0；
N80 #101=20.；
N90 #102=13.；
N100 #103=20.；
N110   IF [#103 LT 1] GOTO 170；
N120 #104=SQRT[#101*#101-#103*#103]；
N130 #105=13.*#104/20.；
N140   G01   X[2.*#105]   Z[#103-20.]；
N150 #103=#103-0.5；
N160   GOTO   110；
N170   G01   X36.   Z-29.；
N180   Z-46.；
N190   X42.；
N200   X46.   Z-48.；
N210   Z-70.；
N220   G00   X80.   Z50.；
N230   M05；
N240   M00；
N250   M03   S1500   F80；
N260   G42   G00   X51.   Z3.；
N270   G70   P60   Q210；
N280   G40   G00   X80.   Z50.；
N290   M05；
N300   M30；
```

2．双曲线宏程序编制

如图 4-6 所示，双曲线 $\frac{Z^2}{30^2}-\frac{X^2}{50^2}=1$ 和 $\frac{X^2}{30^2}-\frac{Z^2}{50^2}=1$ 的中心为 *X*、*Z* 轴的坐标原点，其实半轴为 a＝30，虚半轴为 b＝50。

1）工艺分析：车削双曲线的回转零件时，一般先把工件坐标原点偏置（G52 指令）到双曲线对称中心上，也可以直接利用工件坐标系，下面以一个工件坐标系为基准进行分析编程。采用直线逼近（也叫作拟合）法，即在 X 向（或 Z 向）分段，以 0.05mm～0.2mm 为一个步距，并把 X（或 Z）作为自变量， Z（或 X）作为 X（或 Z）的函数。为了适应不同的双曲线（即不同的实半轴和虚半轴）、不同的起始点、终点和不同的步距，可以编制一个只用变量而不用具体数据的宏程序，然后在主程序中调用出该宏程序的用户宏指令，为上述变量赋值即可。

2）编程计算。

①双曲线 $\frac{Z^2}{30^2}-\frac{X^2}{50^2}=1$ 的编程。

以该曲线一般方程 $\frac{Z^2}{a^2}-\frac{X^2}{b^2}=1$ 为例。

右侧双曲线在第一、四象限内可转换为：Z = a/b*SQRT[b*b+X*X]；

左侧双曲线在第二、三象限内可转换为：Z =−a/b*SQRT[b*b+X*X]。

用变量来表达上式为：#2=a/b*SQRT[b*b+#1*#1]或＃2=−a/b*SQRT[b*b+#1*#1] ；其中 X 变量为#1，Z 变量为#2。直线插补语句为：G01 X[2.0*#1] Z[#2] F0.2；。

②双曲线 $\frac{X^2}{30^2}-\frac{Z^2}{50^2}=1$ 的编程。

以该曲线一般方程 $\frac{X^2}{a^2}-\frac{Z^2}{b^2}=1$ 为例。

Z 轴上面双曲线在第一、二象限内可转换为：X = a/b*SQRT[b*b+Z*Z]；

Z 轴下面双曲线在第三、四象限内可转换为：X =−a/b*SQRT[b*b+Z*Z]。

用变量来表达上式为：#1=a/b*SQRT[b*b+#2*#2]或＃1=−a/b*SQRT[b*b+#2*#2]；其中 X 变量为#1，Z 变量为#2。直线插补语句为：G01 X[2.0*#1] Z[#2] F0.2；。

③ 双曲线对称中心点不在工件坐标系原点的编程。

如图 4-6 所示，如果工件坐标系选择在双曲线 $\frac{Z^2}{30^2}-\frac{X^2}{50^2}=1$ 右侧（−30，100）位置时，那么该双曲线的对称中心点在工件坐标系下的坐标变为（30，-100），则该双曲线 X 变量为#3，Z 变量为#4 在双曲线上拟合点的坐标为：

右侧（一、四象限）双曲线为：#3＝2.0*#1+60.0；#4＝#2−100.0；

左侧（二、三象限）双曲线为：#3＝2.0*#1+60.0；#4＝#2−100.0。

直线插补指令为：G01 X[#3] Z[#4] F0.2；。

同理，如图 4-6 所示双曲线 $\frac{X^2}{30^2}-\frac{Z^2}{50^2}=1$ 的对称中心点在工件坐标系中也为右侧点（30，-100），则该椭圆 X 变量为#3，Z 变量为#4 在双曲线上拟合点的坐标为：

凹（一、二象限）双曲线为：#3＝2.0*#1+60.0；#4＝#2−100.0；

凸（三、四象限）双曲线为：#3＝2.0*#1+60.0；#4＝#2−100.0。

直线插补指令为：G01　X[#3]　Z[#4]　F0.2；。

3）双曲线宏程序编程实例。

已知：某零件轮廓由两个双曲线构成，如图 4-9 所示。试编写该零件加工程序。

设：原始毛坯为ϕ110×190。

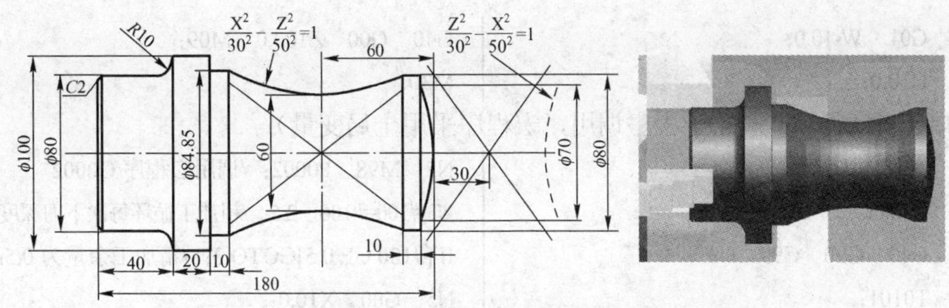

图 4-9 双曲线宏程序编程实例

① 工艺分析：根据零件图样要求和毛坯情况，确定工艺方案及加工路线。用自定心卡盘夹持毛坯外圆，一次装夹依次完成工件左端ϕ80 外圆、ϕ100 外圆、R10 圆弧及倒角的粗、精加工。左端车削完毕后调头装夹ϕ80 外圆，粗、精车削右端所有外轮廓。

② 选择刀具：根据加工要求，选用刀具 T01 作为粗、精加工外圆刀，选用主偏角 93°外圆车刀。

左端：

```
O5555
G40  G90  G99  G97;
T0101;
M3  S800;
G00  X120.0  Z2.0  M08;
G71  U3.  R1.0;
G71  P1  Q2  U0.5  W0  F0.3;
N1  G42  G0  X72.0  S1500;
G01  X80.0  Z-2.0  F0.1;
Z-30.0;
G02  X110.0  Z-40.0  R10.0;
G01  W-10.0;
N2  X110.0;
G70  P1  Q2;
G40  G00  Z100.0  M09;
M30;
```

右端（手动在数控机床刀偏表中加 X 磨耗值，依次为 46.0、40.0、34.0、28.0、22.0、16.0、10.0、4.0、1.0、0；最后一刀增加主轴转数为 1500）：

```
O4321
G40  G90  G99  G97;
T0101;
M3  S800;
G00  X100.0  Z2.0  M08;
G42  G00  X0;
#1=0；/双曲线X起始值为0（相对于双曲线对称中心）
N10 #2=-3.0/5.0*SQRT[50.0*50.0+#1*#1]；/双曲线变量Z，位于第二象限（相对于双曲线对称中心）
#3=2.0*#1+0；/双曲线X变量（相对于工件坐标系）
#4=#2+30.0；/双曲线Z变量（相对于工件坐标系）
G01X [#3] Z[#4] F0.2；/直线插补拟合
#1=#1+0.1；/X方向每次走刀步距
IF[#1LE35.0]GOTO10；/条件判断，如果X变量值小于等于35.0，直接跳转至N10句开始执行
G01  X80.0;
#5=44.096；/双曲线Z起始值（相对于双曲线对称中心，x=40）
N20 #6=3.0/5.0*SQRT[50.0*50.0+#5*#5]；/双曲线变量X（相对于双曲线对称中心）
#7=2.0*#6+0；/双曲线X变量（相对于工件坐标系）
#8=#5-60.0；/双曲线Z变量（相对于工件坐标系）
G01 X[#7] Z[#8] F0.2；/直线插补拟合
#5=#5-0.1；/Z方向每次走刀步距
IF[#8 GE -110.0] GOTO 20；/条件判断，如果Z变量值大于等于 -110.0，直接跳转至N20句开始执行
```

```
G01    W-10.0;
U10.0;
G40    G00    Z100.0    M09;
M30;
```

右端（自动循环，利用子程序调用，宏程序采用全局变量）：

```
主程序：
O4321
G40    G90    G99    G97;
T0101;
M3    S800;
G00    X100.0    Z2.0    M08;
X0;
#100=20.5；/设置全局变量#100 为粗加工偏置总余量＝20.5mm
N2    M98    P0002；/调用宏程序 O0002
N3 #100=#100－2.5；/粗加工循环每次下刀深度 2.5mm
IF[#100 GE 0.5]GOTO 2；/精加工余量为 0.5mm
N5    G00    X10.0;
G42    G00    Z2.0;
#100=0；/精加工程序开始，余量为 0
M98    P0002；/调用宏程序 O0002
G40    G00    Z100.0    M09;
M30;
```

子程序：

```
O0002
#1=0;                                     /双曲线 X 起始值为 0（相对于双曲线对称中心）
N10 #2=－3.0/5.0*SQRT[50.0*50.0+#1*#1];   /双曲线变量 Z，位于第二象限（相对于双曲线对称中心）
#3=2.0*#1+0+#100;                         /双曲线 X 变量（相对于工件坐标系）加上#100 粗加工偏置量
#4=#2+30.0;                               /双曲线 Z 变量（相对于工件坐标系）
G01    X[#3]    Z[#4]    F0.1;            /直线插补拟合
#1=#1+0.1;                                /X 方向每次走刀步距
IF [#1 LE 35.0] GOTO 10;                  /条件判断，如果 X 变量值小于等于 35.0，直接跳转至 N10
                                          /开始执行
G01    X[80.0+#100];
#5=44.096;                                /双曲线 Z 起始值（相对于双曲线对称中心）
N20 #6=3.0/5.0*SQRT[50.0*50.0+#5*#5];     /双曲线变量 X（相对于双曲线对称中心）
#7=2.0*#6+0+#100;                         /双曲线 X 变量（相对于工件坐标系）加上#100 粗加工偏置量
#8=#5-60.0;                               /双曲线 Z 变量（相对于工件坐标系）
G01    X [#7]    Z[#8]    F0.2;           /直线插补拟合
#5=#5-0.1;                                /Z 方向每次走刀步距
IF [#8 GE -110.0] GOTO 20;                /条件判断，如果 Z 变量值大于等于-110.0，直接跳转至
                                          /N20 开始执行
G01    W-10.0;                            /Z 向相对位移
U10.0;                                    /X 向相对位移
G0    Z2.0;
M99;                                      /子程序结束，返回
```

4.2.2 抛物线类零件的宏程序编制

利用 FANUC 数控车床车削加工如图 4-10 所示带有抛物线过渡的零件，使用变量（或参数）编制加工此类零件的宏程序。

1）工艺分析：车削如图 4-10 所示抛物线形状的回转零件时，假设工件坐标系原点在抛物线顶点上，采用直线逼近（也叫作拟合）法，即在 X（或 Z）向分段，以 0.01～0.2 为一个

步距，并把 X（或 Z）作为自变量，Z（或 X）作为 X（或 Z） 的函数。为了适应不同的抛物线（即不同的对称轴和焦点）、不同的起始点、终点及步距，可以编制一个只用变量而不用具体数据的宏程序，然后在主程序中调出该宏程序的用户宏指令，为上述变量赋值即可。

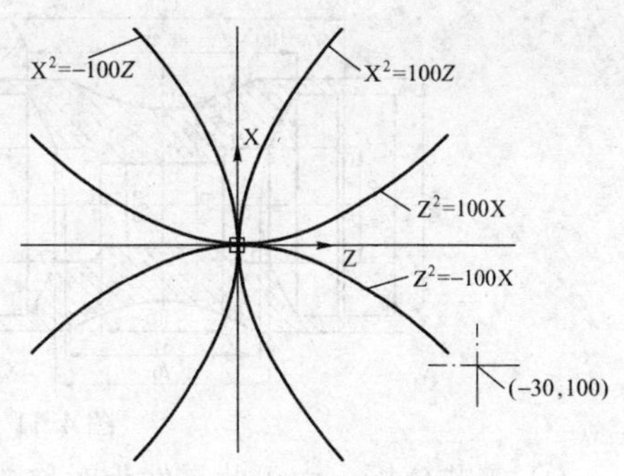

图 4-10　抛物线及公式示意图

2）编程计算。

抛物线的一般方程为：$X^2=\pm2PZ$ 或 $Z^2=\pm2PX$。如图 4-10 所示，抛物线轮廓曲线根据其开口方向有四种常见形式：$Z^2=100X$；$Z^2=-100X$；$X^2=100Z$；$X^2=-100Z$。

① 抛物线 $Z^2=100X$ 和 $Z^2=-100X$ 的编程。

以该曲线一般方程 $Z^2=\pm2PX$ 为例：以 Z 为自变量，设为#2；X 为因变量，设为#1。如图 4-10 所示。

凹抛物线 $Z^2=100X$ 在第一、二象限内，可转换为：X＝Z*Z/2P；

凸抛物线 $Z^2=-100X$ 在第三、四象限内，可转换为：X=−Z*Z/2P。

用变量来表达上式为：#1=#2*#2/2P 或＃1=−#2*#2/2P；直线插补指令为：G01 X[2.0*#1] Z[#2] F0.2。

② 抛物线 $X^2=100Z$ 和 $X^2=-100Z$ 的编程。

以该曲线一般方程 $X^2=\pm2PZ$ 为例：以 X 为自变量，设为#1；Z 为因变量，设为#2。如图 4-10 所示。

抛物线 $X^2=100Z$ 在第一、四象限内，可转换为：Z=X*X /2P；

抛物线 $X^2=-100Z$ 在第二、三象限内，可转换为：Z=−X*X /2P。

用变量来表达上式为：#2=#1*#1/2P 或＃2=−#1*#1/2P；直线插补指令为：G01 X[2.0*#1] Z[#2] F0.2。

③ 抛物线顶点不在工件坐标系原点的编程。

如果工件坐标系选择在抛物线 $Z^2=100X$ 和 $Z^2=-100X$ 右侧（−30，100）位置时，那么该抛物线顶点在工件坐标系下的坐标变为（30，−100），则该抛物线 X 变量为#3，Z 变量为#4 在抛物线上拟合点的坐标为：

凹抛物线 $Z^2=100X$ 在第一、二象限为：#3＝2.0*#1+60.0；#4＝#2−100.0；

凸抛物线 $Z^2=-100X$ 在第三、四象限为：#3＝2.0*#1+60.0；#4＝#2−100.0。

直线插补指令为：G01 X[#3] Z[#4] F0.2。

同理，抛物线 $X^2=100Z$ 和 $X^2=-100Z$ 的工件坐标系原点也为右侧点（30，−100），则该抛物线 X 变量为#3、Z 变量为#4 在抛物线上拟合点的坐标为：

$X^2=100Z$（一、四象限）抛物线为：#3＝2.0*#1+60.0；#4＝#2−100.0；

$X^2=-100Z$（二、三象限）抛物线为：#3＝2.0*#1+60.0；#4＝#2−100.0。

直线插补指令为：G01 X[#3] Z[#4] F0.2。

3）抛物线宏程序编程实例。

已知：某零件轮廓由两个抛物线构成，如图 4-11 所示。试编写该零件加工程序。

设：原始毛坯为ϕ90×130。

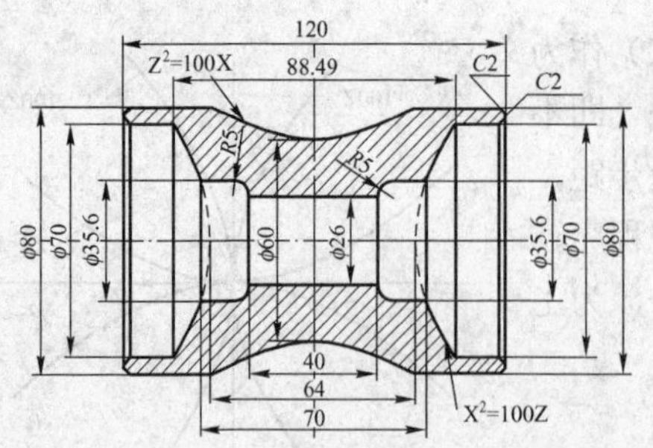

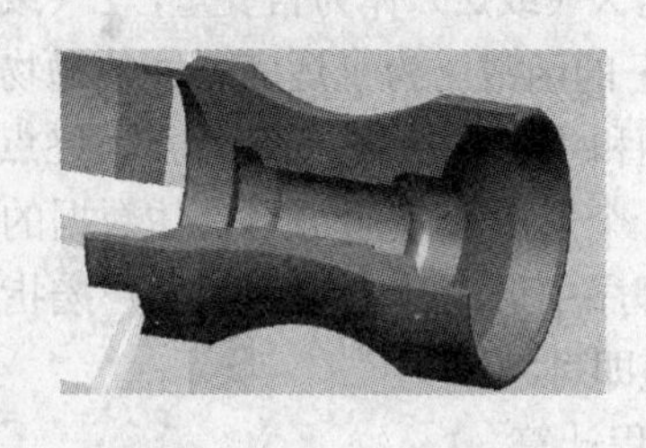

图 4-11 抛物线宏程序加工实例

① 工艺分析：由于此零件为对称图形，本着先内后外的原则，用自定心卡盘夹持毛坯外圆，一次装夹依次完成工件一端外圆和内孔、倒角等所有轮廓的粗、精加工，外圆车削至抛物线终点。一端车削完毕后调头装夹ϕ80 外圆，粗、精车削另一端所有内孔和外圆轮廓。

② 选择刀具：根据加工要求，选用四把刀具：ϕ3 中心钻，ϕ26 麻花钻，T01 为粗、精加工外圆刀，选刀尖角为 35°、主偏角 93°的外圆车刀，T02 为粗、精加工内孔刀，选主偏角 95°的内孔车刀。

③ 工件编写程序如下：

内孔加工程序（粗加工采用 G71 循环）：

```
O0011
G90  G40  G97  G99;
T0202;
M3  S800;
G0  X24.0  Z2.0  M08;/粗加工循环起点
G71  U2.5  R0.5;
G71  P2  Q3  U-0.5  W0  F0.25;/粗加工循环
N2  X77.0;
G1  X70.0  Z-2.0;
Z-15.7
X35.0  Z-25.0;
Z-35.;
N3  X26.0;
G41  G0  Z2.0  T0202;
X78.0  S1500;
G1  X70.0  Z-2.0  F0.1;/精加工起点
#1=35.0;/抛物线 X 变量加工起点（相对于抛物线顶点）
N1 #2=#1*#1/100;/抛物线 Z 变量加工起点（相对于抛物线顶点）
#3=2*#1+0;/抛物线 X 变量加工起点（相对于工件坐标系原点）
#4=#2-28.0;/抛物线 Z 变量加工起点（相对于工件坐标系原点）
G1  X[#3]  Z[#4];/直线插补
#1=#1-0.1;/X 变量每次走刀步距
IF[#3 GE 35.6] GOTO 1;/条件判断，当 X 变量值大于等于φ35.6 内孔直径时，直接跳转至 N1 开始执行
G01  Z-35.0;
G03  X26.0  Z-40.0  R5.0;
G40  G01  X24.0;
G0  Z100.0;
M30;
```

外圆加工程序（自动循环，利用子程序调用，宏程序采用全局变量#100）：

```
主程序:
O0011
G90  G40  G97  G99;
T0101;
M3  S800;
G0  X90.0  Z2.0;
X72.0  M08;
O001;
G1  X80.0  Z-2.0  F0.3;
#100=20.5;/设置全局变量#100 为粗加工偏置总余
```

```
量=20.5mm
N2  M98  P0022；/调用宏程序 O0022
N3 #100=#100-2.5；/粗加工循环每次下刀深度 2.5mm
IF [#100 GE 0.5] GOTO 2；/精加工余量为 0.5mm
G0  X90.0  Z2.0；
G42  X72.0；
G1  X80.0  Z-2.0  F0.1；
#100=0；/精加工程序开始，余量为 0
M98  P0022；/调用宏程序 O0022
G40  G00  Z100.0  M09；
M30；
```

```
子程序：
O0022
#1=31.623；/抛物线 Z 变量加工起点（相对于抛物线顶点）
N10 #2=#1*#1/100；/抛物线 X 变量加工起点（相对于抛物线顶点）
#3=2*#2+60.0+#100；/抛物线 X 变量加工起点加上粗加工偏置（相对于工件坐标系原点）
#4=#1-60.0；/抛物线 Z 变量加工起点（相对于工件坐标系原点）
G1  X[#3]  Z[#4]  F0.1；/直线插补
#1=#1-0.1；/Z 变量每次走刀步距
IF[#4GE-91.623]GOTO10；/条件判断，当 Z 变量值大于等于抛物线终点坐标时，直接跳转至 N10 开始执行
G01  U10.0；
G0  Z2.0；
X80.0；
M99；
```

4.2.3 数控车床宏程序编程实例

（1）加工如图 4-12 所示某轴类异型螺纹偏心零件，材料为 45#钢，毛坯为ϕ57×115。试编程其加工程序。

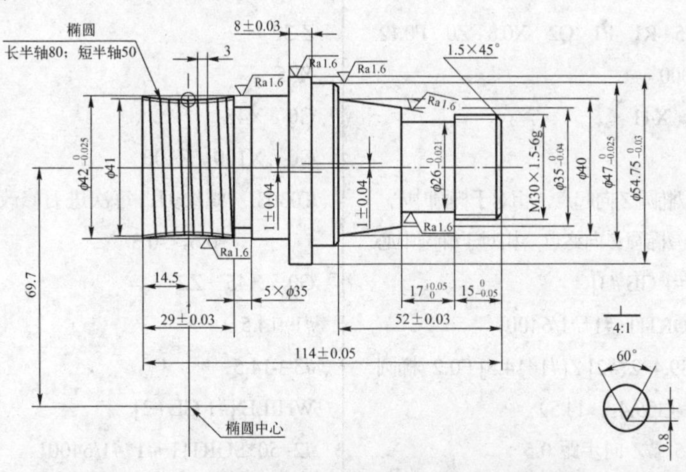

图 4-12　轴类异型螺纹偏心零件加工

1）右边（华中数控）：

```
%11
G95   G90
M3   S1500
T0101   /93° 外圆车刀
M08
G0   X58   Z2
G71   U1.5   R1   P1   Q2   X0.8   Z0   F0.12
M3   S2000
N1   G0   X27
G1   Z0
X30   Z-1.5
Z-32
X35
X40   Z-52
X45
X47   W-1
Z-59
N2   X58
G0   X100   Z100
T0202   /切槽刀，刀宽 3mm
M3   S600
G0   X43   Z-32
G75   X25.985   Z-18   Q5   R2   I2.5   P0   F0.05
G0   X58
X150   Z150
M30
```

2）左边（华中数控）：

```
%22
G95   G90
M3   S1500
T0101
M08
G0   X58   Z2
G71   U1.5   R1   P1   Q2   X0.8   Z0   F0.12
M3   S2000
N1   G0   X41
G1   Z0
#1=14.5   /椭圆 Z 向起点，相对于椭圆中心
#3=-14.5   /椭圆 Z 向终点，相对于椭圆中心
WHILE [#1 GE #3]
#2=50*SQRT[1-#1*#1/6400]
G01 X[139.4-2*#2] Z[#1-14.5] F0.2 /椭圆中心坐标（139.4，-14.5）
#1=#1-0.5   /Z 向步距 0.5
ENDW
G1   Z-34
X42   C0.5
W-11
N2   X58
G0   X100   Z100
T0202
M3   S500
G0   Z-34
X45
G1   X35   F0.03
X45
Z-32
X35
G0   X45
G0   X100   Z100
T0303   /螺纹刀，每次进刀修改磨耗补偿-2，-1，-0.6，-0.3
G0   X45   Z2
#1=14.5
#3=-14.5
WHILE [#1 GE #3]
#2=50*SQRT[1-#1*#1/6400]
G32 X[139.4-2*#2] Z[#1-14.5] F3
#1=#1-3
ENDW
G0   X150   Z150
M30
```

3）偏心（采用偏心套、自定心卡盘垫片、两顶尖、四爪卡盘找正、花盘找正法等）：

```
%33
G95   G90
T0101
M08
G0   X58   Z2
M3   S2000
G0   X55.75
G1   Z0   F0.1
G1   X56.75   Z-0.5
Z-10
G058
G0   X100   Z100
M30
```

（2）加工某轴类配合零件，共 3 个零件，装配结果如图 4-13 所示。零件 1 轴如图 4-14 所示，零件 2 套如图 2-10 所示，零件 3 端盖如图 4-15 所示。材料为 45#钢，要求保证配合尺寸精度。试编制其加工程序（华中数控系统）。

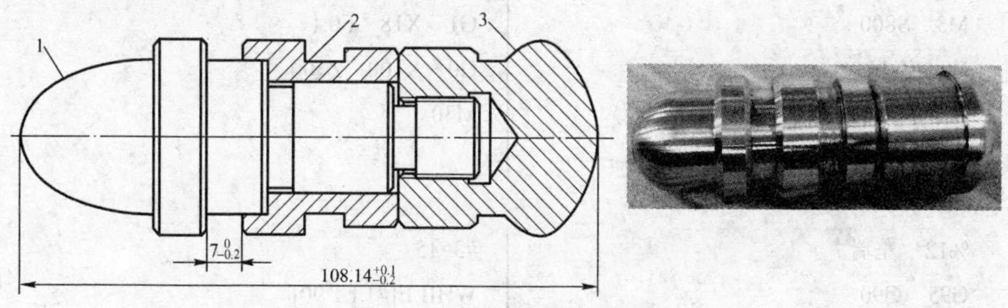

图 4-13　轴类配合零件装配

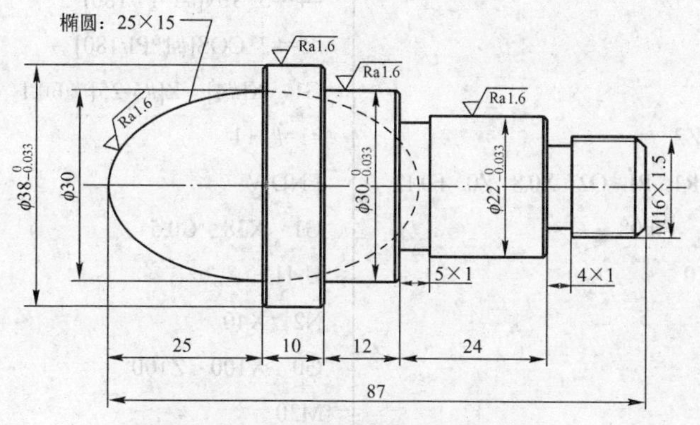

图 4-14　配合零件 1 轴

```
%1 右端
G95   G90
M3   S1500
T0101
M08
G0   X42   Z2
G71   U1.5   R1   P1   Q2   X0.8   Z0.2   F0.12
M3   S2000   F0.08
```

```
N1  G0  X12
G1  Z0
G1  X15.8  C1.5
Z-16
X22  C0.5
W-24
X30  C0.5
W-12
X38  C0.5
N2  X40
G0  X100  Z100
T0202
M3  S800
G0  Z-16
X24
G1  X14  F0.03
G0  X32
Z-40
G1  X20
G0  X23
W1
G1  X20
G0  X100
Z100
T0303
G0  X18  Z5
G76  C2  R-0.5  E0.975  A60  X14.2  Z-13  I0
K0.975  U0.1  V0.05  Q2  F1.5
G1  X18  F0.1
G0  X100  Z100
M30
```

```
%12  左端
G95  G90
M3  S1500
T0101
M08
G0  X42  Z2
G71  U1.5  R1  P1  Q2  X0.8  Z0  F0.12
M3  S2000  F0.08
N1  G0  X0
G1  Z0
#1=0
#2=25
#3=15
WHILE[#1 LT 90]
#4=#3*SIN[#1*PI/180]*2
#5=#2*COS[#1*PI/180]
G1  X[#4]  Z[#5-25]  F0.1
#1=#1+1
ENDW
G1  X38  C0.5
U-11
N2  X40
G0  X100  Z100
M30
```

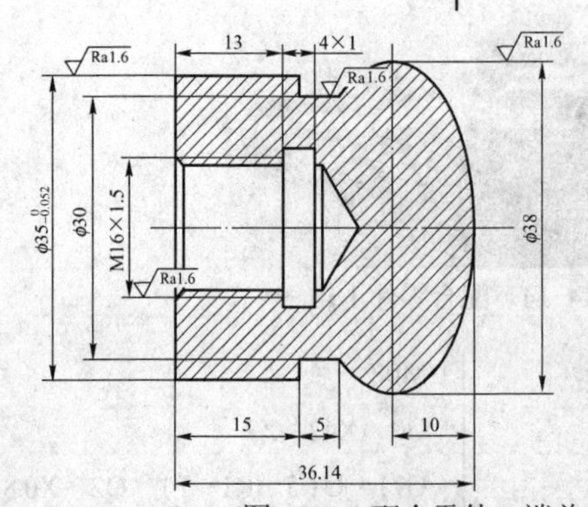

图 4-15　配合零件 3 端盖加工图

```
%1 左端
G95 G90
M3 S1500
T0101 /外圆车刀
M08
G0 X42 Z2
G71 U1.5 R1 P1 Q2 X0.8 Z0 F0.12
M3 S2000 F0.08
N1 G0 X14
G1 Z0
G1 X35 C0.5
Z-17
N2 X40
G0 X100 Z100
T0202 /93° 内孔刀
M3 S800
X12 Z2
G71 U1 R0.5 P3 Q4 X-0.8 Z0 F0.1
M3 S1000
N3 G0 X16
G1 Z0
X14.2 C1.5
Z-17
N4 X12
G0 Z150
X150
T0303 /内孔槽刀，刀宽 3mm
G0 X12
Z2
G1 Z-13
X18 F0.03
X12
W-1
X18
N2 X12
G0 Z150
X150
T0404 /内螺纹车刀
G0 X13
Z2
G76 C2 R-0.5 E-0.975 A60 X16 Z-14 I0
K0.975 U0.1 V0.05 Q0.2 F1.5
G0 Z150
X150
M30
```

```
%1 右端
G95 G90
M3 S1500
T0101
M08
G0 X42 Z2
G71 U1.5 R1 P1 Q2 X0.8 Z0 F0.12
M3 S2000 F0.08
N1 G0 X0
G1 Z0
#1=0
#2=10
#3=19
WHILE [#1 LT 127.86]
#4=#3*SIN [#1*PI/180]*2
#5=#2*COS [#1*PI/180]
G1 X [#4] Z [#5-10] F0.1
#1=#1+1
ENDW
G1 X30 Z-16.14
W-5
X35 C0.5
N2 X40
G0 X100 Z100
M30
```

4.3 数控铣床或加工中心宏程序编程

4.3.1 菱形网式点阵孔的宏程序编制

利用华中系统数控铣床或加工中心制加工如图 4-16 所示菱形孔系零件。该零件为菱形网式点阵孔系，有 5 行 6 列，每行 6 个孔，每列 5 个孔；相邻各行孔的列距为 40mm，行距为 45mm，左下角的第一个孔中心与工件坐标系原点的绝对坐标为（30，20），菱形的底边与 *X* 轴的夹角为 15°，菱形的底边与侧边的夹角为 60°，孔深度 Z 为 20mm。使用变量（或参数）编制此类零件的宏程序。

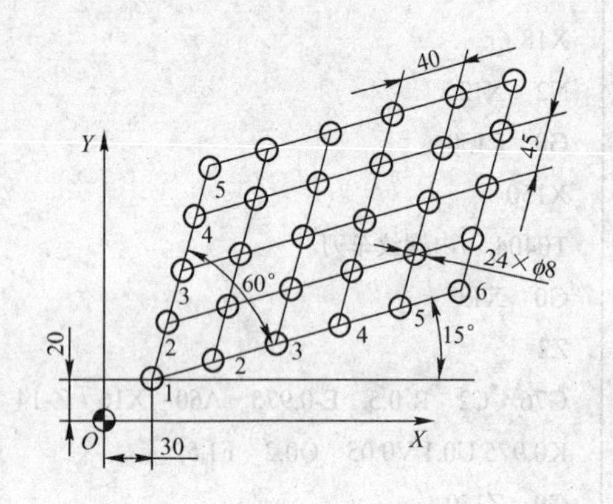

图 4-16　菱形网式点阵孔零件图

```
%1234  /主程序
G17  G90  G21  G94  G54  G40  G49  G80
M06  T01
S800  M03
G00  X0  Y0  M07
G99  Z20
#50=30  /X 起始点，全局变量
#60=20  /Y 起始点，全局变量
#1=5 /列孔数
WHILE #1 GT 0
M98  P4321    /调用钻削菱形孔系的用户宏程序
#1=#1-1  /列循环递减
#50=#50-240*COS[15*PI/180] /X 返回行首
#60=#60-240*SIN[15*PI/180] /Y 返回行首
#50=#50+45*COS[75*PI/180] /下一行孔 X 增量坐标
#60=#60+45*SIN[75*PI/180] /下一行孔 Y 增量坐标
ENDW
G00  Z30.0  M09
X0  Y0/刀具退回工件坐标零点
M30
```

```
%4321  /菱形孔系的用户宏程序
#2=6    /行孔数
WHILE  #2 GE 1 /行孔加工循环次数
G00  X[#50]  Y[#60]
G90  G98  G81  Z-20  R3  F60
/调用固定循环程序钻定位孔
#50=#50+40*COS[15*PI/180] /下一列孔 X 增量坐标
#60=#60+40*SIN[15*PI/180] /下一列孔 Y 增量坐标
#2=#2-1 /行孔加工循环递减
ENDW
M99 /子程序结束，返回主程序
```

4.3.2　正六棱锥台零件的宏程序编制

在华中系统铣床或加工中心上加工如图 4-17 所示正六棱锥台零件，锥顶外接圆直径为 ϕ37.5mm，锥底外接圆直径为ϕ75mm，锥台高度为 15mm；棱边数为 6，中心角度为 60°，棱台的一条棱与 X 轴的夹角为 15°。使用变量（或参数）编制此类零件的宏程序。

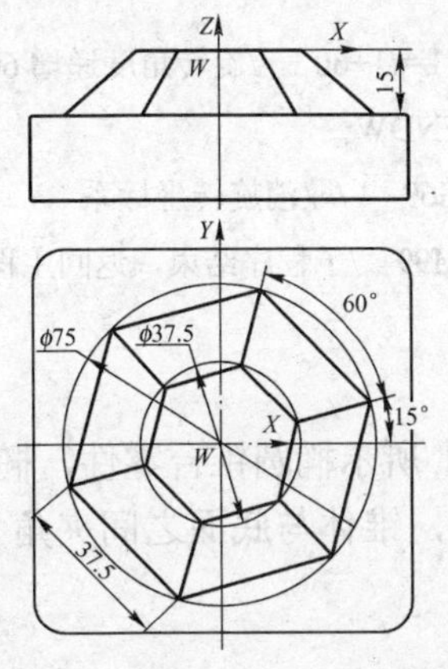

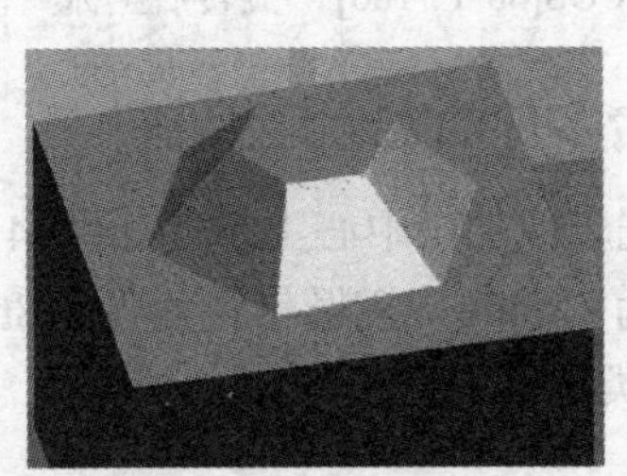

图 4-17　正六棱锥台零件图

1）工艺分析：首先用ϕ25mm 立铣刀铣削粗加工ϕ75mm 的外圆，以去除正六棱锥台周围余量，然后用ϕ16mm 的立铣刀采用不对称顺铣方式铣削正六棱锥台侧面，采用由下而上轴向逐层上升的方法进行铣削，每层的步距为 0.1mm，将之作为自变量，并且，各棱边利用旋转坐标轴方式铣削，以棱锥面中心角作为自变量。

2）选择刀具和切削用量。

根据图样未注公差的加工要求，铣削刀具为ϕ25mm 立铣刀时，取主轴转速为 1000r/min，铣削进给速度为 300mm/min；铣削刀具为ϕ16mm 立铣刀时，取主轴转速为 3000r/min ，铣削进给速度为 500mm/min；加工安全平面在零件上方 30mm 处，刀具起始切削高度为 3mm，最终加工位置为 Z-15。

```
%1234
G17   G90   G94   G54   G40   G49
M06   T01   S3000   M03   /调用 1 号刀具
                         （φ16mm 立铣刀）
G90   G00   X0   Y0   Z30   M07
/刀具快速移动到工件坐标系零点上方，
打开切削液
G00   X60   Z3.0
G01   Z-15   F500   /Z 向下刀切削
G03   I-60   J0   F150 /精加工台面
G01   X45.5
G03   I-45.5   J0
#50=-15   /棱锥台加工深度 Z=-15
#60=75   /棱锥台底面外接圆直径初始值
WHILE #50 LE 0 /加工深度大于 0 时，结束循环
M98   P321   /调用铣削正六棱锥台周围余量子程序
#50=#50+0.1   /棱锥台加工高度递增 0.1（Z 步距 0.1）
#60=#60-0.1*[75-37.5]/15   /新棱锥台底面直径，
                              采用相似三角形计算
ENDW
G00   Z100   M09
X0   Y0   M05
M30
```

```
%321   /宏程序精加工
#1=15  /右棱边与X轴初始夹角
G01 X[#60/2+8]  Y0  /X下刀起点+刀具半径
Z[#50] F300  /Z向下刀切削
WHILE #1 LE [360+15]  /当绕中心点旋转角度大于360°+15°时，循环结束
G68  X0  Y0  P[#1]  /旋转坐标系，绕中心点旋转初始角度为15°
#4=#60/2*COS[60*PI/180]  /旋转后坐标系X轴下一点坐标
#5=#60/2*SIN[60*PI/180]  /旋转后坐标系Y轴下一点坐标
G01  X[#4+8]  Y[#5]  F500/直线插补，X轴+刀具半径
#1=#1+60  /旋转角度递增60°
ENDW
G69  /取消旋转坐标系
M99  /子程序结束，返回主程序
```

4.3.3 椭圆锥台零件的宏程序编制

在华中系统铣床或加工中心上加工如图 4-18 所示椭圆锥台零件，椭圆锥底面椭圆长轴为 48mm，短轴为 36mm，椭圆锥高度为 18mm，锥体与底面之间夹角为 60°。使用变量（或参数）编制此类零件的宏程序。

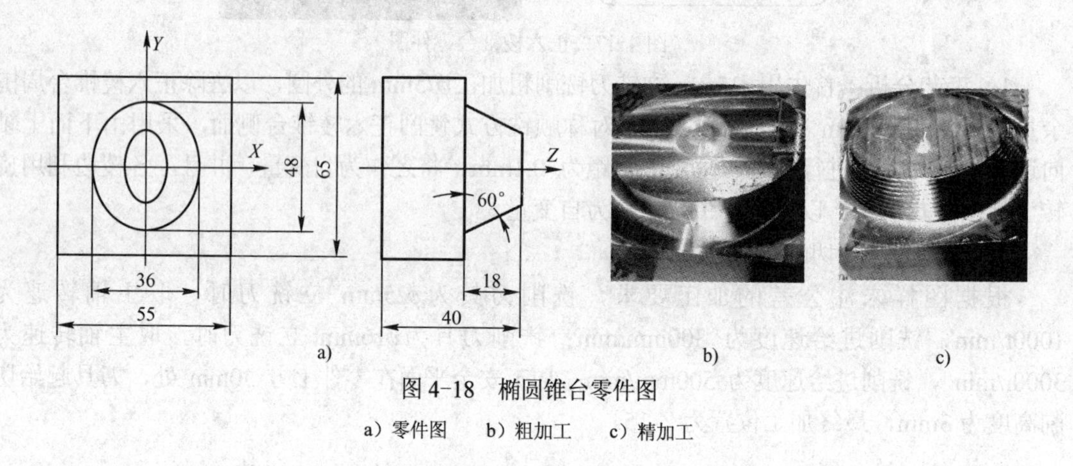

图 4-18 椭圆锥台零件图

a）零件图 b）粗加工 c）精加工

（1）工艺分析

为避免加工余量过大，安排粗、精二次铣削，先粗加工出长半轴 48mm，短半轴 36mm 的椭圆柱，如图 4-18 b 所示。再进行椭圆锥的加工。加工椭圆锥台时自下而上的方式要优于自上而下，首先用ϕ15mm 立铣刀铣削粗加工，以去除椭圆锥台周围余量，然后用ϕ10mm 的球状立铣刀采用自下而上的方式铣削椭圆锥台侧面，粗加工每层步距 2mm，精加工时每层的步距为 0.1mm，将之作为自变量。

（2）选择刀具和切削用量

根据图样未注公差的加工要求，铣削刀具使用ϕ15mm 立铣刀时，取主轴转速为 1800r/min，铣削进给速度为 200mm/min；精加工采用ϕ10mm 的球头立铣刀时，取主轴转速为 3000r/min，铣削进给速度为 300mm/min。

（3）精加工程序（采用硬质合金ϕ10 球头立铣刀）

```
%1111
N20  G90  G94  G54  G40  G17  G21
 /建立工件坐标系
N30  G0  X40  Y0 / X 快速移动到 40
N40  S1800  M03
N50  G00  Z30 /刀具快速下刀到 R 面
N60 #1=-18  /椭圆锥台的高度 Z 坐标值
N70 #2 = 18  /椭圆短半轴半径
N80 #3 = 24  /椭圆长半轴半径
N90 #4= 360  /角度变量
N100  WHILE #1  LE 0
N105  G01 Z[#1]  F200
N110  WHILE #4  GE 0
N120  G01  G41  X[#2]  D01
N130  #5= #2*COS[#4]
N140  #6= #3*SIN[#4]
N150  G01 X[#5]Y[#6] /循环加工椭圆锥台
N160  #4= #4-1
N170  ENDW
N180  G40  G01  X40  Y0
N190  #1=#1+0.1
N200  #2=#2-0.1*TAN[30]
N210  #3=#3-0.1*TAN[30]
N220  ENDW
N230  G00  Z50
N240  M30
```

4.3.4 椭圆配合件的宏程序编制

如图 4-19～图 4-21 所示，在华中系统铣床或加工中心上加工椭圆配合件，使用变量（或参数）编制此类零件的宏程序。

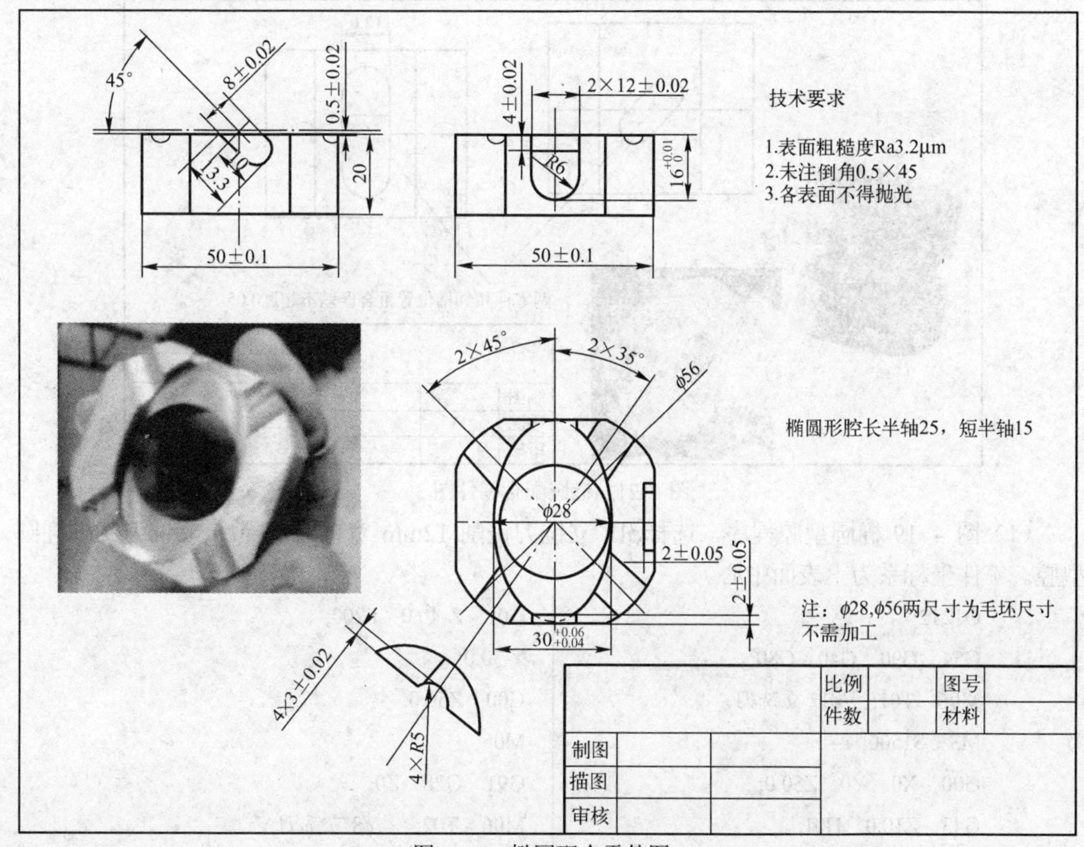

图 4-19　椭圆配合零件图 1

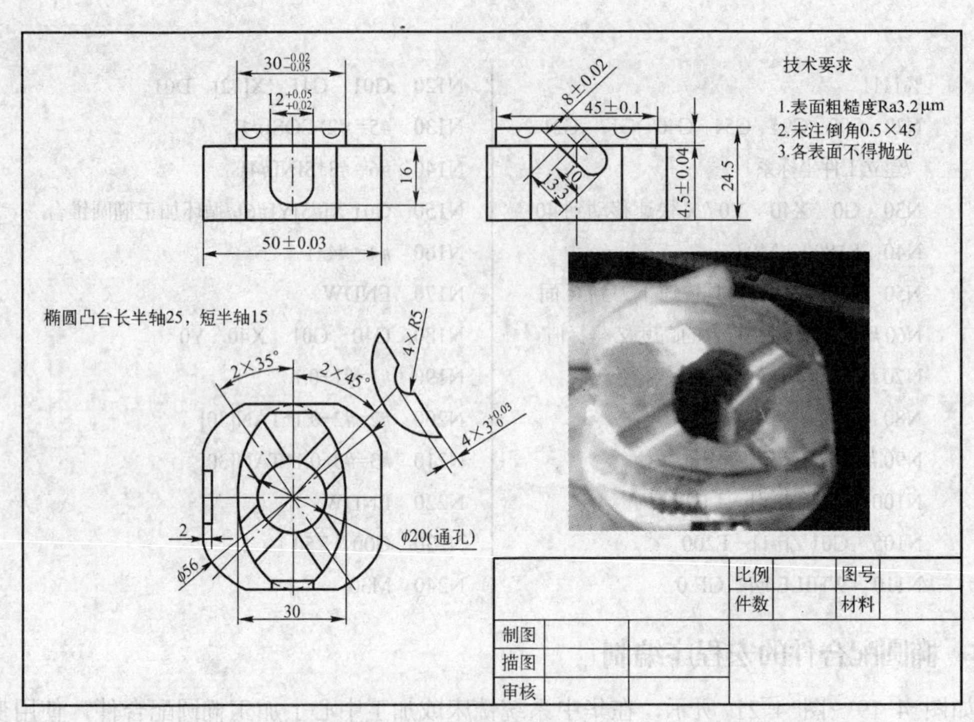

图 4-20　椭圆配合零件图 2

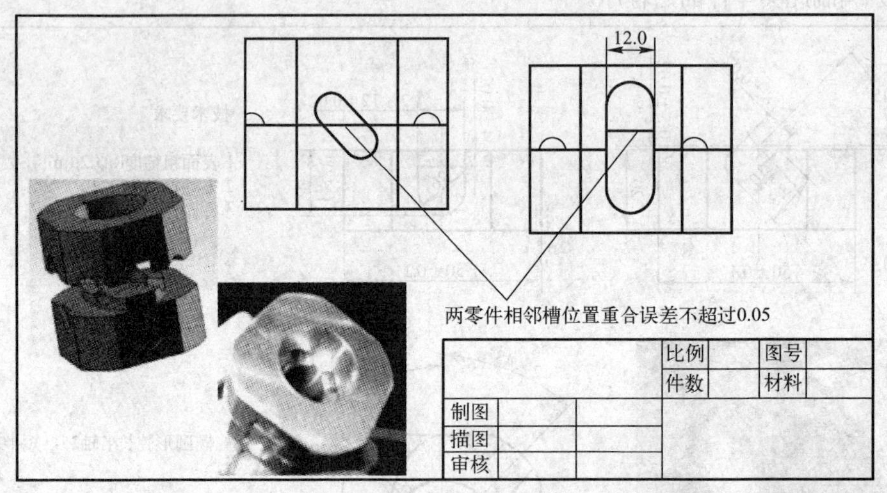

图 4-21　椭圆配合零件图 3

（1）图 4-19 椭圆型腔程序，选择ϕ12 立铣刀铣削 12mm 宽槽，选择ϕ8 立铣刀铣削椭圆型腔。工件坐标系为上表面中心。

```
O1212
G54   G90   G40   G80;
M06   T01;   /φ12 立铣刀
M3   S1500;
G00   X0   Y0   Z50.0;
G43   Z10.0   H01;
G00   Y30.0;
G01   Z-40.0   F200;
Y-30.0;
G00   Z50.0;
M05;
G91   G28   Z0;
M06   T02;   /φ8 立铣刀
M0   S2000;
```

```
G43   Z10.0   H02;
G00   X0   Y-5.0;
Z-4.0;
G41   G01   X15.0   Y0   D02;
#1=15.0;   /短半轴，X 变量
#2=25.0;   /长半轴，Y 变量
N1 #2=25.0/15.0*SQRT[15.0*15.0-#1*#1];
G01 X[#1] Y[#2] F100;
#1=#1-0.5;
IF[#1 GE -15.0] GOTO 1;
#3=-15.0;   /短半轴，X 变量
N2 #4=-25.0/15.0*SQRT[15.0*15.0-#1*#1];
G01   X[#3]   Y[#4]   F100;
#3=#3+0.5;
IF[#3 LE 15.0] GOTO 2;
G40   G01   X0   Y5.0;
G00   Z50.0;
M05;
M30;
```

（2）图 4-20 椭圆凸台程序，选择ϕ16 立铣刀粗铣外轮廓，并精铣上下 2mm 宽的平台；然后换ϕ10 立铣刀精铣削椭圆凸台外轮廓，工件坐标系为上表面中心。

```
O2121
G54   G90   G40   G80;
M06   T01;   /φ16 立铣刀
M3   S1200;
G00   X0   Y0   Z50.0;
G43   Z10.0   H01;
G00   X-50.0   Y-50.0;
Z-4.5;
G42   G01   X-25.0   Y-23.0   F150   D01;
X15.5;
Y23.0;
X-15.5;
Y-30.0
G40   G00   X-50.0   Y-50.0;
G00   Z50.0;
M05;
G91   G28   Z0;
M06   T02;      /φ10 立铣刀
M0   S1800;
G43   Z10.0   H02;
G00   X25.0;
Z-4.5;
G42   G01   X15.0   Y0   D02;
#1=15.0;   /短半轴，X 变量
#2=25.0;   /长半轴，Y 变量
N1 #2=25.0/15.0*SQRT[15.0*15.0-#1*#1];
G01X[#1]Y[#2]F100;
#1=#1-0.5;
IF[#1 GE -15.0] GOTO 1;
#3=-15.0;   /短半轴，X 变量
N2 #4=-25.0/15.0*SQRT[15.0*15.0-#1*#1];
G01   X[#3]Y[#4]   F100;
#3=#3+0.5;
IF[#3 LE 15.0]   GOTO 2;
G40   G01   X25.0   Y0;
G00   Z50.0;
M05;
M30;
```

（3）上下凹凸件中标注 2×35° 和 2×45° 的 *R*5 圆弧槽，采用 G68 坐标系旋转指令，选择 *R*5 球头刀直接铣削。两个 8mm 和 12mm 宽的侧面定位槽采用上、下凹凸件装配后配合加工，直接用键槽铣刀铣削。程序略。

习题

（1）编制如图 4-22 所示配合零件的加工程序。零件 1 如图 4-23 所示为带椭圆的轴，零件 2 如图 4-24 所示为异型齿轮套，零件 3 如图 2-23 所示为端盖。材料为 45#钢，

毛坯为棒料。

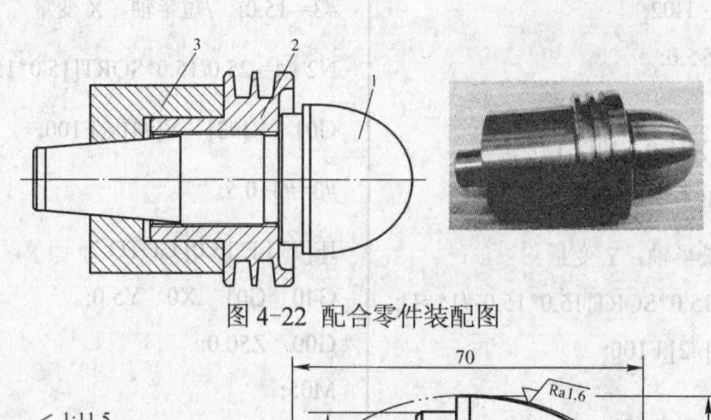

图 4-22 配合零件装配图

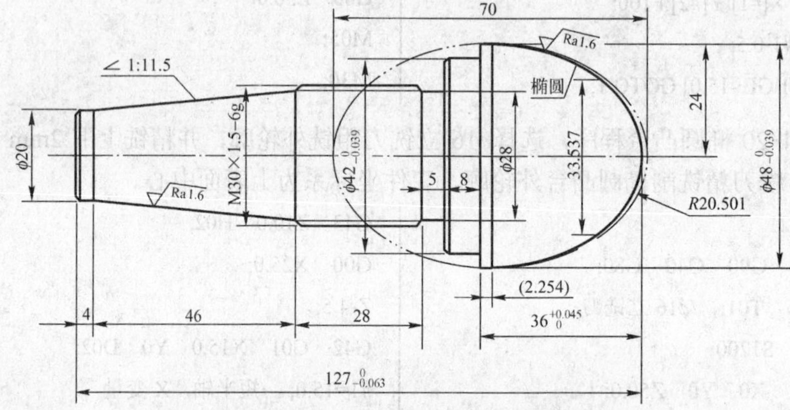

图 4-23 配合零件 1 椭圆轴零件图

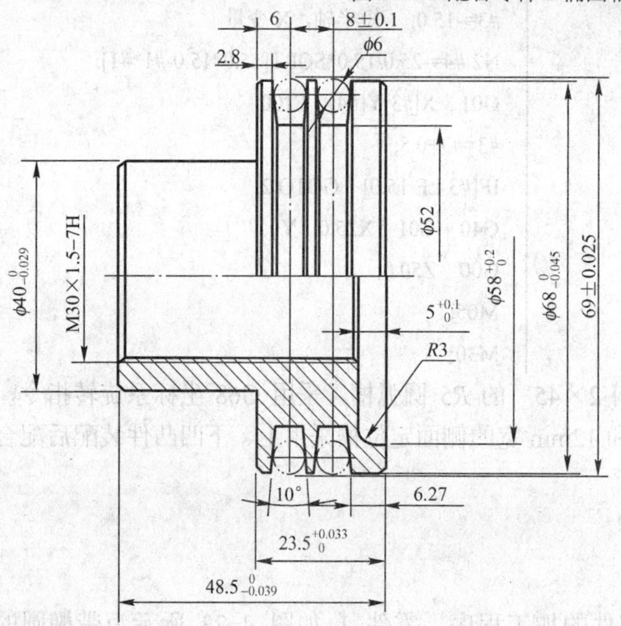

图 4-24 配合零件 2 异型齿轮套零件图

（2）编制如图 4-25 所示配合零件的加工程序。零件 1 如图 4-26 所示为带椭圆的异型螺纹套，零件 2 如图 2-58 所示为薄壁套。材料为 45#钢，毛坯为棒料。

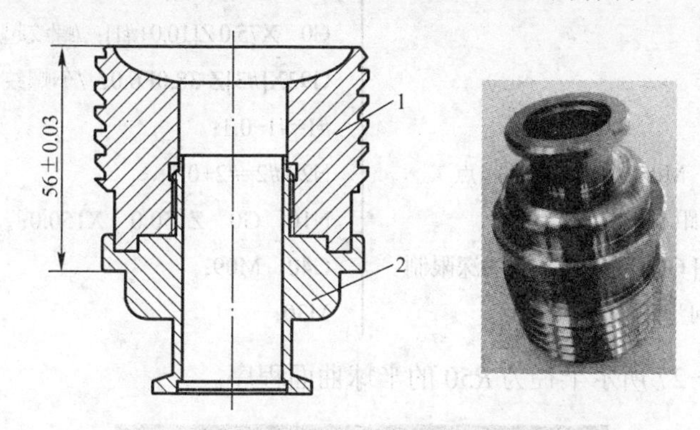

图 4-25　配合零件装配图

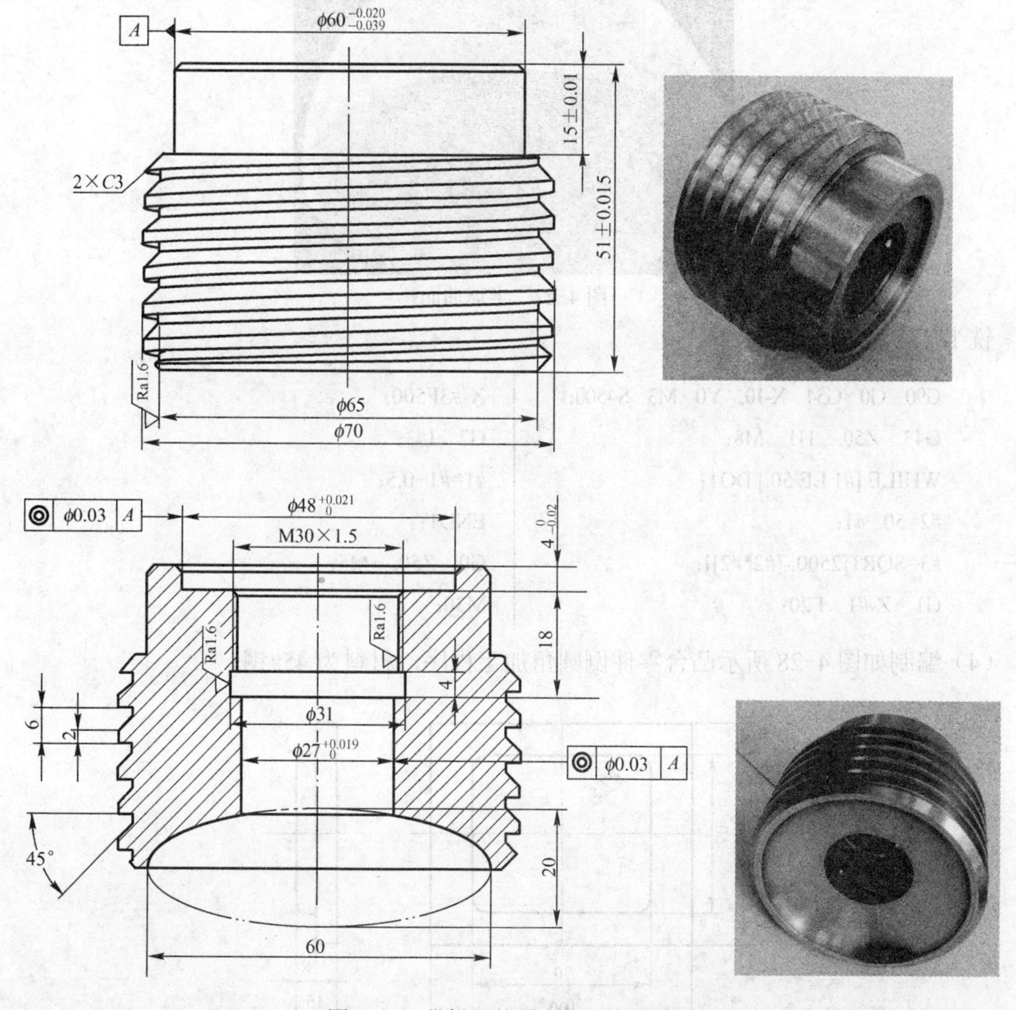

图 4-26　带椭圆的异型螺纹套零件图

异型螺纹加工参考程序如下：

```
O1818
G97  G90  G40;
T0101;
M3  S500;
G0  X75.0;
G42  Z10.0  M08; /螺纹循环起点
#2=0.1;  /步距
IF [#2 GT 2.5] GOTO10; /X 向切深限制
#1=-#2; /Z 向步距
#3=70.0+2.0*#1; /X 向步距坐标值
IF [#1LE [-4.0]] GOTO 20; /Z 向切削长度
G0  X75.0 Z[10.0+#1]; /螺纹起点，Z 向移动 1 个步距
G92X[#3]Z-38.0F6.0; /车螺纹
#1=#1-0.1;
N20 #2=#2+0.1;
N10  G0  Z150.0  X150.0;
G40  M09;
M30;
```

（3）编制如图 4-27 所示半径为 *R*50 的半球曲面程序。

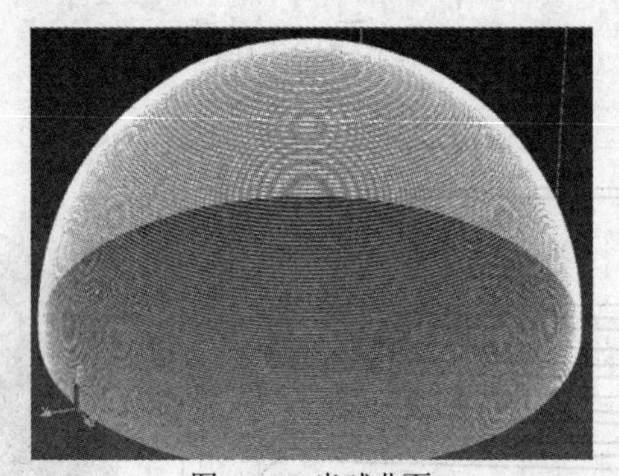

图 4-27　半球曲面

铣半球参考程序如下：

```
G90  G0  G54  X-10.  Y0  M3  S4500;
G43  Z50.  H1  M8;
WHILE [#1 LE 50.] DO1;
#2=50.-#1;
#3=SQRT[2500.-[#2*#2]];
G1  Z-#1  F20;
X-#3F500;
G2  I#3;
#1=#1+0.5;
END1;
G0  Z50.  M5;
M30;
```

（4）编制如图 4-28 所示凸台零件倒圆角加工程序，材料为 45#钢。

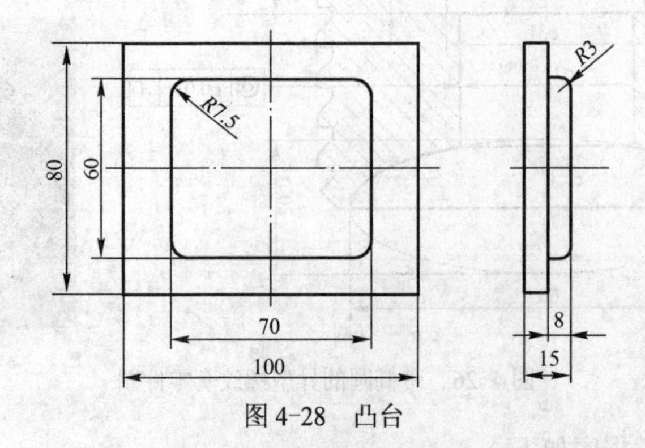

图 4-28　凸台

附录 职业技能鉴定（中级工、高级工）试题精选及解答

数控车床中级工操作试卷（A）

一、试题

1．用数控车床完成附图-1 所示零件的加工。零件材料为 45#钢，毛坯为：ϕ40mm×100mm。

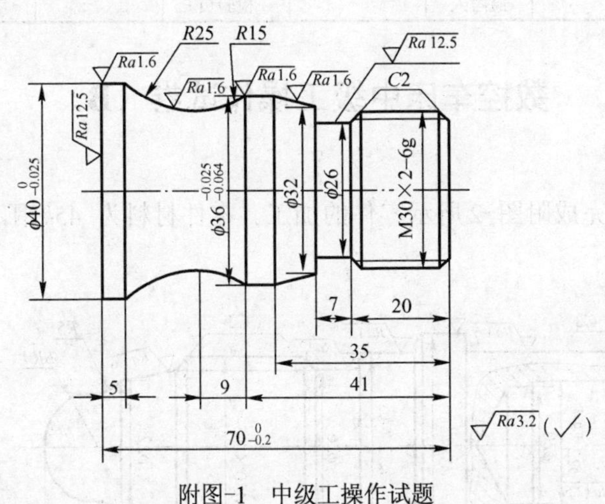

附图-1 中级工操作试题

2．技术要求：①不允许使用砂布或锉刀修整表面；②未注倒角 C1。

二、评分标准

<table>
<tr><td colspan="2">准考证号</td><td colspan="2"></td><td>操作时间</td><td>240min</td><td colspan="2">得　分</td><td></td></tr>
<tr><td colspan="2">试题编号</td><td colspan="2"></td><td>机床编号</td><td></td><td colspan="2">系统类型</td><td></td></tr>
<tr><td>序号</td><td>考核项目</td><td colspan="2">考核内容及要求</td><td>评分标准</td><td>占分</td><td>实测</td><td>扣分</td><td>得分</td></tr>
<tr><td>1</td><td rowspan="4">外圆直径</td><td rowspan="2">ϕ40</td><td>尺寸</td><td>超差 0.01 扣 2 分</td><td>10</td><td></td><td></td><td></td></tr>
<tr><td>2</td><td>Ra1.6</td><td>Ra >1.6 扣 2 分，Ra >3.2 全扣</td><td>4</td><td></td><td></td><td></td></tr>
<tr><td>3</td><td rowspan="2">ϕ36</td><td>尺寸</td><td>超差 0.01 扣 2 分</td><td>10</td><td></td><td></td><td></td></tr>
<tr><td>4</td><td>Ra 1.6</td><td>Ra >1.6 扣 2 分，Ra >3.2 全扣</td><td>4</td><td></td><td></td><td></td></tr>
<tr><td>5</td><td rowspan="2">圆锥</td><td rowspan="2"></td><td>尺寸</td><td>超差 0.01 扣 2 分</td><td>10</td><td></td><td></td><td></td></tr>
<tr><td>6</td><td>Ra1.6</td><td>Ra >1.6 扣 2 分，Ra >3.2 全扣</td><td>4</td><td></td><td></td><td></td></tr>
<tr><td>7</td><td rowspan="2">螺纹</td><td colspan="2">M30×2（通止规检查）</td><td>超差不得分</td><td>10</td><td></td><td></td><td></td></tr>
<tr><td>8</td><td colspan="2">Ra 3.2</td><td>Ra >3.2 扣 2 分，Ra >6.3 全扣</td><td>4</td><td></td><td></td><td></td></tr>
<tr><td>9</td><td rowspan="4">圆弧</td><td rowspan="2">R15</td><td>尺寸</td><td>超差 0.01 扣 2 分</td><td>10</td><td></td><td></td><td></td></tr>
<tr><td>10</td><td>Ra 1.6</td><td>Ra >1.6 扣 2 分，Ra >3.2 全扣</td><td>4</td><td></td><td></td><td></td></tr>
<tr><td>11</td><td rowspan="2">R25</td><td>尺寸</td><td>超差 0.01 扣 2 分</td><td>10</td><td></td><td></td><td></td></tr>
<tr><td>12</td><td>Ra 1.6</td><td>Ra >1.6 扣 2 分，Ra >3.2 全扣</td><td>4</td><td></td><td></td><td></td></tr>
</table>

（续）

准考证号			操作时间	240min	得　分		
试题编号			机床编号		系统类型		
13	倒角	$C2$ 两处	少 1 处扣 1 分	2			
14	长度	$70^{\ 0}_{-0.2}$	超差不得分	4			
15		35	超差不得分	2			
16	长度	20	超差不得分	2			
17		41	超差不得分	2			
18		5	超差不得分	2			
19	退刀槽	$6\times\phi16$	超差不得分	2			
20	文明生产	发生重大安全事故取消考试资格，按有关规定每违反一项从总分中扣除 3 分					
21	其他项目	工件必须完整，工件局部无缺陷（如夹伤、划痕等）					
22	程序编制	程序中严重违反工艺规程的取消考试资格；其他问题酌情扣分					
23	加工时间	120min 后尚未开始加工则终止考试；超过定额时间 5min 扣 1 分；超过 10min 扣 5 分；超过 15min 扣 10 分；超过 20min 扣 20 分；超过 25min 扣 30 分；超过 30min 则终止考试					
考试时间		开始：	结束：		合计		
记录员		监考人		检验员		考评人	

数控车床中级工操作试卷（B）

一、试题

1．用数控车床完成附图-2 所示零件的加工。零件材料为 45#钢，毛坯为：ϕ40mm×110mm。

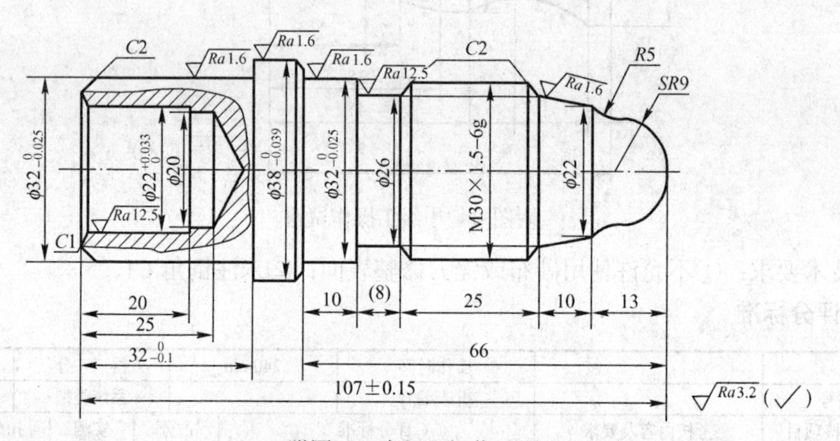

附图-2　中级工操作试题

2．技术要求：①不允许使用砂布或锉刀修整表面；②未注倒角 $C1$。

二、评分标准

准考证号				操作时间	360min	得　分		
试题编号				机床编号		系统类型		
序号	考核项目	考核内容及要求		评分标准	占分	实测	扣分	得分
1	外圆	$\phi38$	尺寸	超差 0.01 扣 2 分	12			
2			Ra 1.6	Ra>1.6 扣 2 分，Ra>3.2 全扣	4			
3		$\phi32$	尺寸	超差 0.01 扣 2 分	12			

（续）

准考证号			操作时间	360min	得　分			
试题编号			机床编号		系统类型			
序号	考核项目	考核内容及要求		评分标准	占分	实测	扣分	得分
4	外圆	φ32	*Ra* 1.6	*Ra* >1.6 扣 2 分，*Ra* >3.2 全扣	4			
5	内孔	φ22	尺寸	超差 0.01 扣 1 分	12			
6			*Ra* 3.2	*Ra* >3.2 扣 2 分，*Ra* >6.3 全扣	4			
7	外螺纹	M30×1.5（通止规检测）		通止规检查不满足要求，不得分	12			
8		*Ra* 1.6		*Ra* >1.6 扣 2 分，*Ra* >3.2 全扣	4			
9		退刀槽	φ26×8	超差不得分	2			
10	球面	SR9		形状不符不得分	5			
11		*Ra* 3.2		*Ra* >3.2 扣 2 分，*Ra* >6.3 全扣	4			
12	圆弧	R5		超差不得分	5			
13		*Ra* 3.2		*Ra* >3.2 扣 2 分，*Ra* >6.3 全扣	4			
14	倒角	3 处		少 1 处扣 2 分	6			
15	长度	32		超差 0.01 扣 2 分	5			
16		107±0.15		超差 0.01 扣 2 分	5			
17	文明生产	发生重大安全事故取消考试资格，按有关规定每违反一项从总分中扣除 3 分						
18	其他项目	工件必须完整，工件局部无缺陷（如夹伤、划痕等）						
19	程序编制	程序中严重违反工艺规程的取消考试资格；其他问题酌情扣分						
20	加工时间	120min 后尚未开始加工则终止考试；超过定额时间 5min 扣 1 分；超过 10min 扣 5 分；超过 15min 扣 10 分；超过 20min 扣 20 分；超过 25min 扣 30 分；超过 30min 则终止考试						
考试时间		开始：		结束：	合计			
记录员			监考人		检验员		考评人	

数控车床中级工操作试卷（A）答案

1．刀具设置

1 号：93° 外圆车刀；2 号：切槽刀（刀宽 4mm）；3 号：60° 硬质合金外螺纹车刀；4 号：尖刀或圆弧车刀。

2．工艺路线

1）工件伸出卡盘外 80mm，找正后夹紧。

2）用 93° 外圆车刀车工件右端面，粗车外圆至φ40.5×75。

3）用 1 号外圆车刀粗精车外形轮廓。

4）用 4 号尖刀或圆弧车刀粗精车 *R*15、*R*25 凹圆弧。

5）用 2 号切槽刀切φ26 螺纹退刀槽，并用切槽刀右刀尖倒出 M30×2 螺纹左端 *C*2 倒角。

6）用 3 号螺纹车刀车 M30×2 螺纹。

7）切断工件。

3．加工程序及说明

O0010	主程序名
N10 G98 G21 G54;	采用 G54 工件坐标系，采用分进给，米制编程
N20 T0101;	换 1 号外圆刀
N30 S600 M03;	主轴正转，转速 600r/min
N40 G00 X45. Z0;	快速进刀
N50 G01 X0 F80.0;	车端面
N60 G00 X40.5 Z2.0;	快速退刀
N70 G01 Z-75.;	车外圆至ϕ40.5
N80 G00 X43.0 Z2.0;	退刀
N90 G71 U1.5 R2.0;	粗加工循环，背吃刀量 1.5mm，退刀量 2mm
N100 G71 P110 Q190 U0.25 W0.1 F100.0;	粗加工循环开始
N110 G00 X26.0;	轮廓精加工起始段
N120 G01 Z0;	
N130 G01 X29.8 Z-2.0;	
N140 G01 Z-27.0;	
N150 G01 X32.0;	
N160 G01 X35.964 Z-35.0;	
N170 G01 Z-41.0;	
N180 G01 X40.0 Z-65.0;	
N190 G01 Z-75.0;	轮廓精加工结束段
N200 G00 X100.0 Z100.0;	快速退刀至换刀点
N210 M05;	主轴停转
N220 M00;	程序暂停
N230 S1200 M03 T0101;	主轴变速,调整 1 号刀补值，准备精加工
N240 G00 X42.0 Z2.0;	快速进刀
N250 G70 P110 Q190 F50.0;	轮廓精加工
N260 G00 X100.0 Z100.0;	快速退刀至换刀点
N270 S600 M03 T0404;	主轴变速，转速 600r/min，换 4 号尖刀或圆弧刀
N280 G00 Z-41.0;	快速进刀
N290 X42.0;	快速进刀
N300 G02 U-6.0 W-9.0 R15.0 F80.0;	用相对坐标粗车 *R*15 圆弧
N310 G02 U10.0 W-15.0 R25.0;	用相对坐标粗车 *R*25 圆弧
N320 G00 X45.0 Z-41.0;	快速退刀
N330 G00 X38.5;	快速进刀
N340 G02 U-6.0 W-9.0 R15.0 F80.0;	用相对坐标粗车 *R*15 圆弧

（续）

N350 G02 U10.0 W-15.0 R25.0；	用相对坐标粗车 $R25$ 圆弧
N360 G00 X45.0 Z-41.0；	快速退刀
N370 G00 X36.5；	快速进刀
N380 G02 U-6.0 W-9.0 R15.0 F80.0；	用相对坐标粗车 $R15$ 圆弧
N390 G02 U10.0 W-15.0 R25.0；	用相对坐标粗车 $R25$ 圆弧
N400 G00 X45.0 Z-41.0；	快速退刀
N410 S1200 M03 F50.0；	主轴变速，转速 1200r/min，精加工进给率 50mm/min
N420 G42 G00 X36.0 Z-41.0；	快速进刀，刀具半径右补偿
N430 G02 U-6.0 W-9.0 R15.0 F80.0；	精车 $R15$ 圆弧
N440 G02 U10.0 W-15.0 R25.0；	精车 $R25$ 圆弧
N450 G00 G40 X100.0 Z100.0；	快退回换刀点，取消刀具半径补偿
N460 S420 M03 T0202；	主轴变速，转速 420r/min，换 2 号切槽刀
N470 G00 Z-24.0；	快速进刀
N480 G00 X32.0；	进刀至切槽起始点
N490 G75 R0.5；	切槽循环，X 方向退刀量 0.5mm
N500 G75 X26.0 Z-27.0 P500 Q2500 R0 F30.；	切槽循环，X 向切深 500μm，Z 向移动 2500μm
N510 G00 X32.0；	快速退刀
N520 Z-21.0；	快速退刀
N530 G01 X26.0 Z-24.0；	倒 M30 螺纹左端 $C2$ 倒角
N540 G00 X100.0；	快退回换刀点
N550 Z100.0；	
N560 G97 M03 S600 T0303；	主轴变速，转速 600r/min，换 3 号螺纹刀
N570 G99 G00 X32.0 Z3.0；	快速进刀
N580 G92 X29.0 Z-22.0 F2.0；	螺纹切削循环 1，背吃刀量 0.8mm
N590 X28.4；	螺纹切削循环 2，背吃刀量 0.6mm
N600 X27.9；	螺纹切削循环 3，背吃刀量 0.5mm
N610 X27.6；	螺纹切削循环 4，背吃刀量 0.3mm
N620 X27.52	螺纹切削循环 5，背吃刀量 0.08mm
N630 G00 X100.0 Z100.0；	快退回换刀点
N640 S420 M03 T0202；	主轴变速，转速 420r/min，换 2 号切槽刀
N650 G00 Z-74.0；	快速进刀
N660 X42.0；	快速进刀
N670 G98 G01 X0 F30.0；	切断工件
N680 G00 X100.0；	快速退刀至换刀点
N690 Z100.0；	
N700 M05；	主轴停转
N710 M02；	主程序结束

数控车床中级工操作试卷（B）答案

1．刀具设置

1 号：93° 外圆偏刀；2 号：60° 硬质合金外螺纹车刀；3 号：103° 硬质合金内孔车刀；4 号：ϕ20 高速钢钻头。

2．工艺路线

1）工件伸出自定心卡盘外 80mm，找正后夹紧。

2）手动车工件右端面和外圆，对刀。

3）用 1 号外圆车刀粗、精车右端外轮廓至ϕ38 外圆，外径留 0.5mm 精车余量（以下各粗车直径处均留 0.5mm 精车余量）。

4）用切槽刀车$\phi 26\times 8$ 退刀槽。

5）用螺纹车刀车 M30×1.5 螺纹。

6）掉头，用自定心卡盘装夹ϕ32 外圆处，顶靠于ϕ38 轴肩处，打表找正。

7）手动车工件左端面和外圆，*Z* 向对刀。

8）用 1 号外圆刀车粗精车左端ϕ32 外圆轮廓。

9）用ϕ20 高速钢钻头钻削内孔深 25mm。

10）用 4 号内孔车刀车削ϕ22 内轮廓和 *C*1 倒角。

3．相关计算

（1）求右端 *R*5 与 *SR*9 处切点的坐标：（X18，Z-9）

（2）求 M30×1.5 螺纹的底径

$$D' = D-2\times 0.6495P=30-2\times 0.6495\times 1.5=28.05\text{mm}$$

（3）确定车螺纹进刀量分布：0.8mm、0.6mm、0.4mm、0.15mm

4．加工程序及说明

（1）右端轮廓及螺纹

O0011	主程序名
N5 G54 G00 X100.0 Z100.0;	建立工件坐标系
N10 G98 T0101;	采用分进给，换 1 号外圆刀
N15 S1200 M03;	主轴正转，转速 1200r/min
N20 G00 X45.0 Z2.0;	快速进刀
N25 M08;	开切削液
N30 G71 U2.0 R1.0;	粗车循环
N35 G71 P40 Q105 U0.5 W0.2 F150;	精车余量 0.5mm
N40 G00 X0 Z1.0 S2500;	快速进刀
N45 G01 Z0 F100;	到起点
N50 G03 X18.0 Z-9.0 R9.0;	车 *SR*9 圆弧
N55 G02 X22.0 Z-13.0 R5.0;	车 *R*5 圆弧

（续）

N60 G01 X26.0 Z-23.0；	车外圆锥面
N65 X30.0 Z-25.0；	*C*2 倒角
N70 Z-28.0；	
N75 X26.0 W-2.0；	*C*2 倒角
N80 W-8.0；	
N85 X31.985；	
N90 W-10.0；	
N95 X36.0；	
N100 X37.982 W-1.0；	未注倒角为 1mm
N105 W-12.0；	
G70 P40 Q105；	精车外轮廓
G00 X100.0 Z100.0；	
T0202；	换 2 号切槽刀
G97 S600 M03；	主轴正转，转速 600r/min
G00 X32.0 Z-20.0；	快速进刀至螺纹车削起点
G92 X29.2 Z-23.0 F1.5；	第一条螺纹切削循环 1，背吃刀量 0.8mm
X28.6；	第一条螺纹切削循环 2，背吃刀量 0.6mm
X28.2；	第一条螺纹切削循环 3，背吃刀量 0.4mm
X28.05；	第一条螺纹切削循环 4，背吃刀量 0.15mm
X28.05；	重复一次，光整
G00 X100.0 Z100.0 M09；	快速退刀
M05；	主轴停转
M30；	主程序结束

左端轮廓及内孔：

O888	车ϕ32 外圆及 *C*2 倒角
G54 G00 X100.0 Z100.0；	建立工件坐标系
G99 T0101；	采用分进给，换 1 号外圆刀
S1200 M03；	主轴正转，转速 1200r/min
G00 X45.0 Z2.0；	快速进刀
G71 U2.0 R1.0；	粗车外轮廓
G71 P1 Q2 U0.5 W0.2 F0.25；	精车余量 0.5mm
N1 G00 X24.0 S2000；	起点
G01 X31.985 Z-2.0 F0.1；	
W-32.0；	
N2 X38.0；	

（续）

G70 P1 Q2；	精车外轮廓
G00 X100.0 Z100.0；	
T0303；	换 3 号内孔刀
G97 S600 M03；	主轴正转，转速 600r/min
G00 X18.0 Z1.0；	
G01 X24.0 F0.1；	车内孔，进给量 0.1mm/r
X22.015 Z-1.0；	*C*1 倒角
Z-20.0；	
X20.0；	
Z-25.0；	
G00 X18.0；	
Z5.0；	
X100.0 Z100.0；	返回起点
M05；	
M30；	程序结束

数控车床高级工操作试卷（A）

一、试题

1．用数控车床完成附图-3 所示零件的加工。零件材料为 45#钢，毛坯为ϕ35mm×82mm。

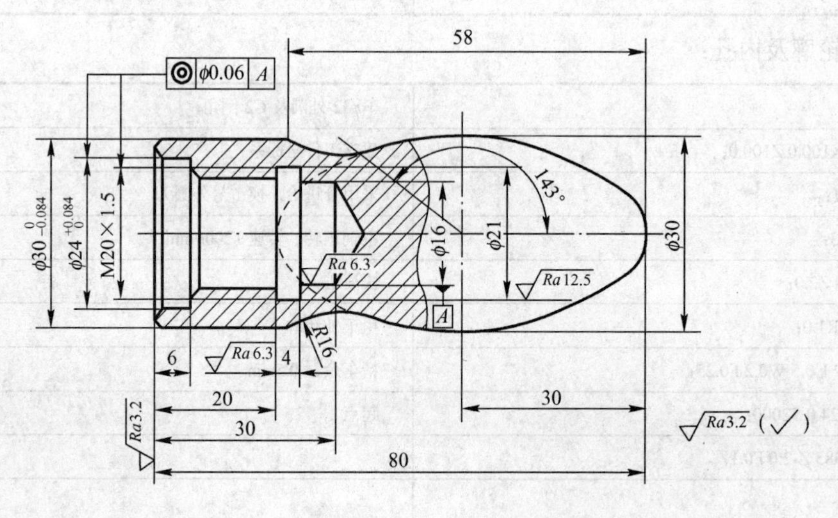

附图-3 待加工零件

2．技术要求：①不允许使用砂布或锉刀修整表面；②未注倒角 $C1$。

二、评分标准

准考证号			操作时间		360min	得分		
试题编号			机床编号			系统类型		
序号	考核项目	考核内容及要求		评分标准	占分	实测	扣分	得分
1	外圆	$\phi30_{-0.084}^{\ 0}$	尺寸	超差 0.01 扣 1 分	10			
2			Ra 1.6	Ra>1.6 扣 1 分，Ra>3.2 全扣	5			
3	内孔	$\phi30_{\ 0}^{+0.084}$	尺寸	超差 0.01 扣 1 分	15			
4			Ra 1.6	Ra>1.6 扣 1 分，Ra>3.2 全扣	5			
5	内螺纹	M20×1.5（通止规检测）		通止规检查不满足要求，不得分	15			
6		退刀槽	$\phi21$×4	超差不得分	2			
7			Ra 3.2	Ra>3.2 扣 1 分，Ra>6.3 全扣	2			
8	椭圆面	尺寸形状		形状不符不得分（样板检查）	20			
9		Ra 1.6		Ra>1.6 扣 1 分，Ra>3.2 全扣	6			
10	倒角	3 处		少 1 处扣 2 分	2			
11	长度	80		超差不得分	5			
12	曲线连接			有明显接刀痕不得分	10			
13	文明生产	发生重大安全事故取消考试资格，按有关规定每违反一项从总分中扣除 3 分						
14	其他项目	工件必须完整，工件局部无缺陷（如夹伤、划痕等）						
15	程序编制	程序中严重违反工艺规程的取消考试资格；其他问题酌情扣分						
16	加工时间	120min 后尚未开始加工则终止考试；超过定额时间 5min 扣 1 分；超过 10min 扣 5 分；超过 15min 扣 10 分；超过 20min 扣 20 分；超过 25min 扣 30 分；超过 30min 则终止考试						
考试时间		开始：		结束：	合计			
记录员		监考人		检验员		考评人		

数控车床高级工操作试卷（B）

一、试题

1．用数控车床完成附图-4 所示零件的加工。零件材料为 45#钢，毛坯为 $\phi40$mm×105mm。

2．技术要求：①不允许使用砂布或锉刀修整表面；②未注倒角 $C1$。

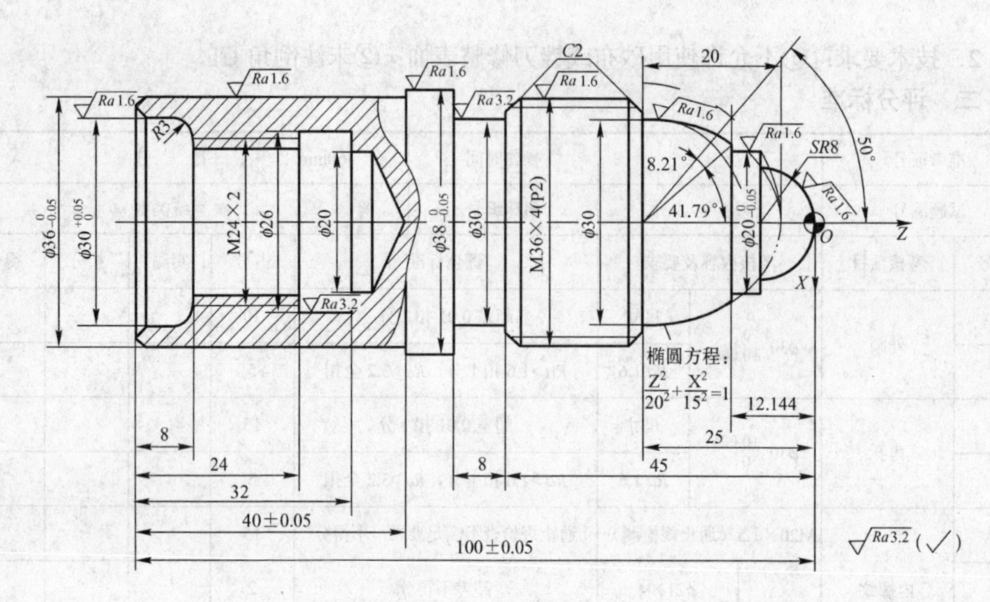

附图-4　待加工零件

二、评分标准

准考证号		操作时间	360min	得　分	
试题编号		机床编号		系统类型	

序号	考核项目	考核内容及要求		评分标准	占分	实测	扣分	得分
1	外圆	$\phi38_{-0.05}^{0}$	尺寸	超差 0.01 扣 2 分	7			
2			*Ra* 1.6	*Ra* >1.6 扣 1 分，*Ra* >3.2 全扣	2			
3		$\phi36_{-0.05}^{0}$	尺寸	超差 0.01 扣 2 分	7			
4			*Ra* 1.6	*Ra* >1.6 扣 1 分，*Ra* >3.2 全扣	2			
5		$\phi20_{-0.05}^{0}$	尺寸	超差 0.01 扣 2 分	7			
6			*Ra* 1.6	*Ra* >1.6 扣 1 分，*Ra* >3.2 全扣	2			
7	内孔	$\phi30_{0}^{+0.03}$	尺寸	超差 0.01 扣 1 分	7			
8			*Ra* 1.6	*Ra* >1.6 扣 1 分，*Ra* >3.2 全扣	2			
9	内螺纹	M24×2（通止规检测）		通止规检查不满足要求，不得分	10			
10		退刀槽	$\phi26$	超差不得分	2			
11			*Ra* 3.2	*Ra* >3.2 扣 1 分，*Ra* >6.3 全扣	2			
12	外螺纹	M36×4（*P*2）（通止规检测）		通止规检查不满足要求，不得分	10			
13		*Ra* 1.6		*Ra* >1.6 扣 1 分，*Ra* >3.2 全扣	2			
14		退刀槽	$\phi30$	超差不得分	2			
15			*Ra* 3.2	*Ra* >3.2 扣 1 分，*Ra* >6.3 全扣	2			
16	球面	*SR*8		超差不得分	3			
17		*Ra* 1.6		*Ra* >1.6 扣 1 分，*Ra* >3.2 全扣	4			
18	椭圆面	尺寸、形状		形状不符不得分（样板检查）	8			

（续）

准考证号			操作时间	360min	得　分		
试题编号			机床编号		系统类型		
序号	考核项目	考核内容及要求	评分标准	占分	实测	扣分	得分
19		*Ra* 1.6	*Ra* >1.6 扣 1 分，*Ra* >3.2 全扣	4			
20	倒角	5 处	少 1 处扣 2 分	5			
21	长度	100±0.05	超差 0.01 扣 2 分	5			
22		40±0.05	超差 0.01 扣 2 分	5			
23	文明生产	发生重大安全事故取消考试资格，按有关规定每违反一项从总分中扣除 3 分					
24	其他项目	工件必须完整，工件局部无缺陷（如夹伤、划痕等）					
25	程序编制	程序中严重违反工艺规程的取消考试资格；其他问题酌情扣分					
26	加工时间	120min 后尚未开始加工则终止考试；超过定额时间 5min 扣 1 分；超过 10min 扣 5 分；超过 15min 扣 10 分；超过 20min 扣 20 分；超过 25min 扣 30 分；超过 30min 则终止考试					
考试时间		开始:	结束:		合计		
记录员		监考人		检验员		考评人	

数控车床高级工操作试卷（A）参考答案

1．刀具设置

1 号刀：93° 正偏刀；2 号刀：切槽刀（刀宽 4mm）；3 号刀：圆弧车刀；4 号刀：镗孔刀；5 号刀：内切槽刀（刀宽 3mm）；6 号刀：60° 内螺纹车刀。

2．工艺路线

1）夹右端，手动车工件左端面，用ϕ16mm 麻花钻钻孔，孔深 30mm。

2）用 1 号车刀粗、精车ϕ30 外圆。

3）用 4 号镗孔刀粗、精车内孔。

4）用 5 号内切槽刀加工内螺纹退刀槽。

5）用 6 号内螺纹车刀加工内螺纹。

6）工件调头，夹ϕ30 外圆，用 1 号外圆车刀车削椭圆曲面。

3．加工程序

（1）左端加工主程序

程　序	注　释
O0001	主程序名
N10 G54 G21;	在左端面与轴线交点处建立工件坐标系，米制尺寸
N20 G98 G90 T0101;	分进给，绝对编程，选 1 号外圆车刀
N30 M03 S800;	主轴正转，转速 800r/min
N40 G00 X38. Z0;	快速进刀
N50 G01 X0 F100.0;	车端面

（续）

程　序	注　释
N60 G00 X30.5 Z2；	快速退刀
N70 G01 Z-30.0；	车外圆至ϕ30.5
N80 G00 X40.0 Z2.0；	快速退刀
N90 M05；	主轴停转
N100 M00；	程序暂停
N110 M03 S1200 T0101；	主轴变速，转速 1200r/min，加刀补
N120 G00 X26.0 Zl.0；	快速进刀
N130 G01 X29.958 Z-1.0；	倒 C1 角
N140 Z-30.0；	以公差中间值精车ϕ30 外圆
N150 G00 X100.0 Z100.0；	快退至换刀点
N160 M05；	主轴停转
N170 M00；	程序暂停
N180 M03 S600 T0404；	主轴变速，转速 600r/min，选择 4 号内孔镗刀
N190 G00 X17.8 Z2.0；	快速进刀
N200 G01 Z-24.0 F60；	粗镗内孔至ϕ17.8
N210 X16.0；	退刀
N220 G00 Z2.0；	快退出孔
N230 G00 X21.0；	进刀
N240 G01 Z-6.0；	粗镗止口孔至ϕ21
N250 X18.0；	退刀
N260 G00 Z2.0；	快退出孔口
N270 X23.5；	进刀
N280 G01 Z-6.0；	粗镗止口孔至ϕ23.5
N290 G00 Z100.0；	快退回换刀点
N300 X100.0；	
N310 M05；	主轴停转
N320 M00；	程序暂停
N330 M03 S1200 T0404；	主轴变速，转速 1200r/min，加刀补
N340 G00 X28.0 Z1.0；	快速进刀
N350 G01 X24.042 Z-1.0 F60；	孔口倒 C1 角
N360 Z-6.0；	以公差中间值镗止口孔
N370 X20.34；	镗止口孔端面
N380 X18.34 Z-7.0；	孔口倒 C1 角
N390 Z-24.0；	镗螺纹底孔ϕ18.34，螺纹底孔镗大 0.2mm
N400 X16.0；	横向退刀

（续）

程　序	注　释
N410 G00 Z100.0;	快退回换刀点
N420 X100.0;	
N430 M05;	主轴停转
N440 M00;	程序暂停
N450 S420 M03 T0505;	主轴变速，转速 420r/min，换 5 号内切槽刀
N460 G00 X16.0 Z2.0;	快速进刀
N470 G01 Z-23.0;	工进至内退刀槽起始位
N480 G01 X21.0 F20.0;	切槽
N490 X16.0;	退刀
N500 W-1.0;	向左移动 1mm
N510 X21.0;	切槽
N520 X16.0;	退刀
N530 G00 Z100.0;	快退回起刀点
N540 X100.0;	
N550 M05;	主轴停转
N560 M00;	程序暂停
N570 G97 M03 S600 T0606;	主轴变速，转速 600r/min，选择 6 号内螺纹刀
N580 G99 G00 X16.0 Z2.0;	快速进刀
N590 Z-2.0;	
N600 G92 X18.14 Z-22.0 F1.5;	螺纹切削循环
N610 X19.14;	
N620 X19.84;	
N630 X19.94;	
N640 X20.0;	
N650 G00 Z100.0;	快速退刀至换刀点
N660 X100.0;	
N670 M05;	主轴停转
N680 M02;	主程序结束

（2）椭圆加工程序

程　序	注　释
O0002	主程序名
N10 G54 G90 G99 T0101;	在右端面与轴线交点处建立工件坐标系，换刀
N20 M03 S600;	主轴正转，转速 600r/min
N30 G00 X38.0 Z0;	快速进刀

（续）

程　序	注　释
N40 G01 X0 F0.2;	车端面
N50 G00 X32.0 Z2.0;	快速退刀
N60 G01 Z-55.0;	粗车外圆至$\phi 32$
N70 G00 X100.0 Z100.0 T0303;	快速退回换刀点，换 3 号圆弧刀
N80 G00 X35.0 Z2.0;	定位
N90 #150=5.0;	设定毛坯余量为 5mm，赋给#150
N100 IF[#150 EQ 1.0] GOTO140;	毛坯余量等于 1mm，则跳转到 N140 程序段
N110 G65 P0005 A15.0 B30.0 C30.0 K0.5;	调用椭圆子程序，粗加工椭圆
N120 #150=#150-1.0;	每次背吃刀量为 1mm
N130 GOTO 100;	跳转到 N100 程序段
N140 G00 X35.0 Z2.0;	进刀
N150 S1200 F0.2;	精车转速调整为 1300r/min，进给速度 0.2mm/r
N160 #150=0;	设定毛坯余量为 0mm，再赋给#150
N170 G65 P0005 A15.0 B30.0 C30.0 K0.5;	调用椭圆子程序，精加工椭圆
N180 G02 X30 Z-58.0 R16.0;	精车 *R*16 圆弧
N190 G00 X100.0;	沿 *X* 向快速退刀
N200 Z100.0;	沿 *Z* 向快速退刀
N210 M05;	主轴停转
N220 M30;	程序结束

（3）椭圆加工子程序

程　序	注　释
O0005	程序编号
N0010 #5=[2.0 * #1] * SQRT[1-#2*#2/#3/#3];	*X* 轴变量
N0020 IF[#2 LT -42.5] GOTO 60;	判断是否走到 *Z* 轴终点，若是则跳转到 N60
N0030 G01 X[#5+#150] Z[#2-#3];	椭圆插补
N0040 #2=#2-#6;	*Z* 轴步距为每次进刀 0.5mm
N0050 GOTO 10;	跳转到 N10 程序段
N0060 M99;	返回主程序

数控车床高级工操作试卷（B）参考答案

1．刀具设置

1 号：93° 正偏刀；2 号：切槽刀（刀宽 4mm）；3 号：60° 外螺纹车刀；4 号：内孔镗刀；5 号：内切槽刀（刀宽 3mm）；6 号：60° 内螺纹车刀。

2．工艺路线

1）夹右端，手动车工件左端面，用ϕ20mm 麻花钻手动钻孔，孔深 40mm。

2）用 1 号车刀粗、精车外圆轮廓。

3）用 4 号镗孔刀粗、精车内孔。

4）用 5 号内切槽刀加工螺纹退刀槽。

5）用 6 号内螺纹车刀加工内螺纹。

6）工件调头，夹ϕ36 外圆，用 1 号车刀粗、精加工外圆轮廓。

7）用 2 号切槽刀加工螺纹退刀槽，并倒角。

8）用 3 号外螺纹车刀加工外螺纹。

3．加工程序

（1）左端加工主程序

O0001	主程序名
N10 G54;	工件坐标系
N20 G98 G21 G90 T0101;	分进给，米制尺寸，绝对编程，选 1 号外圆车刀
N30 M03 S800;	主轴正转，转速 800r/min
N40 G00 X38.5 Z2.0;	快速进刀
N50 G01 Z-50.0 F100.0;	车外圆至ϕ38.5mm，进给速度 100mm/min
N60 X40.0;	横向退刀
N70 G00 Z2.0;	纵向退刀
N80 X36.5;	横向进刀
N90 G01 Z-40.0;	车外圆至ϕ36.5mm，进给速度 100mm/min
N100 X40.0;	横向退刀
N110 G00 Z200.0;	纵向退刀
N120 X100.0;	退刀至换刀点
N130 M05;	主轴停转
N140 M00;	程序暂停
N150 M03 S1200 T0101;	主轴变速 1200r/min，调 1 号刀补值，消除磨损
N160 G00 X34.0 Z2.0;	快速进刀
N170 G01 Z0;	进刀至零件轮廓起始点，开始轮廓精加工
N180 X35.985 Z-1.0 F50.0;	倒 *C*1 角
N190 Z-40.0;	车外圆至ϕ36mm
N200 X38.0;	
N210 Z-50;	车外圆至ϕ38mm
N220 X40.0;	横向退刀
N230 G00 Z200.0;	纵向退刀
N240 X100.0;	退刀至换刀点
N250 M05;	主轴停转

（续）

N260 M00;	程序暂停
N270 M03 S600 T0404;	主轴变速，转速 600r/min，选择 4 号内孔镗刀
N280 G00 X18.0 Z2.0;	快速进刀
N290 G71 U1.0 R1.0;	内轮廓循环程序
N300 G71 P310 Q380 U0.5 W0.25 F100;	精加工单边余量 0.25，进给率 100mm/min
N310 G01 X32.0 F60.0;	内孔轮廓加工循环第一段程序
N320 Z0;	
N330 X30.0 Z-1.0;	
N340 Z-5.0;	
N350 G03 X24.0 Z-8.0 R3.0 F50.0;	
N360 G0l X21.6;	螺纹底孔车大 0.2mm
N370 Z-32.0;	
N380 X18.0;	内孔轮廓加工循环最后一段程序（退刀）
N390 G00 X100.0 Z100.0;	快速退刀至换刀点
N400 M05;	主轴停
N410 M00;	程序暂停
N420 M03 S1200 T0404;	主轴变速 1200r/min，调 4 号刀补值，消除磨损
N430 G00 X18.0 Z2.0;	快速进刀
N440 G70 P310 Q380;	程序进行轮廓精加工
N450 G00 X100.0 Z200.0;	快速退刀至换刀点
N460 M05;	主轴停转
N470 M00;	程序暂停
N480 M03 S600 T0505 F30.0;	主轴变速，转速 600r/min，选择 5 号内切槽刀
N490 G00 X18.0 Z2.0;	快速进刀
N500 Z-27.0;	到切槽起点
N510 G75 R0.5;	切槽循环，*X* 方向退刀量 0.5mm
N520 G75 X26.0 Z-32.0 P500 Q2000 R0 F30.0;	切槽循环，每次进刀 *X* 方向为 0.5mm，*Z* 方向为 2mm
N530 G00 Z100.0;	快速退刀
N540 X100;	快速退刀至换刀点
N550 M05;	主轴停转
N560 M00;	程序暂停
N570 M03 S600 T0606;	主轴变速，转速 600r/min，选择 6 号内螺纹刀
N580 G99 G00 X18.0 Z2.0;	快速进刀

（续）

N590 X22.0 Z-4.0；	
N600 G92 X21.4 Z-26.0 F2.0；	螺纹起始点直径 21.4mm，螺纹终止点 Z 坐标-26.0
N610 X22.4；	
N620 X23.2；	
N630 X23.6；	
N640 X23.9；	
N650 X24.0；	
N660 G00 Z200.0；	
N670 X100.0；	快速退刀至换刀点
N680 M05；	
N860 M30；	主程序结束

（2）右端加工主程序

O0002	主程序名
N10 G54；	在右端面与轴线交点处建立工件坐标系
N20 G98 G21 G90 T0101；	分进给，米制，绝对编程，选 1 号外圆车刀
N30 M03 S800；	主轴正转，转速 800r/min
N40 G00 X42.0 Z0；	快速进刀
N50 G01 X-1.0 F100.0；	车削右端面
N60 G00 X42.0 Z2.0；	快速退刀
N70 G71 U1.5 R2.0；	轮廓粗加工循环程序
N80 G71 P90 Q170 U0.5 W0.25 F100.0；	精加工单边余量 0.25mm，粗加工进给率 100mm/min
N90 G00 X0；	进行轮廓精加工第一段程序
N100 G03 X16.0 Z-8.0 R8.0 F50.0；	
N110 G01 X20.0 F80.0；	
N120 Z-l2.144；	
N130 X30.0；	
N140 Z-25.0；	
N150 X32.0；	
N160 X35.8 Z-27.0；	
N170 Z-53.0；	进行轮廓精加工最后一段程序
N180 G00 X100.0 Z200.0；	快速退刀
N190 T0101；	调整 1 号刀补值，消除磨损

（续）

N200 G42 G00 X42.0 Z2.0 S1200；	刀具半径补偿，调整主轴转速为 1200r/min
N210 G70 P90 Q170；	精加工
N220 G40 G00 X100.0 Z100.0；	取消刀具半径补偿，快速退刀至换刀点
N230 M05；	主轴停转
N240 M00；	程序暂停
N250 M03 S600 T0202 F30.0；	主轴变速，转速 600r/min，选 2 号切槽刀
N260 G00 X39.0 Z49.0；	到切槽起点
N270 G75 R0.5；	切槽循环，*X* 方向退刀量 0.5mm
N280 G75 X30.0 Z-53.0 P500 Q2000 R0 F30.0；	切槽循环，每次进刀 *X* 方向 2mm，*Z* 方向 2mm
N290 G00 X40.0；	快速退刀
N300 Z-47.0；	
N310 G01 X36.0 F100.0；	进刀
N320 X32.0 Z-49.0 F30.0；	倒 *C*2 角
N330 G00 X100.0；	快速退刀至换刀点
N340 Z200.0；	
N350 M05；	主轴停转
N360 M00；	程序暂停
N370 M03 S600 T0303；	主轴变速，转速 600r/min，选 3 号螺纹刀
N380 G99 G00 X38.0 Z-22.0；	快速进给到第一条螺纹循环起点
N390 G92 X34.5 Z-48.0 F4.0；	螺纹循环，第一次切深 1.5mm
N400 X33.5；	
N410 X32.5；	
N420 X31.9；	
N430 X31.5；	
N440 X31.2；	
N450 X30.9；	
N460 X30.804；	
N470 G00 Z-20.0；	快速进给到第二条螺纹循环起点
N480 G92 X34.5 Z-48.0 F4.0；	螺纹循环，第一次切深 1.5mm
N490 X33.5；	
N500 X32.5；	

（续）

N510 X31.9；	
N520 X31.5；	
N530 X31.2；	
N540 X30.9；	
N550 X30.804；	
N560 G00 X100.0 Z200.0；	快速退刀至换刀点
N570 M05；	主轴停转
N580 M00；	程序暂停
N590 M03 S800 T0101；	主轴变速，转速 800r/min，选 1 号外圆车刀
N600 G00 X30.0 Z-10.0；	快速进刀
N610 G01 X20.0 Z-10.093 F0.35；	快速进刀到椭圆与ϕ20 外圆交点处
N620 #150=5.0；	粗加工余量设置为 5mm
N630 IF[#150 EQ 1.0] GOTO 670；	若未完成粗加工，跳转返回
N640 G65 P0006 A15.0 B-10.093 C20.0 K0.5；	调用子程序 0006 并赋值粗加工椭圆
N650 #150=#150－1.0；	每次背吃刀量为 1mm
N660 GOTO 630；	跳转返回
N670 G00 X100.0 Z100.0；	
N680 S1200 F0.2；	
N690 #150=0；	设置毛坯余量为 0mm
N700 G65 P0006 A15.0 B-10.093 C20.0 K0.5；	调用子程序 0006 并重新赋值精加工椭圆
N710 G00 X100.0 Z200.0；	快速退刀至换刀点
N720 M05；	主轴停转
N730 M02；	主程序结束

（3）椭圆加工子程序

程　序	注　释
O0006	程序编号
N0010 #5=[2.0 * #1] * SQRT[1-#2*#2/#3/#3]；	*X* 轴变量
N0020 IF[#2 LT -25.0] GOTO 60；	判断是否走到 *Z* 轴终点，若是则跳转到 N60
N0030 G01 X[#5+#150] Z[#2]；	椭圆插补
N0040 #2=#2-#6；	*Z* 轴步距为每次进刀 0.5mm
N0050 GOTO 10；	跳转到 N10 程序段
N0060 G01 X35.0；	退刀
N0070 M99；	返回主程序

参 考 文 献

[1] 赵宏立. 数控宏编程手册[M]. 北京：化学工业出版社，2010.

[2] 赵宏立. 机械制造工艺与装备[M]. 2 版. 北京：人民邮电出版社，2012.

[3] 武汉华中数控股份有限公司. 华中 8 型数控系统用户说明书[M]. 武汉：华中科技大学出版社，2012.

[4] 吕宜忠. 数控编程与操作[M]. 北京：机械工业出版社，2013.

[5] 顾晔. 数控编程与操作[M]. 北京：人民邮电出版社，2010.